本书引进和翻译受江苏高校优势学科建设工程项目、国家自然科学基金（52078254）和教育部人文社会科学研究项目（18YJCZH043）资助

社 区

——城市理想之设计

[美] 艾米丽·塔伦　著
徐振　刘安琪　韩凌云　译

中国建筑工业出版社

著作权合同登记图字：01-2020-6970号

图书在版编目（CIP）数据

社区：城市理想之设计 /（美）艾米丽·塔伦著；徐振，刘安琪，韩凌云译．—北京：中国建筑工业出版社，2020.12

书名原文：Neighborhood：the Design of an Urban Ideal

ISBN 978-7-112-25537-5

Ⅰ.①社… Ⅱ.①艾… ②徐… ③刘… ④韩… Ⅲ.①社区—城市规划—研究 Ⅳ.①TU984.12

中国版本图书馆CIP数据核字（2020）第185865号

责任编辑：程素荣　张鹏伟
责任校对：芦欣甜

社　区
——城市理想之设计
[美]艾米丽·塔伦　著
徐振　刘安琪　韩凌云　译
*
中国建筑工业出版社出版、发行（北京海淀三里河路9号）
各地新华书店、建筑书店经销
北京点击世代文化传媒有限公司制版
北京市密东印刷有限公司印刷
*
开本：787 毫米 ×1092 毫米　1/16　印张：17¼　插页：8　字数：320 千字
2021 年 2 月第一版　2021 年 2 月第一次印刷
定价：86.00 元
ISBN 978-7-112-25537-5
（36370）

作者中文版序

想要生活在群体（clustered groups）中，是人类的天性。当游群（small band）发展为村庄，村庄再发展为城市时，社区就诞生了：这是一个属于没有边界、无人格化的城市中的群体（a group to belong to within the boundless, impersonal city）。刘易斯·芒福德（Lewis Mumford）曾写道，这些就是城市的“社会事实”。

社区对每个人而言都很重要，这种重要性不仅事关富裕或贫穷。社区生活也不仅包括杂货店是否近或者高速公路出口有多远。社区真正的意义是关于身份认同、社会联系和赋权。

人们也必须接受社区在一定程度上的模糊性。社区既微不足道又必不可少，既有界又无边，既亲密又疏离，既是规划的产物又是虚构或自发形成的结果。社区可以是居民的钟爱之所，也可能无关紧要。社区可以意味着乡愁、安全与和睦，也可以意味着暴力。社区承载着（operationalize）我们的纯良与顽劣。社区可以是社会责任感的协调者，可以是可持续城市的基础，也可以是一个时代的错误。社区可以是一组住宅楼，或者是一个超过十万人口的城区。

尽管存在模糊性，尽管在互联网时代，将社会群体进行地方化的划分并不容易，但社区是存在的，而且很重要。这种重要性体现在个人和群体的身份认同。个人对自身的定义和理解，或是与更大团体之间的联系正是通过社区来实现的；群体对自己的区分与辨别也可以通过社区来完成。从积极的方面来说，社区带来了深度与特征，这种深度与特征是鉴别城市区域的基础；从消极的方面来说，繁荣的种族化飞地和强制隔离之间的界限或许会开始模糊。

社区的重要性在于，它提供了接触事物的机会，不管是好是坏。如果你足够幸运，居住的社区里有很多商店和餐厅，或许还有一座公园和换乘车站，那么你的社区提供了良好的可达性；但并非所有的社区都有如此的配套设施。较高的可达性带来机遇，较低的可达性则反之。当然，那些富裕且有其他弥补方式的居民则另当别论。

社区的重要性更体现在它提供了社会联系。在社区商店或在街上与社区居民的眼神交流，虽然简单平常，却也是一种社会联系。社区也可能带来更深的社会联系与友谊。社区形成了一种集体事业，身处其中，微不足道的举动也会获得意义。社区是触手可及的，而作为全球化资本之所的城市却并非如此。

理解社区如何重要是非常关键的，因为这种理解阐明了我们对社区的价值观。如果明白了这种价值观，我们就可以自信地主张理想中的社区。

目　录

第1章
引　言

写这本书的目的是为了支持那些认为社区应该与我们的生活真正相关的人，即认为社区不是随便描述的地理位置，而是提供日常生活基本环境的地方。这样的社区将是可识别的、服务良好的、多样化的和相互联系的，它们的主要目的不是社会隔离。

根据这一定义，美国的城市化大多不是基于社区的。这种情况在过去的一个世纪中不断演变；在那之前，社区是城市体验的基础。社区往往向心而聚，有时也有边界，混合着多种土地利用类型和人群，构成了日常生活的基础设施。社区并不总是一个和谐的环境，因此也不必过度感怀。但是作为一个物质环境上可识别的场所，它们的功能是作为一个日常交流的平台，有别于城市的纪念碑和奇观，社区是与人相关的空间单元。

当工业资本主义和技术革新减少了对当地城市生存的需求时，这种基于社区的生存方式发生了根本性的变化。城市生活不再是局限性的关系，更多的是运动和自由，社区也因此被重新定义。从对邻近的需求、需要真正接触的社会联系以及基于步行的日常生活中脱离出来，社区的定义变得更加开放且有着更广泛的诠释。

随之出现了两种观点。一种观点是尝试让传统社区回归。20世纪初，社会学家担心现代都市环境和社会的复杂性会对社区造成阻碍，并且打破社区长期以来提供的归属感，于是他们加倍努力用似乎最明显的方法将社区恢复原状：基于社会同质性的界定。当城市规划师将这些理论转化为具体形式，他们的社区方案无疑会导致社会生活与土地利用分离，这与社区人口与土地利用混合的历史经验背道而驰[1]。但是从20世纪20年代开始，开发商和一些政府机构以社会分类的社区营利的方式，出售土地并刺激消费。因此形成了对社区的特殊理解，意在消除一些矛盾，但实际上却导致了另一种局限且狭隘的对城市生活的理解。郊区社区的迅速扩张就具有这种起源于社会同一性（social sameness）的特点。

与第一种观点较为不同的是，第二种观点认为，对于一些城市居民来说，社区的概念失去了与生活的相关性，沦为一个简易的地理定位。对这些都市人而言，韦伯（Melvin Webber）所谓的“没有接近感的社区”（community without propinquity）不仅是可能的而且是可取的，尽管这样导致社区变得了无生机[2]。在这一新的概念下，简·雅各布斯（Jane Jacobs）在其里程碑式的著作《美国大城市的死与生》（1961）中所言，社区变得像情人一样珍贵。正是这种含含糊糊导致人们对社区的观念太过狭隘以至于对其产生明确的抗拒，这样一来，对社区进行物理上的划定似乎显得做作。最终，这一观点与学术探索相辅相成，预示着存在无数种方式能够将社区概念化，从对细胞结构的生物学类比到修辞手法的运用。从这些开放式的界定折射出社区的实际重要性大幅降低。

对于那些希望社区能够维持下去，或者成功地恢复成为城市生活中有意义的方面的人来说，这两种回答都不是特别令人满意。最终，选择在社区生活的想法似乎被减少为居住在缺乏多样性或是没有差别的都市生活的郊区社区中，其社区相关性相当于地图上的一个名字。对一些人来说，这些都不是问题；但界定模糊、形之不确的城市混沌构成了美国大多数城市的现状，对于居住在这些地区的人来说，社区观念的缺失似乎是机遇的错失。定义明确且具有多样性的城市社区只是幸运的小部分，相比之下，其他社区缺少的是：场所感、归属感、社会连接度以及周边日常生活的存在感，由于社区是一个服务于日常生活的环境，因此居民们都会有某种使命感，即希望能改变社区或在社区生活中发挥作用。对于那些无法居住在社区中的人来说，他们想要体验的是一个现实的、相关的以及不依赖于排他性的社区理想，那远不是对社区的随意描述或营销卖点所能企及的。

是否有可能建立这样一个社区，它不仅仅只是一个标签，而是能够拒绝隔离，并且不会无可救药地不合时宜？在21世纪的城市生活中，是否有可能将部分历史社区还原为真实且有意义的社区？

很多因素导致了传统社区的衰落，例如电子商务的兴起和小型零售业的消失、郊区的排他性和封闭社区的产生以及基于网络的社会联系，这些因素似乎超越了任何人的控制，但其他因素可能更多是因为忽视和混淆了社区的定义所导致的。我认为如果学者和规划师能够摒弃那些让社区定义变得混乱且漏洞百出的论战，社区的复兴将会得到更多的支持。从历史上看，社区似乎只是由技术限制和社会经济需求来定义的。在现代城市中，社区发展需要更多的努力。解决长期以来的争论将会使社区成为比情人和人口普查区更有意义的地方，这些争论包括社区设计、规划可能性、管治、社会影响以及社会构成。尽管这些争论充斥着专业术语，但它们也是社区居民生活体验的一部分。

本书主要是关于美国的故事。对于重现社区传统意义的探索一直是美国精神的一部分，而传统意义上的社区正是一个本土化的、基于场所且边界清晰的城市区域，具有关联、意义以及某种程度上的个人影响力。亚历克西斯（Alexis de Tocqueville）在他 1835 年的著作《美国的民主》（Democracy in America）中记载了这种精神。但是，社区可以孕育一种人文关怀和参与意识，而不是沦为追求社会孤立与隔离的飞地，这一理念对于美国人的生活以及所声明的价值观也是至关重要的。这种本土化且多样的社区认同感往往不能实现，因此需要深入探索。

尽管我举的例子是针对美国的社区发展经验，但社区的起源却更深、也更广。社区界定之牵涉远远超出美国工业城市的范围和人们对它的认识。

历史和全球纪录显示社区存在着经久不衰、久经考验的规律。远在西方的城市规划专业化之前，西方以外的很多地方显然是建立在社区结构上的。美国社区可以与这些根植于人性和形式规律的传统相结合，这一点是令人信服的。正如历史学家戴维（David Garrioch）和马克（Mark Peel）所问："无论何时何地，因为相邻与互相依赖而产生一个本质上相似的地方环境难道是不可能的吗？"[3]

"日常生活社区"（Everyday Neighborhood）

在美国的经验中，任何试图重建历史上经验丰富的社区的尝试都必须面对消极的叙述，例如：在社会关系广泛的世界中，这样的社区是无关紧要的；社区是中产阶级化与隔离的推动者；社区具有孤立性与排他性；社区阻碍了更广泛的社会网络联系。如果不解决这些问题，就不可能把邻里关系恢复为真正相关和真实的东西。

关于社区应该被如何设计、是否可以规划、它们应该如何管理、居住在其中的居民如何相互联系，如何处理他们的隔离倾向，这些既是学术层面的却也是真切具体的争议。对此，我通过给出每个问题可能的解决方法并相应地重新定义“社区”，提供了一个可行的前进方向。随之出现的是对“日常生活社区”的建议，一个可识别的、服务良好的、多样的和互联的场所。

为什么在21世纪恢复社区的历史体验是一个有价值的目标？第一个原因是当前社区匮乏而对其需求却很高。在过去几十年里，满足这个需求已成为一个重要的问题，城市勉力地设法维持其幸运拥有的社区供应。拥有高品质社区生活的城市地区堪称战役之前线，一场应对中产阶级化、搬迁、小型企业的减少和城市个性的枯竭的城市战役。

第二个原因是日常社区对于居住于此的居民是可以识别的，他们能够培养一种主人翁意识和人文关怀（caring）。但这种意识在社区定义模糊的情况下几乎不可能产生，因为在模糊的定义下，社区可能是一种感觉、一个映射的多边形、几栋房子或是一个过程，而不是一个拥有建筑、中心地区和公共空间且需要维护的有形的场地。社区的有形性（tangibility）构成了自治的基础，这一点在历史纪录和一个世纪以来关于物质环境形式、社区身份认同以及地方控制感之间关系的论述中是显而易见的。在没有明确定义的情况下，社区是一个抽象概念，居民无法管理和改变它。

第三个原因是社区根植于日常生活的联系，所以日常生活社区能够培养社会和经济联系。从小型企业的成功到以社区为单位的监督，从努力消除老年人的社会孤立到关照学校中的问题儿童，基于社区的参与通常被认为是应对社会挑战的一个要素。日常生活社区为这些努力提供了一个有意义的环境，利用场所意识、身份感和满足日常生活的需要来提供人与人之间联系的基础，而一个开放式的社区界定无法做到这些。

最后一个原因也是最重要的，日常生活社区将场地代替了同质性作为社区定义的基础。按种族和收入划分的社区已经对社会造成了严重的破坏。不同于将社区作为一个社会差异的标志，日常生活社区对社区的定义并不是诸多社会数据的集合，而是将建筑形式、身份认同、社会和经济生活结合在一起的实际场所。这意味着在社区意识形成的过程中使用场所（place）而不是阶级和种族作为集体认同的基础，集体认同能够克服对社会同一性的渴望、对他人的恐惧以及对机构部门的不信任[4]。

综上，日常生活社区旨在成为一个改变的工具。它并不适用于每一个地点或每一个人，但在占据城市大片地区的无组织、无社区意识的城市生活中，有必要积极地致力于社区的界定和重建。如果我们不这样做，社区就无法成为帮助城市进步的可靠资源。

历史上的争论

如果仔细研究在过去一个世纪里一直争论不休的话题，即物理设计、规划、管理、社会相关性与隔离，我们就可以开始提出解决方法并对社区进行新的界定，不一定要完全抛弃社区发展的既有历史经验，但同时应认识到传统社区需要以某种方式重新界定。

对于物理设计的争论主要集中在社区的边界、中心、街道组成和内外部连接这几个方面。早期的一种实践是在“白板”（clean slates）上规划社区或将社区作为城市现有场所的整体单元，这一做法早就被人们忽视了，然而这种完整社区的某些层面尤其是中心性，的确有助于建立社区身份认同。反过来，这种社区身份认同也将具有地方权力。当这种身份来自于社区物质环境特色而不是社会差异时，社区所传达的拒绝孤立和不与外界城市力量脱节的理念将更令人信服。

但是，第二个争论转向了究竟是否能够成功规划社区这一问题。一些人认为不可能做到事先规划社区，那些有着潜在意义的社区只可能是有机地出现的。同样，一些人认为社区可以设计，但设计应当更注重社区之下的社会过程，例如社会活动和居民的参与，而不要过多地聚焦在形式上。争论的另一方是寻求理想社区结构的规划师。这一问题的潜在解决方法是同时考虑规划和居民生活。脱离了过程的社区规划是自上而下的，这种规划通常不会有好结果；而社区规划过程如果没有一个指导性规划可能会令人沮丧和漫无目标。

第三个争论是关于政治理想，具体地说，是关于社区管理（还是治理）以及自我决定（self- determination）和地方控制的价值和前景。虽然似乎很明显，本地化的民主是最强大的，但它也有缺点，例如，社区规模的民主在更大的环境中可能没有多大的影响力 [著名的社区组织者索尔·阿林斯基（Saul Alinsky）认为，与共享利益的社区相反，地理界定的社区并不会带来较大改变]。社区治理这一概念也站不住脚，正是因为“社区”的定义过于单薄无力和模糊不清。正如雅各布斯所提倡的，在治理上取得进展需要塑造一个更有力的社区身份认同，然后用这一身份认同与更广泛的政治网络建立联系。但这也呼吁使用社区身份认同来争取居民（和掌权者）的支持，以便更直接地控制社区规模的支出和管理。基于社区的能力建构（Neighborhood based capacity-building）的努力可能是有效的，但如果强调提升物质环境，即社区中切实存在的某些层面来为集体行动赋权，这种努力将会更有成效[5]。

第四个争论由来已久且至今依然常见，即社区形式在多大程度上影响居民之间的联系。无论是上一代还是这一代的规划师，都认为社区形式能够促进或抑制社会互动。这些规划师倾向于相信“传统”的社区设计能够灌输一种集体意识，另一些人强调这种信念误解了社区的社会意义，将其称为“物质决定论”。此外，有人认为由于技术的进步使社群可以在虚拟空间中形成，整个问题变得无关紧要了。解决这个争论需要将注意力从“社群”（community）转移到社区功能（neighborhood functionality），即社区的服务、设施、制度以及社区嵌入社会现实的方法。可以肯定的是，社区功能有可能增强社会联系。但试图将社会关系归为社区的主要目的，既不现实也没必要。

最后的争论是关于社区或某种类型的社区能在何种程度上实现排他性。有充分的证据表明，社区经常被用来促进社会隔离，无论是以直接或隐晦的方式。但这个问题可以通过积极构建社区多样性来解决，也可以通过制定一个社区定义，该定义能够成功地将较大异质区域中的较小的、同质的社区联系整合在一起。

理解这些争论非常重要，因为它们揭示了对社区最重要的东西。在一个以分裂和隔离为主导的世界里，想要复兴社区的影响力，就必须明确理解与社区相关理想的失败与成功之处。没有这一评估，一个世纪以来关于社区的争论就很难有意义，尽管除此之外也没有其他与城市相关的话题得到了更多关注[6]。现在的情况是：具有官僚主义的规划通常将社区描述成地图上那些不相干的线条，社会活动人士可能会对其内向的聚焦产生鄙夷，学者们无法越过历史上的社区进行创新，居民们则不清楚社区的边界在哪里。参与并解决这里提到的五个争论能够加强我们对社区这一概念的把握，并将其从当前的困境中拯救出来。

注释

1. 即使在社区隔离程度较高的地方,城市有限的空间范围也意味着社区在地理上并非孤立的。

2. Webber et al., *Explorations into Urban Structure*.

3. Garrioch and Peel. “Introduction,” 670.

4. 例如，邻里意识的丧失被认为是警察与公民关系下降的一个因素。参见 Thale，“Assigned to Patrol.”

5. McKnight and Block, *The Abundant Community*, 2010.

6. 纽贝里图书馆（The Newberry Library）的“芝加哥社区指南”（Chicago Neighborhood Guide）列出了 220 本书和索引，其中的很多概要都仅关于一个城市的社区。

第一部分

定义与设计

本书第一部分是一个关于社区的概述，社区既是一种历史规律和全球趋势，也是一个设计对象，同时又作为一个概念为城市改革者所用。历史上对社区的总结贯穿所有时间与地点，不仅揭示了变化，而且展现出重要的共性——基本指标，正是围绕着这些基本指标才能形成我们对于社区的理解。这个目标是了解社区曾在何时何地展现出可识别的、服务良好的、多样的与互联的特征。

接下来的两个章节总结了在20世纪社区被认为开始衰落之时，人们对此产生的反应。一些人打算通过合理化社区结构并将之概念化为空间“单元”(unit)使社区回归。这些规划的邻里单元经历了不同的迭代：起初规模较小并具有人性化，后来演变为大型的现代化社区，再后来又被新城市主义者恢复（reinstate）成早期的版本。但对于社区的衰落，另一些人倾向于重新回答社区是什么或应该是什么这一基本问题。从历史定义中抽离出来，对于社区的理解开始延伸并包含了政治与科学概念，这对传统上所理解的社区是一个挑战。

第2章
历史上的社区与其衰落

为了抵消当代对社区定义的模糊理解，需要从广泛的历史和全球视角出发。互联性、地方化的身份认同、人性尺度、邻接性、可达性以及作为空间单元的可理解性——这些城市生活的规律为传统的社区概念奠定了持久基础。社区的历史实例之所以重要，正是因为尽管在城市化进程中存在很大差异，但社区形式却成为全球范围内城市生活的一个规律性特征。

在城市被19世纪出现的技术与社会变革彻底地改造之前，人们对社区的布局和发展了解多少？社区的可识别性、服务功能、多样性与连接性究竟达到了何种程度？

“社区”是一个几乎在所有语言中都会出现的词（见表2.1）。它的英文单词起源于15世纪中叶，最初用来表示城市以外的区域（And for-to cast my soule from þer neyborowhed）。牛津英语词典列举了1425年对“myn neghebores”的引用，但这一单词指的是一群人而不是一个实际的场所。根据词源在线词典（Online Etymology Dictionary），“neighborhood”这个词的第一次使用是在1620年，与现在的含义相似，指居住在附近的居民群体[1]。

社区是一种普遍存在的人类聚居环境，存在于所有时代，所有文化以及城乡环境中。（例如沙特阿拉伯、意大利和中国的例子见彩图1、2和3）。古老的城市甚至被描述成了社区的集群，“一个小型地方性群体的联盟”[2]。《理想国》（Republic 公元前4世纪）中如是写道，其作者柏拉图是这些空间组合的早期观察者。

自发形成的社区总是比刻意规划的社区更为常见。历史学家珍妮特（Janet Abu-Lughod）认为，在近代以前，伊斯兰教社区是因国家放任不管才变得生机勃勃，形成了一些特别且不规则的布局，加强了社区规模的合作。其他自发形

不同语言中的“社区” **表 2.1**

neighbourhood	英语
район	俄语
quartier / circonscription	法语
barrio	西班牙语
quartiere / vicinato	意大利语
Nachbarschaft / Wohngegend	德语
近鄰社區	汉语（繁体）
bairro	葡萄牙语
حي	阿拉伯语
квартал	保加利亚语
okolí	捷克语
γεlτovlά	希腊语
asum	爱沙尼亚语
محله	波斯语
asuinalue	芬兰语
שכונה	希伯来语
（hi）	印地语
kvart	克罗地亚语
településrész	匈牙利语
район	白俄罗斯语
Miesto rajonas	立陶宛语
mikrorajons	拉脱维亚语
wijk，buurt（combinatie）	荷兰语
Nabolag	挪威语
osiedle/ dzielnica（jednostka administracyjna）	波兰语
cartier	罗马尼亚语
susedstvo	斯洛伐克语
Кварт	塞尔维亚语
（th）	泰语
mahalle	土耳其语
район（63）	乌克兰语

续表

vùng lân cận	越南语
（bn）	孟加拉语
（mr）	马拉地语
（ta）	泰米尔语
محله	乌尔都语
（ne）	尼泊尔语
（ml）	玛拉雅拉姆语
mikrorayon	阿塞拜疆语
kejiranan	马来语
barri	加泰罗尼亚语
rukun warga	印度尼西亚语
barrio（54）	加利西亚语
komšiluk	波斯尼亚语
auzoa	巴斯克语
градскимакрореон	马其顿语
Komunidad（4）	菲律宾语
（my）	缅甸语
（ka）	格鲁吉亚语
近邻社区	汉语（简体）
comharsanacht	爱尔兰语
（si）	僧伽罗语
rukun warga	印尼爪哇语
silingan	宿务语

资料来源："Codes for the Representation of Names of Languages," Library of Congress, http:// loc.gov/ standards/ iso639- 2/ php/ code_ list.php.

成的社区还包括围绕教堂、大学或是后来的工厂附近开发的住房。在城市特定区域开发的相关土地利用，创造了具有鲜明特征的社区。

城市系统性扩张的历史通常是社区发展的历史。例如殖民时期的希腊城市规划有着形式统一的居住区（刘易斯·芒福德 –Lewis Mumford 赞扬了以网格为基础的希腊规划，因为这样的规划使社区"界限分明"）[3]，罗马兵营用网格划分社区，以及在城区外的房屋集群后来都被吸纳为特定的社区。

像河流这样的自然地理屏障是社区建设影响因素的主要类别。一个典型的例子就是罗马，境内的七座山形成了七个不同的社区[4]。在农村地区，社区的形成受地形影响，同时也有其他人为要素如街道、设施线路、地块和建筑可能影响社区形成或受社区影响。安·凯廷（Ann Keating）追溯了芝加哥地区社区的演变，发现社区起源于不同的居住地类型：农业中心、工业城镇、铁路郊区或娱乐 / 公共机构中心[5]。一旦社区建成，变化就会放缓，导致很多社区似乎不再与其创建时的社会政治背景相匹配。缓慢变化亦有例外，比如灾难（火灾、地震）和政府主导的追求“现代化”的大规模资本投资，这种“现代化”曾发生于 19 世纪欧洲各国首都和 20 世纪中叶“城市更新”运动中。

我们对于古代城市社区的认识来源于考古学家，他们对古代城市形态的挖掘揭示了清晰的社区模式。亚洲的城镇都充满了密集的建筑群，这些建筑群可以被称为社区。在这样的社区里没有街道和前门，人们从屋顶进入房屋，因此屋顶大概是主要的社交空间。这里的社会交往也非常密切。随着时间的推移，屋顶社交空间消失了，在社区的地面层建立了内部开放空间。无论社区的社交空间位于何处，这些社区都不属于公共领域的一部分，它们有严格的边界并只对社区居民开放。但是，考古学家注意到，每个社区的人口都非常少，以至于无法做到自给自足，而婚姻保证了不同社区的居民之间的相互联系[6]。

为了确保社区只对内部居民开放，当地人采取了一些措施，例如，在社区内修建蜿蜒狭窄的街道，有时候还会增加在夜间关闭的出入口或大门。考古学家将这些紧密聚集的社区称为具有“团体身份认同”的社区。但当同样的建筑被属于同一个更广义社群的新居民群体占用时，社区的这一身份就随着时间的改变而改变了。不断形成新的团体身份“证明了对这些社群而言，居住在有界社区是十分重要的”[7]。

最早的社区规模很小。公元前 4 世纪，儒家哲学家孟子提出，“仁政”可以由 8 个家庭组成的社区来维持。一个社区应该包含 9 块土地，8 个家庭每户一块，第 9 块土地作为社区公用土地种植农作物，获得的收入用来交税。8 个家庭共同合作，“出入相友，守望相助，疾病相扶持”。这一系统的健全与完善则需要统治者的努力[8]。

有一些社区超过 8 个家庭，但在规模上仍有限制，人类学家认为这是由于

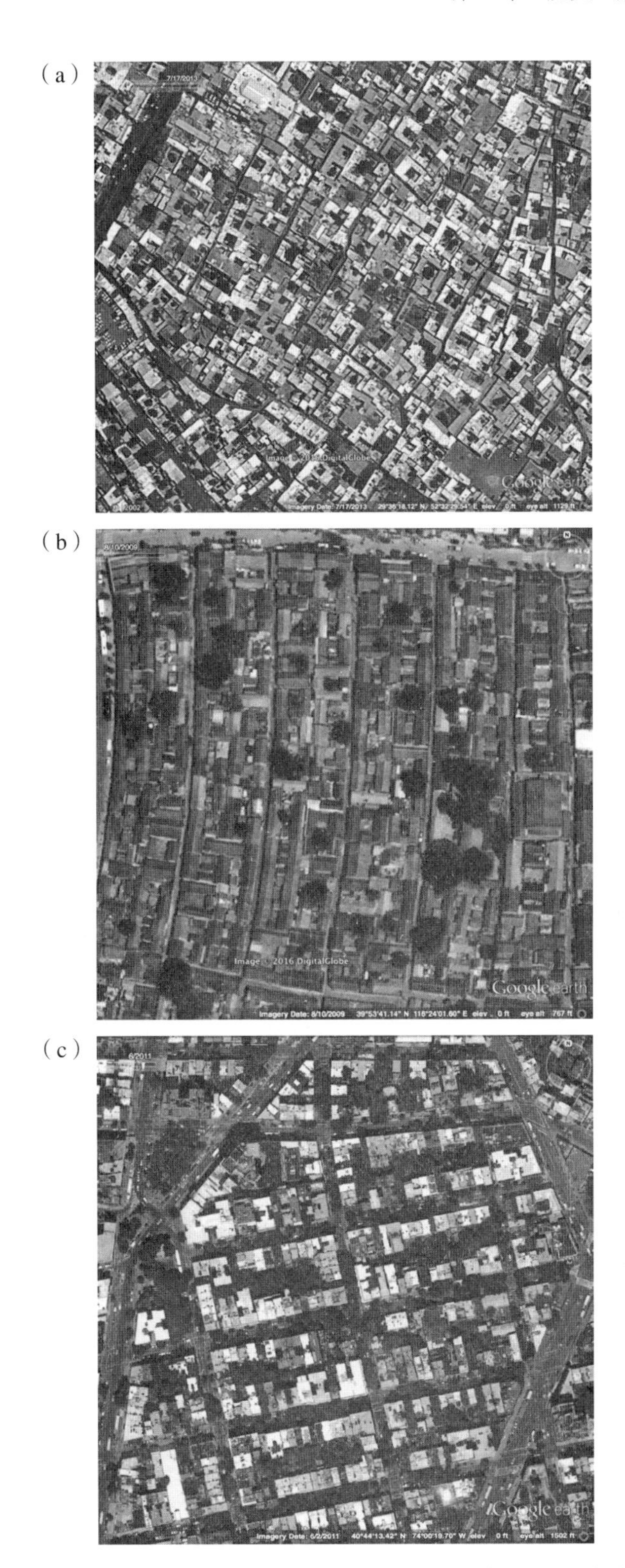

图 2.1a、2.1b 和 2.1c　即使当基于本地、自给自足的生活已经不再可行的情况下，世界各地的人们仍然生活在有明确界定的历史街区。（a）伊朗的设拉子市；（b）北京的胡同；（c）纽约的格林威治村。资料来源：谷歌地球

面对面社区的需要[9]。如果社区旨在建立面对面的交往，那么就存在特定的阈值：150 ~ 250 人能够维持亲密的个人互动，而 400 ~ 600 人的互动就更具有偶然性了，至少有六项不同时期的跨文化研究聚焦在这一领域。一位作者认为这种限制与人类大脑皮层的尺寸有关[10]。因此，在当今土耳其的新石器时代定居点

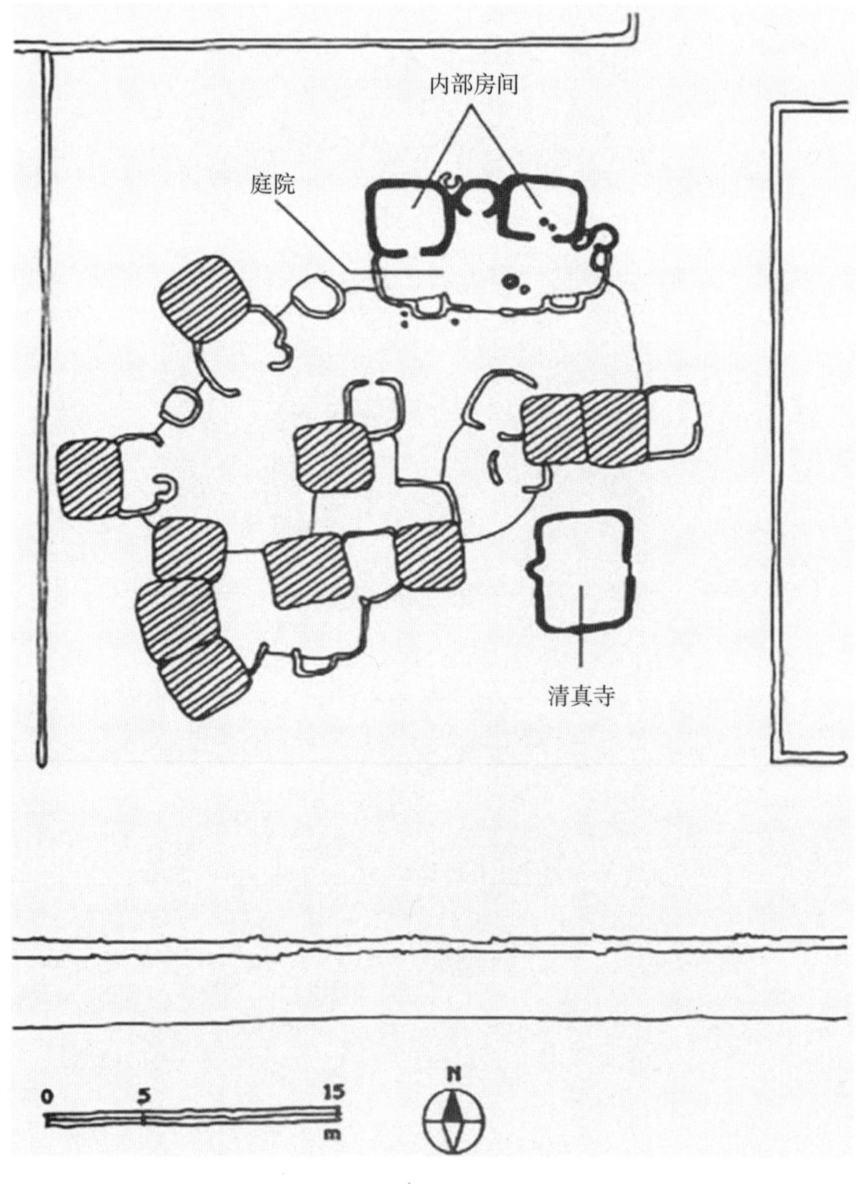

图 2.2　在阿富汗，这种类似于社区的“qawwal”是一个由 8 个家庭单元组成的集群，围绕着一个开放式庭院，旁边建有一座清真寺，朝向与季节以及太阳的每日循环方向一致，使其与自然规律联系起来。中间的庭院提供户外公共活动，可以作为车间、厨房或娱乐空间。资料来源：图片由 Kazimee 和 Mcquillan 重绘，“Living Traditions of the Afghan Courtyard and Aiwan”

（公元前8500年至公元前5500年）人口估计为250人（可能少于70个家庭或住户），这些定居点由社区组成，而每个社区由30 ~ 40个紧密聚集的住户组成。面对面进行社会接触的限制或许导致了（prompt）先知穆罕默德的谕示，即“社区向各个方向延伸至40户住宅”[11]。

新石器时代之后，考古学家发现了明显的证据证明，在青铜时代早期（公元前2100年之前）的中东地区居民点内有社区的存在，在那里，空间被区分为拥有不同特点的院落，即使在相对较小的有围墙的居住点内也是如此[12]。这些院落住宅被认为不仅有血缘关系作为彼此的纽带，同时还因“经济关联以及社会和宗教责任”而连接。有时被称为“动态团体村庄”，将社会组织成不同的内部合作社区，在村庄层面上产生了“异质性与复杂性”[13]。

古巴比伦（公元前2000年）的建筑揭示了一种包含“一座或多座较大建筑”的社区形式，这些建筑可能属于富裕家庭，周围环绕着较小的房屋。这些社区是经济多元化的，周围的房屋内有“作坊和商业设施”，例如面包房、磨坊、酒馆、小教堂和其他类型的商店。古巴比伦的小教堂似乎在塑造社区身份方面发挥了重要作用，因为它们的位置与形式都是依当地情况决定的[14]。古代美索不达米亚的寺庙社区则是社会多元化的，因为这些社区居民包括官员、牧师、奴隶和商人，即“上帝的所有子民”[15]。有证据表明，乌尔古城（Ur）既有社会多元化也有经济多元化，富人会住在“平民和工匠”旁边[16]。伊丽莎白·斯通（Elizabeth Stone）对美索不达米亚城市尼普尔（Nippur，位于今巴格达东南160公里处）的挖掘发现存在由“不同阶层个体”组成的社区[17]。

随着城市劳动分工程度的增加，基于职业的社区隔离或许会更常见。早期的美索不达米亚社区以种族或家族命名，但后来的命名法表明，社区的形成与团体或职业有关[18]。在像特奥蒂瓦坎（Teotihuacan）这样的前资本主义新世界城市中显示出职业隔离的迹象，例如由居住在城市内部离散飞地的商人所创建的商业社区[19]。

古代城市有时会被主干道和主要交叉路口分隔开，并在它们周围形成社区。两条主干道的交汇处将产生四个“区”（quarter），西欧地区仍然用这一术语来描述社区（尽管这个术语具有误导性，因为有时划分的区不只四个，例如在威尼斯会有六份）。阿尔贝蒂（Alberti）写道，“巴比伦被划分成若干个独立的区”，并将城市划分为区的做法归因于梭伦（Solon）和普鲁塔克（Pluterch）[20]。在古

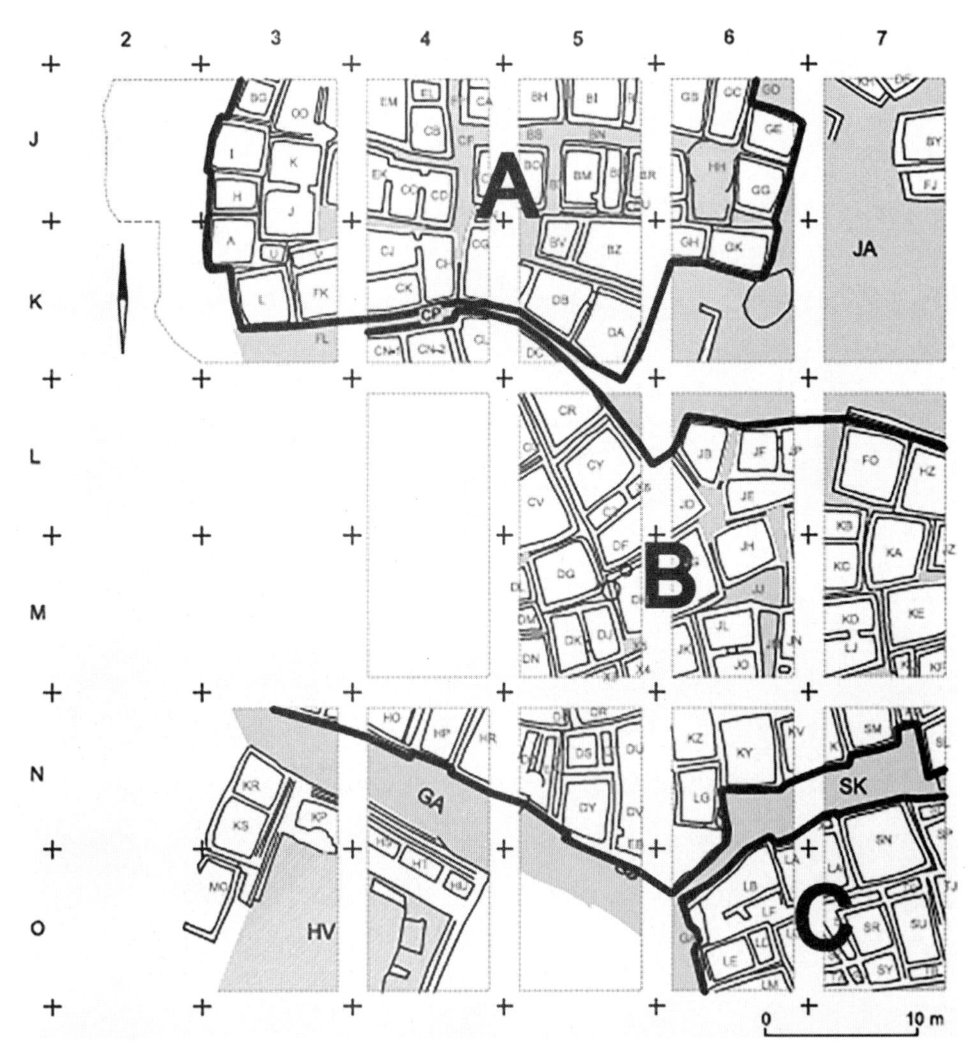

图 2.3　安纳托利亚（土耳其）中部出土的青铜时代社区。资料来源：图片由 Dü ring 重绘，Constructing Communities

希腊的希腊风格城市中，社区是某些附属于著名场所的住宅集群，例如“集市区”（bazaar quarter）和“剧院区”（theatre quarter）[21]。

被称为“乡镇”（vicus）的奥古斯都罗马社区，人口据估为 2800 ~ 3800 人，具有明确的身份并得到官方认可。奥古斯都（Augústus）是社区的大力支持者，给予居民自己的神殿和城市管理。通常在社区中心会有一个十字路口，被称为 compitum，位于主干道和较小次干道的交叉口。这里是宗教活动的空间，该空间是形成社区身份认同的一个关键，尽管其他类型的公共纪念碑和社区美化也被认为是必不可少的。作为宗教活动的基础，乡镇有自己的地方政府，即使在

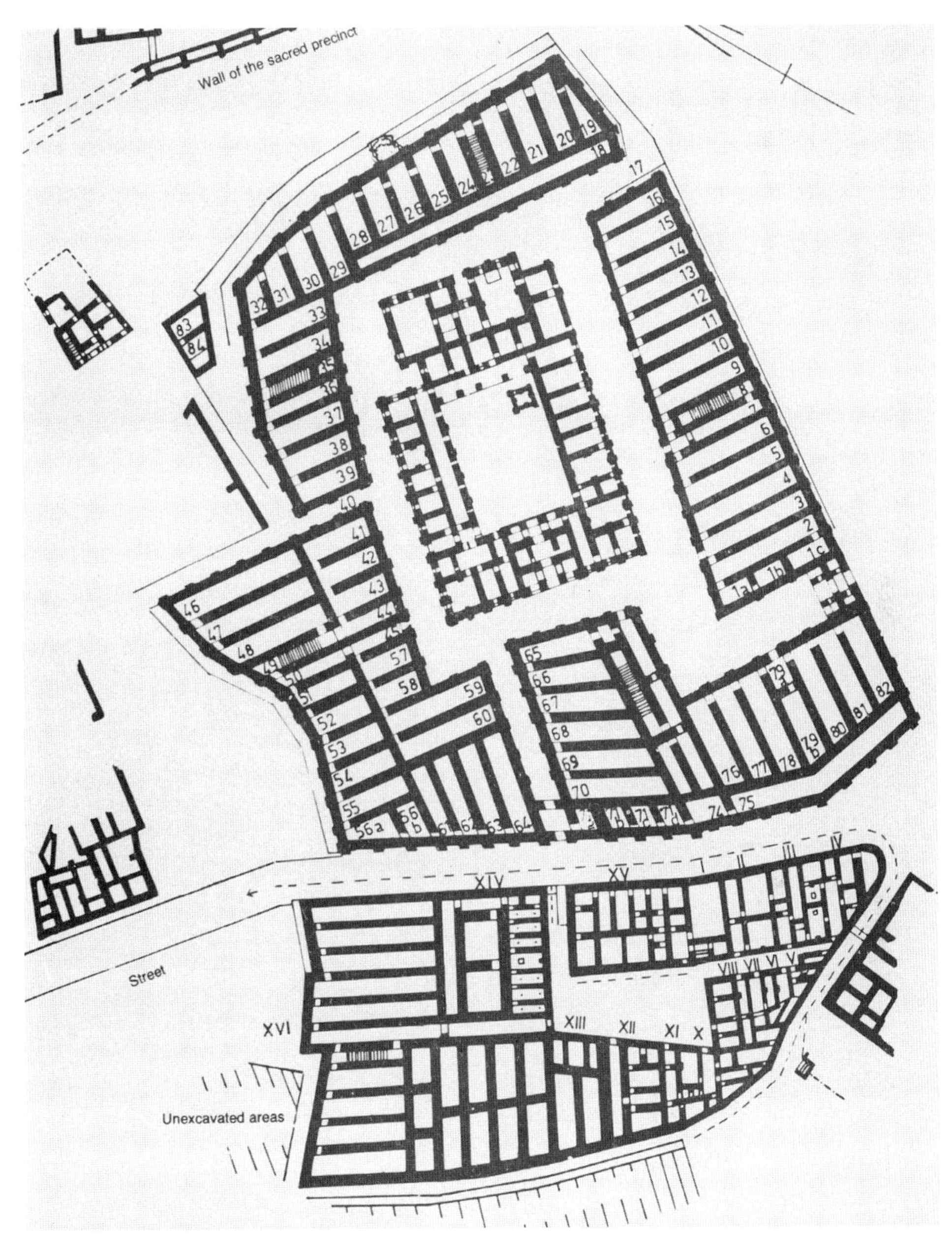

图 2.4　罗马数字表示 16 个住宅单元聚集在土耳其中部古城哈图萨（Hattusa）的一个庭院周围。该社区的北面是寺庙，周围是储藏室。资料来源：图片由 Benevolo 重绘，The History of the City

共和国晚期（Late Republic）的内乱时期也不例外[22]。

虽然乡镇与作为“交流平台”的街道有关，但它同时也包括街道周围的空间，有成排的商店和房屋，这一区别显然直到 20 世纪末才受到重视[23]。主干道使社区与更大的城镇保持联系，例如市中心和更大的庆典场地以及商业空间，这一点很重要。线性组织方式中，社区与连接城镇中心、较大的仪式和商业空间有紧密的联系,这与以内部为焦点的独立社区不同。线性结构至少与“带状发展”在概念上有相似之处，“带状发展”是欧洲城市的一个长期特征，这一特征未必与社区的形成相对立。18 世纪的伦敦行政区地图同样显示出，由市参议员管理的行政区是如何围绕一条统一的街道组织起来的。

中国古代社区的形成稍微有些不同。中国最早的城市发展时期开始于公元前 770 年，持续了近 2000 年，被称为“封闭的围墙城市”(closed walled city)。唐朝的都城长安，始建于公元前 582 年，由被称为“坊”的封闭式住宅区组成，这些住宅区受到严格管理，占据了城市 90% 的面积 (见彩图 3)。社区面积在 125 ~ 200 英亩之间，平均每英亩有六户人家，社区人口一般约为 4000

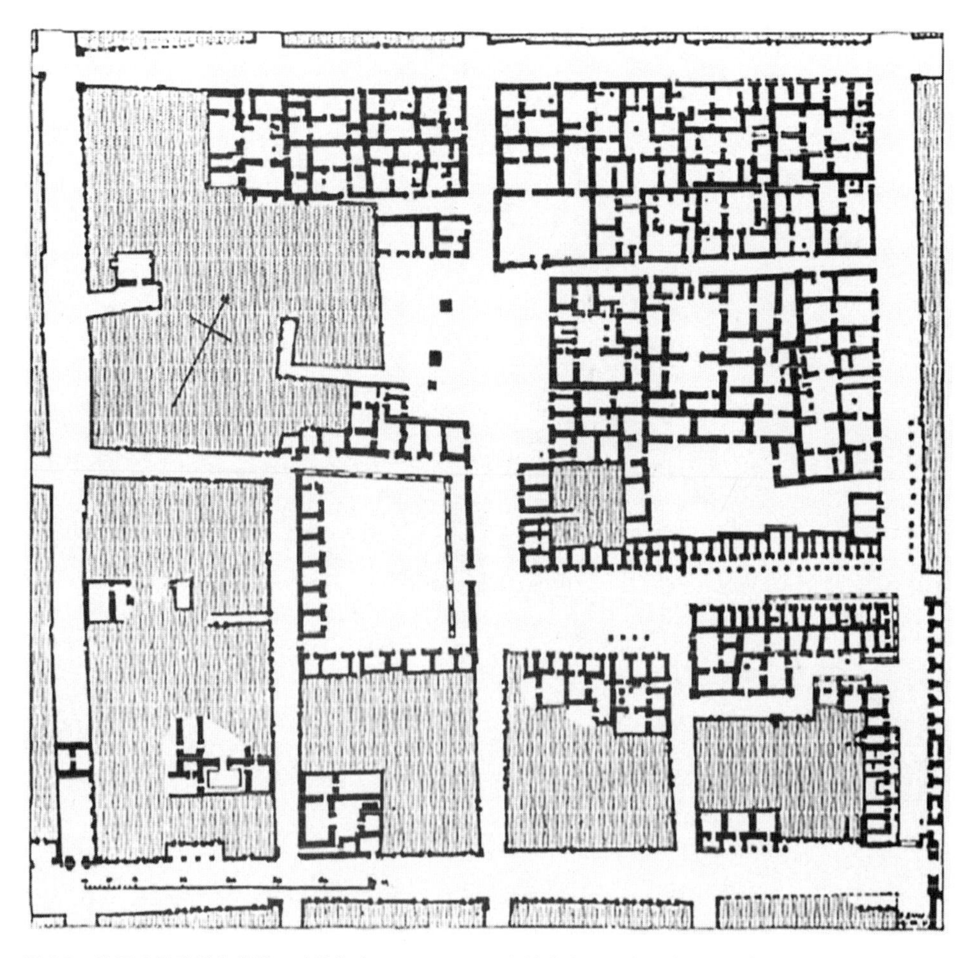

图 2.5　位于古希腊城市杜拉 - 欧波斯 (Dura- Europos) 的集市区。资料来源：图片依据 Wycherley 重绘，“Hellenistic Cities”

人。这 109 个规模不等的社区被埋在当今城市的地下，但考古学家已经能够拼凑出这些古代中国社区的形象：有围墙、大门，并严格地按照网格划分[24]。另一个关于邻里单元规划的例子是在平安时代的日本京都发现的，现在的京都从 794 ~ 1868 年这 11 个世纪曾是日本的首都，天皇 Kwammu 将京都规划成一个 75 英亩的邻里单元，每个单元共有大约 6000 位居民，每个单元都有一名监管者（superintendent）执行当地法律，每个社区包含 16 个面积 400 平方英尺的街区[25]。

在中国古代的围墙城市里，居住社区是围绕着庭院组织起来的。每一个独立的邻里单元都有围墙，并有大门标明入口。这样划分的目的在于社会控制，为了尽量减少不同邻里单元之间的联系；另一方面，中国古代的社会融合是通过控制甚至是国家资助来进行的，这样一来，当中国古代城市的行政区制度松懈时，社会隔离就产生了（这个过程与社会隔离由国家支持的说法正好相反）[26]。在中国的一些城市，社区高度规范化，嵌入街道网格，使每个社区在形状和规模上保持一致。当中国城市形态的下一阶段——“开放城市”——在 618 年开始时，邻里单元严整的规律性被打破。随着商业区域沿着贯穿城市的主干道扩展，社区围墙逐渐被拆除[27]。

穆斯林在中国的居住区涉及大规模、规则式的城市空间与有机城市形态的融合。穆斯林最初定居在有集市和清真寺的小型飞地，位于城墙外（通常与之相连），形成了小型的“半自治单元”，在空间上有明显区别但却融入了城市的“超级结构”（superstructure）中。这些地区的布局更加不规则，在形态上与中国古代城市不同，后者的街道是按照基本方向排列的。清真寺旨在为大约 2000 个家庭（可能至少有 6000 居民）提供服务，在此基础上，新的社区和清真寺开始兴建[28]。尽管城墙和很多清真寺在 20 世纪被摧毁，但这些定居点依然存在[29]。

在萨拉热窝社区的有机形成过程中，单体住房开始聚集，随后再开发出服务于这些居民的公共设施。在奥斯曼帝国的统治下（15 和 16 世纪），单体住房沿着通向市场区的蜿蜒街道排列，但当建立起 40 或 50 座住宅以及一座清真寺之后，定居点就变成了一个社区，一个伊斯兰教区（mahalla），“喷泉、学校、咖啡店、面包房和菜市场也随之围绕着广场或市场建立起来”。到 17 世纪，萨拉热窝已经有 90 个伊斯兰教区，每个社区的中心都是有清真寺的广场[30]。在

图 2.6 在吉隆坡这样的大城市中，可以看到一种有机生成的社区类型，即围绕着由市中心向外发散的商业区而形成的社区。高速公路沿线的“商业地带”已经成为新兴社区的中心地带，这些社区由 20 世纪中期建立的移民村组成。半个世纪以前，这条商业地带就被当作社区的中心。资料来源：Sendut，“The Structure of Kuala Lumpur”。图片来源：谷歌地球

1622 年巴达维亚（Batavia）地图上的密集房屋群可以被解释为类似大小的社区，巴达维亚曾是荷属东印度群岛的首都，现在的首都是雅加达（Jakarta）。

在已有城镇之外形成社区的过程与一些被称为 shekhunah 的早期犹太社区的形成过程有着共同的特点[31]。Shekhunah 这一名词最早出现在公元 3 世纪的拉比文献中，意味着通过一个物理要素与相邻区域分离，这一物理要素

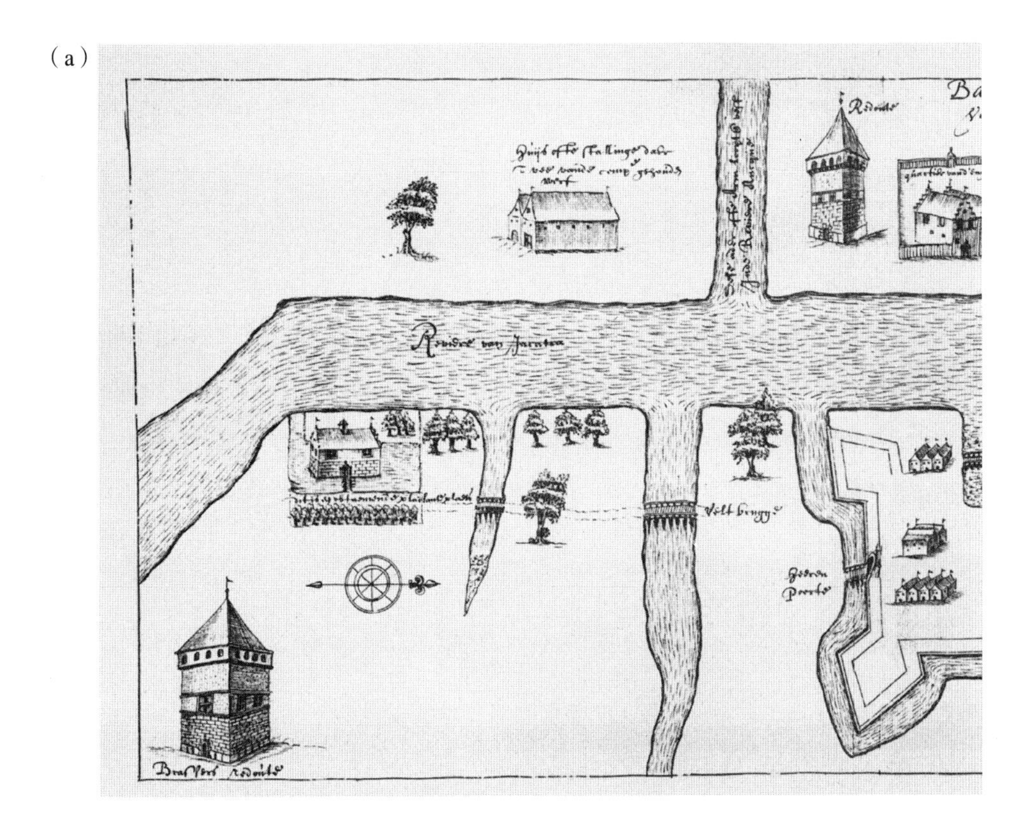

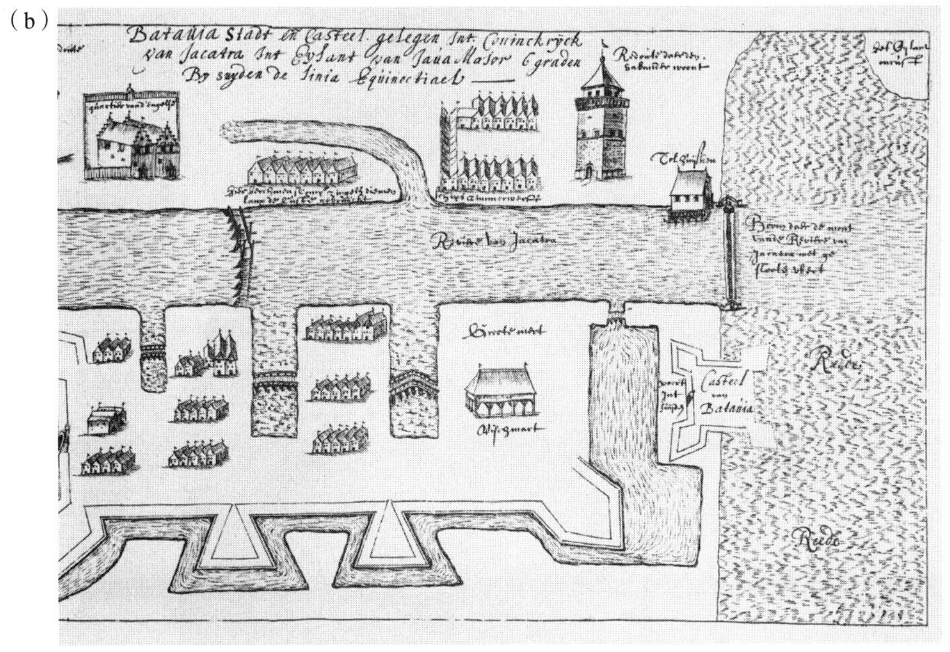

图 2.7a 和 2.7b　这张 1622 年的巴达维亚地图显示了一些社区，巴达维亚曾是荷属东印度群岛的首都，现在的首都是雅加达。资料来源：Brommer and de Vries，“Historische Plattegronden van Nederlandse Steden”

可以是一块开阔场地或一条街道。紧凑且没有内部分隔的小村庄等同于一个 shekhunah，只有更大的城镇才会被分隔成多个 shekhunah。有时，这个过程就是村庄被周围城市逐渐合并的过程，就像皮埃尔·拉维丹(Pierre Lavedan)在《巴黎城市历史》(Histo ire de L'Urbanisme a Paris) 中所述，1265 年，德国罗斯托克镇的三个村庄被合并。拉维丹认为这标志着“迈向平庸的一步”[32]。

在为了定义社区而进行的空间分类与分隔过程中，不同的文化有不同的方式来保证社区内人口的多样性。在伊斯兰教城市里，维持社会融合的是宗教而不是国家，因为根据伊斯兰教的法律，社区内部基于财富的社会融合是常态。例如，伊朗城市的传统社区（mahallehs）在文化上是同质的，在阶级上却是混合的，因此才会出现“最穷的人与最富的人住在一起”（一些人哀叹，如今这些传统规范已被打破，出现了按收入划分的单一文化的社区）[33]。虽然那时社区并没有基于财富产生分化，但却存在一些社会分化的基础：家庭、宗族、宗教派别、职业或种族认同。

社区中的街道交叉口建有清真寺、学校、takyeh（哀悼圣殿）和澡堂这类服务设施，然而社区中心自身有着一套更完整的服务设施。自给自足是必要的：以家庭和宗族为基础的社区寻求实现“内部凝聚力”和“针对外人”的社区边界[34]。

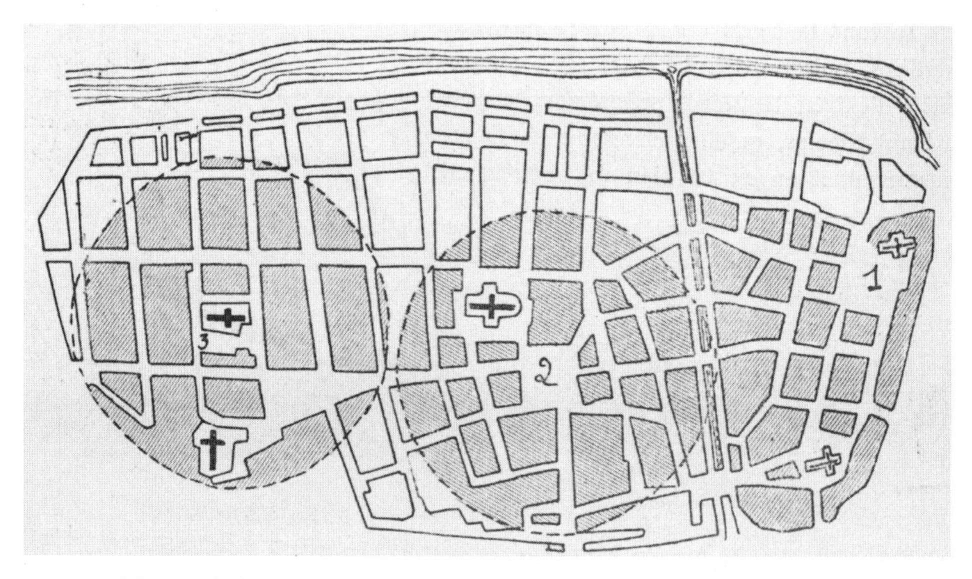

图 2.8　三个德国斯托克镇村庄的融合，1265 年　资料来源：根据 Lavedan 所著的《巴黎城市历史》重绘

在被称为“城市缩影”的伊斯兰教社区中，富裕家庭的周围会有一个相对更穷的仆人阶级，导致了这种有 500 ~ 1000 人的混合阶级社区的形成。伊斯兰教城市的每个居民区都有一个小型清真寺、几所伊斯兰教学校和几家供应食物等日常所需的商店。清真寺和当地市场会沿着一条主干道分布，这条主干道则一直通向居住区的尽头，连接住宅区的只有一条街道。社区之间相互帮助，但在政治冲突时期，可能会以围墙和大门限制出入。每个社区都有自己的领导人，负责收税和调解纠纷。缺乏全市范围行政管理的明确考古资料或档案记录，则进一步支持了城市管理是建立在社区层面上的这一论点[35]。

伊斯兰教社区的形式强调社区保护。有禁止进入社区（harat）的大门，有对于如何控制空间的清楚认识，例如哪些空间是私有的而哪些不是，就像 20 世纪的建筑师奥斯卡·纽曼（Oscar Newman）后来所说的“可防御空间”[36]。但这并不意味着社会群体之间没有接触。在奥斯曼帝国时期（始于 16 世纪），

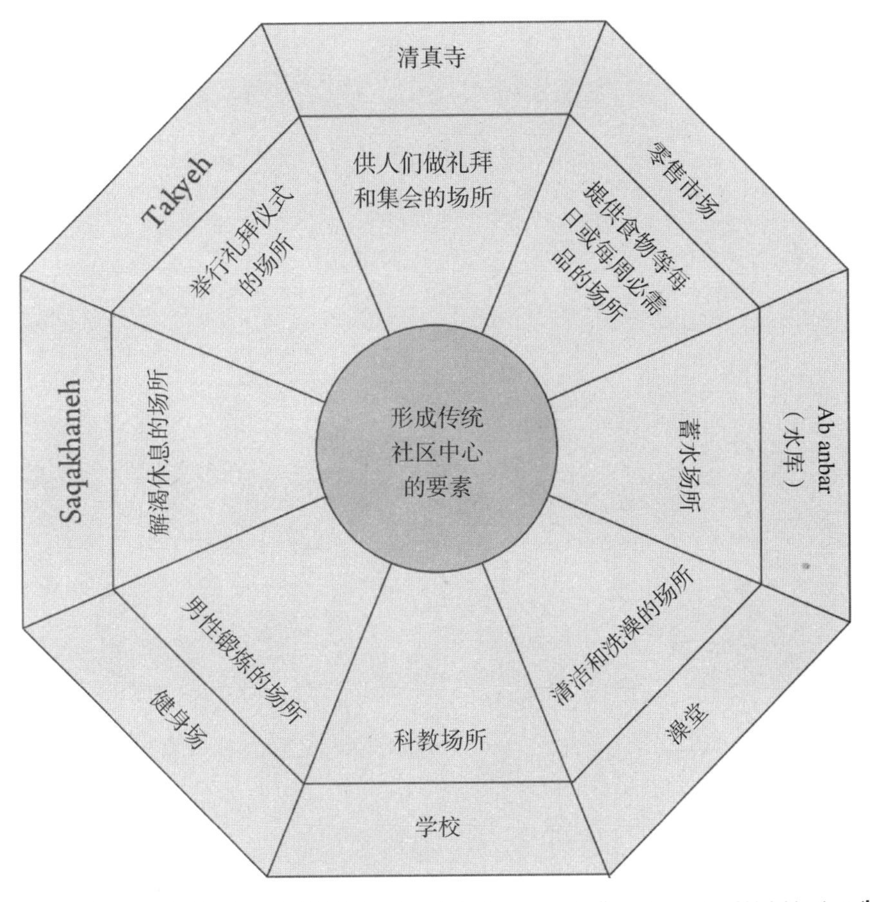

图 2.9　构成传统伊斯兰教社区中心的各种元素。资料来源：Habib et al.，“The Concept of Neighborhood”

阿拉伯人的定居点呈现出一种社区结构，在社区内部保护隐私，但却能支持更大的城市范围内的社会融合。一段对阿尔及尔（Algiers）的描述说道：

> 上城区大约由50个小社区组成。作为奥斯曼帝国统治下分散的城市系统的典型，每个社区都由宗教领袖和法官负责管理，因此每个社群都受自己的领袖管理和监督。社区内的人口是混合的，有安达卢西亚和摩尔血统的古老家族从事商业和手工活动；卡拜尔人（kabyle）组成了工人阶级；犹太人经商，他们分布于上城区三个不同的社区。欧洲执行官、商人、撒哈拉人以及基督教奴隶的出现使阿尔及尔的人口有了真正的世界性[37]。

18世纪叙利亚阿勒颇（Aleppo）城市内的社区分布密集且来往密切，日常社交活动频繁。那时的阿勒颇是一个只有1.5平方英里的城市，但却有82个官方指定的社区（伊斯兰教区），规模从1200 ~ 1500居民不等，每个社区都占地10 ~ 12英亩。社区需要负责居民的安全、内部设施的维护、税收以及“公共道德”。这些复杂场地的社会生活“内涵丰富”，不仅包括“温暖”和“亲密”，还包括“争吵”、“丑闻”、“社会控制”和“有限的隐私”。有时候已有的社区在“裂变过程”中被细分，尽管这一过程的改变很微小，但都是“社区系统常规动态的一部分”。几个世纪以来社区模式的“稳定性比变化更惊人”[38]。这并不是指在伊斯兰教城市中没有出现基于阶级的社区隔离。在开罗，出现于奥斯曼帝国时期（1517 ~ 1798年）的封闭居住区（hara），可以位于贫穷的边缘地带，也可以位于富裕的中心地区[39]。

根据历史学家刘易斯·芒福德的说法，中世纪的城市是“建立于社区原则之上的”[40]。这样的城市必然是基于步行的，至少有1500居民[41]。在伦敦这样的城市中观察可以发现，大约以1/4英里为间隔的连续的路网对于建立宜步行城市是必不可少的[42]。在更小的城镇中，居民能够轻易地从一端走到另一端，整座城市也因此都是日常生活的场所，亦是社区这一概念的同义词[43]。

中世纪社区更可能是围绕着某一中心场地发展起来的，例如庄园、教堂、街道或市场，如果以15世纪初开始的耶路撒冷犹太人区为例，中心场地也可以是一座犹太教堂[44]。围绕庄园而形成的社区构成了具有社会多元化的“可防御城市综合体”，因为这里的居民也包括聚集在统治家族周围的仆人和租户。有权势的家族控制其住宅附近的社区设计，包括“外立面对齐、大型街区规范化以及大广场的开放”。在罗马，社区的多样性不一定会包括穷人、娼妓和宗教少数派这类“不受欢迎的人”，这些人从16世纪开始就被排除在外，显然是因为出现了需要在空间上限制特定社会群体的新态度[45]。

一些社区是基于手工艺的，对中世纪马赛（Marseille）社会模式的详细研究发现70%的工匠住在与他们的手艺相关的社区[46]。一项对这一时期地图的分析表明“邻区”（vicinity）的位置分布有所不同，“邻区”是指根据手工艺或贸易界定的街道的一部分，因此中世纪马赛的社区不是由教区来界定，而是由劳动和职业。对于14世纪中叶的马赛，一张地图显示了存在40个这样的邻区，但可能还有更多[47]。

前工业时代的社区在经济、宗教和职业上高度混合，对于更大的城市还会有种族混合，这种情况在古代城市、中世纪城市、15世纪的佛罗伦萨、17世纪的伦敦以及18世纪的巴黎都有记载，这里仅举几个例子。正如一位历史学家所总结的17世纪荷兰哈勒姆（Haarlem）的情况，“信仰相同的人或同一工会成员间的联结十分重要，但社区居民之间的联结也是如此”[48]。16世纪布拉格的财产争议仲裁记录显示了社区内纠纷（例如对于一面墙的所有权的争执）是如何转变为人身攻击和“一个人在社区内脸面的体现”，而不是导致社会隔离。在现在的温塞斯劳斯广场（Wenceslaus Square）以南的一个社区里，有“本地人和新人，富人和穷人”，也有贵族、工匠、劳动者和“从事多种其他行业的人”。文艺复兴时期的佛罗伦萨社区，“位于街角附近，周围有面包房、酒馆、广场和教堂”，这些社区构成了大约40座“王国”，每一座王国都是一个职业混合的世界[49]。

在16世纪的西班牙托莱多（Toledo），尽管大多地区都既有富人也有穷人，但以穷人为主体的地区和以富人为主体的地区是相邻的。在17世纪的伦敦，“不同社会群体分布于城镇不同地区的宏观隔离（macro-segregation）很少见，而街头巷尾存在的中观隔离（meso-segregation）更常见”[50]。在17世纪的荷兰城市阿尔克马尔（Alkmaar），同质化街区规模非常小，因此以富人为主体的街区与以穷人为主体的街区相隔不超过0.5英里，并且大多数都在五分钟步行路程内[51]。英国城市的社会构成是“蜂窝式”的，但“穷人中最穷的人”居住的地方“距离个体经营者和小雇主也仅有几步之遥”[52]。

在一些城市，社区规模的社会融合是可以被证实的，因为在关于特定地址的记录中可以发现税收和租金的不同。例如历史学家能够在15世纪佛罗伦萨的某个区（gonfalone）内发现财富与职业的高度分化（同时也有“惊人的凝聚力和团结”）[53]。在17世纪荷兰城市阿尔克马尔（Alkmaar）和代尔夫特（Delft），详细区分街面租金差异的区划记录揭示了在看似同质化街区背后的“细粒”（fine-grained）分化模式。通过另一项关于16～19世纪欧洲居住隔离的研究能够发现，基于税收记录、租金和已知的“贫困救济受惠者”所在地的数据，社会群体之间存在复杂的交织[54]。在前工业时代的法国鲁昂（Rouen），历史学家绘制了一条“分界线”将“生产者”（生产对象例如亚麻制品）与住在附近小街小巷和内院的“无产阶级”分隔开。查尔斯·布斯（Charles Booth）的地图显示，伦敦最富裕人口与“长期贫困”人口居住的街道毗邻，这无疑证明了19世纪末期的伦敦仍然存在高度社会混合[55]。

我们不知道居民在多大程度上认为自己属于一个可识别的社区，也不知道有贫富差异的居民是否在某种程度上被捆绑在一起。当然，教堂对于社区的界定发挥了作用，不仅通过对普通成员身份的认可，也通过成员在教堂布置这类小规模改善事务中的积极参与。例如，在15世纪的意大利和英国，社区居民尽自己所能提供资金并齐心协力完成教堂装饰。在文艺复兴时期的佛罗伦萨，地方社区居民之间的通力合作与对更高标准的“视觉秩序与清晰度”的追求之间存在冲突，因此，伯鲁乃列斯基（Brunelleschi）的建筑视觉语言与“社会意义上的社区”形成了对立[56]。但小教堂及其装饰以一种实在的（tangible）方式定义了社区，为居民带来了“一种非常强烈的领地意识”[57]。

一些历史学家提供了具体的案例，以证明社区身份似乎确实在为多样化的人口建立身份认同方面发挥了作用。例如，一项关于英国格鲁吉亚（Georgian）一带小城镇（从城市的一端走到另一端基本不会超过15分钟）的研究（1680～1840年）发现，这些城镇都是围绕着具有强烈场所意识的社区组织起来的，而这些社区之间的联系因为各自的特征与特殊性变得更紧密。每个社区之间的社交网络都非常强大、多样且至关重要。不仅如此，社区不会自我封闭，而是“既重视其自身内部的排他性，也欢迎外来的新人”[58]。历史学家警告说前工业城市的地方连接度可能被夸大了，尽管这一说法没有错，但要正确评估连接度应该弄清楚联系的来源并意识到团结（solidarity）是建立在互助而不是慷慨的基础上[59]。

然而，强烈的社区身份认同感也可以与强迫性社会隔离同时出现。最明显的例子是犹太人区，最初于 1516 年在威尼斯建立，几十年后也出现在罗马。“犹太人区”（ghetto）后来用于描述欧洲任何一个犹太人社区，再后来也被用于指代贫穷非裔美国人的隔离区[60]。16 世纪的犹太人区完全是种族隔离的结果：不允许犹太人在除此之外的任何地方居住，这一现象与美国黑人区的形成并无差别[61]。

一些人质疑传统的犹太人区总是与世隔绝这一观点，他们认为，在威尼斯人聚居区出现之前的几个世纪，犹太人区就已经有了融合的迹象。在 13 世纪的意大利东南部城市特拉尼（Trani），犹太人区朱代卡岛（giudecca）没有围墙，并且街道“自然无阻碍地通向城市肌理的其余部分”，基督徒与犹太人之间有定期的商业、政治和社会交流，朱代卡岛象征着地中海沿岸包括中世纪开罗的“和平共处”[62]。在 15 世纪的摩洛哥城市非斯（Fez），犹太人区或犹太人聚居区（估计人口大约 4000 人）的居民行动自由，部分原因是他们扮演了连接消费者和生产者的“中间人”这一角色[63]。犹太人区满足了日常生活的需求，但跨越边界的流动却很多：“犹太人为了谋生进入穆斯林城市，随后再退回自己的飞地，这里是为他们提供信仰寄托和福祉的地方”[64]，这样一来，他们能够将“看似封闭的聚居区转变为对穆斯林城市开放的多开口围合区域”。虽然宗教上是同质的，但中东地区的犹太人区在其他方面具有多样性，“创建属于自己的社会金字塔，按照职业、家庭关系和出生地分层”[65]。

基于宗教的城市划分能够产生标志性的城市模式。18 世纪的米兰社区相对较小，因为这里的宗教组织密度高，而宗教是他们界定社区的基础。每 650 居民会有一个宗教协会，一个教区为 2000 人提供服务（这与巴黎不同，巴黎的每个教区服务 12000 人）[66]。耶路撒冷的历史是关于地区及其细分的历史，这些地区根据宗教派别和种族来划分，而不是由经济阶层来界定。后来，在 19 世纪的耶路撒冷，基督徒、犹太人、穆斯林和亚美尼亚人形成自己的居住区，商业街道构成了每个区的边界并产生了综合影响，因为每个区没有属于自己的市场，但是，这与其他中东城市不同 [例如大马士革（Damascus）和设拉子（Shiraz）的少数族裔聚居区就有自己的市场]。老居住区的名字逐渐成为与其内部社会构成不一定相符的标签，因此，“犹太人区”包含了很多穆斯林，根据一项人口调查，“库尔德人区”的居民大多成为基督徒[67]。

基督教根据教堂教区来划分社区[68]。直到17世纪，伦敦的房产通常以教区而不是街道地址来标识[69]。文艺复兴时期的威尼斯教区社区极其重要，因为它们不仅是宗教活动的基础，也作为家庭生活的边界。一位学者将威尼斯教区解释为“女性场地”，区别于处在城市运河与街道周边的男性空间。男性不希望自己的妻子和女儿在街道上散步，但在教区社区的范围内，女性可以享有一些外出的机会。历史学家从一些法庭文件（涵盖了一些为名誉受到冒犯的女性免罪的地区的案例）中总结道，男性为女性划定的社区范围包括居住教区以及一两个相邻教区（在拥有60个教区的城市中）[70]。

在非西方城市，围墙和边界可以加强社会融合。例如，19世纪上海被称为“里”的社区，通过一种独特的社区形式来支持以财富为基础的社会融合，这种社区形式结合了商业与住宅功能，同时也结合了“下层阶级”和“精英”居民。“里”以面向商业街道的商店为边界，在商店的后面有围墙将住宅包围起来。内部的庭院住宅通过一扇显示社区名称的大门与街道相连。这个被命名的有多种使用功能的“里”创造了一个共享的集体身份认同。但是到了19世纪末，为了应对传统与现代世界的碰撞、中国人与外国人的混杂（hybrid），“里”已经发展成为一种混合形式。因此，它代表了一种对传统空间的改造，在改造过程中，“围墙与封闭”被“可见性与开放性”所取代，同时下层阶级与精英之间的界限被“逾越”[71]。

在新大陆，社区是大型港口城市的一个显著特征。纽约城市社区的建立可以追溯到1686年的宪章，将曼哈顿下城（居住区部分）划分为六个区，“极大程度上”保证经济与种族的多样性，直到19世纪初，开始按照各种因素对社区进行区分，包括行业和阶级，最重要的是种族[72]。在微观尺度上，以阶级为界限的划分是最明显的。在18世纪末的纽约，商业区附近是上流社会的社区，市中心周围是中产阶级的手工业区，而穷人社区位于边缘地带。这些社区可能有社会意义上的区别，但是正如在欧洲和其他地区所见，它们的规模都很小，这意味着社区之间不会相隔太远，可能不超过几百英尺。

新大陆同时也存在大量的人口流动。在费城，对社会同质化集群的渴望与人口密度和房价梯度背道而驰，而后者将人们拉向市中心。在其他城市，穷人最初居住在地势较高的地方，因为这些地区的可达性较低（导致工作与生活不便），而富人住在可达性更高的地区。然而，随着道路与可达性的逐渐改善，富人成功移居到高处的场地。人群的里外移动和高低变化完成了美国城市空间的重置，导致了社区内社会阶级的混合[73]。

一项关于 18 世纪纽约的研究，将对于食品残余物的考古分析与一些变量相结合，这些变量包括宽阔的街道（作为社区分界线）、路网的突然变化、地标和本地服务设施的位置（在 18 世纪的美国城市，服务设施仅限于酒馆、教堂和菜市场），借此为依据来识别社区。结果表明种族和财富的混合是存在的，而职业的聚集也是存在的。这项研究挑战了一个更传统的观点，即认为西方城市在从"家庭生产"单元向"资本积累"体系转变之前，社区的界定十分薄弱，而后一个体系导致了劳动力对社区的渴望[74]。

随着 19 世纪工业城市的兴起，生产方式的改变使几个世纪以来维持社区联系的文化纽带不再紧密。工业资本主义带来了劳动分工、基于工厂的就业以及工匠和行会的减少，这些改变都使社区的身份认同变得复杂。在欧洲，手工产业的消失（如织布工）损害了地方文化，而这种文化能够加强社区的界定[75]。新的土地开发实践也对社区形态产生了重要影响。1835 年的一张英国林肯教区地图暗示了某种"惊人的复杂性"，这种复杂性正是由于 16 世纪的中世纪教区被现代化土地划分方式所叠加造成[76]。

城市的发展开始沿着道路向外延伸，通向一直以来相对封闭且常常被围墙包围的市镇（这些市镇在意大利被称为 borgate，在北欧被称为 burgh，在英国被称为 borough）[77]。当市镇被周边无差别的城市扩张（undifferentiated surrounding sprawl）所吸收，似乎正在失去自己的特点，人们开始渴望一个"真正的社区"而不是一个"边缘角色"[78]。耶路撒冷成功地将城市对外扩张转变为不同社区的兴建，这个成功是独一无二的。到 1917 年，旧城外围已经建立了 102 个社区，其中 24 个是阿拉伯人社区和基督徒社区，或是这两者的混合，还有 78 个是犹太人社区。除了宗教和民族派别不同，每个社区还因促进其发展的理念不同而有所区分，社区的发展可以是基于博爱的精神追求、保护个人隐私的需要、商业互动或者通过某个"建房互助会"。在英国托管统治时期（1920 ~ 1947 年），老城外新建了 63 个社区，其中有 40 个犹太人社区，23 个穆斯林社区和基督徒社区，或是两者混合的社区。这些社区有些是郊区花园，有些为简单的网格状布局，有些以庭院为主体，全部社区都有不同水平的公共设施[79]。

在工业化时代，资本家和劳动力之间的差异被强调，削弱了社区“跨越阶级之间鸿沟”的能力。新的隔离形式与住宅分化出现了。之前在欧洲的区（quarter）中，店主和房东与他们工人阶级的邻居住在一起，创造了所谓的“集体主义道义经济”[80]。但以工厂为基础的就业所形成的工业主义增加了工作地点与住所之间的距离，甚至在汽车出现之前就是如此，曾经住得离工作地点很近的工厂工人现在要承受长途通勤的负担[81]。“从工业资本主义到金融资本主义再到公司资本主义”的这一转型并没有产生从“高消费到低消费渐次分层”（higher levels of consumption to successively lower strata）的转变效果，但却对社区的分化产生了影响[82]。

价格合理的公共交通在这一分类中发挥了作用。在1880年以后，它以一种前所未有的方式将人们划分到以收入为界定的社区中，并形成了相应的隔离[83]。芒福德将这种隔离归咎于“轮式交通工具”和“规划中道路的主体地位”。商业化的交通大道将城市设计中的重点“从居住设施变为移动设施”，导致了“社区的牺牲”[84]。轮式交通工具和街道让社区变得难以界定，也让人难以爱上社区，按照芒福德的说法，城市变成了“一个无法定义的噩梦”。由于缺乏明确的定义，社区得以存在的唯一空间是那些设法脱离现代化的老城区，或是经过仔细规划的场地：小型公司城镇（见彩图4）、田园城市以及精心设计的郊区（大多属于富人）[85]。在规划后的郊区，对设计的关注“使人们意识到社区是一个美学单元”。芒福德没有停留在这些社区的精英地位上，而是更愿意把它们作为提高公民意识的先驱[86]。

在规划好的郊区之外，19世纪后半叶的有轨电车促进了城市扩张，这种扩张通常不是以社区的形式进行的，而是以街道的形式出现。历史学家萨姆·巴斯·沃纳（Sam Bass Warner）认为，其结果导致了“脆弱且无定形的社区结构”，城市没有围绕着商业或机构中心来扩张，而是围绕着一个“历史上偶然出现的交通模式”。这种存在有轨电车的大都市往往是分散且狭小的，是基于投机和阶级意识的物质环境排列，而非以社区为主体。正是“小建筑商的重复习惯”产生了大多数以阶级为基础的居住区分化模式[87]。

但是，从市中心向外辐射的阶级隔离带之间开始出现了变化。每条隔离带中的房屋偶尔会“在形式上混合，在房价上被细分为不同等级”，街区内也许会同时建有“便宜和昂贵的三层公寓”，因为存在难以融入整体的零碎地块，例如：商店上方的住宅、不受欢迎地段（例如工厂建筑旁边）的廉价土地以及“小块土地的零头”，这些地块原本是为独户住宅准备的，但都被出售给 3 层公寓。交通系统有时也促进了房屋形式的混合，因为其不规则增长意味着“不同收入群体的流动”时而被加速时而被减缓。由此形成的格局常常是多变且混合的[88]。

在整个 20 世纪初，在一些地方甚至更晚，尽管技术和社会发生了变化，但社区仍然具有意义和相关性。但这样的社区开始成为例外而不是规则。从依赖邻近度和步行的城市形态中脱离出来，越来越多的社区被按照社会同质性来界定，或者仅仅从任何传统意义上来看都变得无关紧要，也就是说，这些地方的社区身份认同以及某种程度的社会混合都是不言自明的。

注释

1. “Neighbourhood（n.），” Online Etymology Dictionary，“neighbourhood | neighborhood，n.”. OED Online. June 2018. Oxford University Press. http:// www.oed.com.proxy.uchicago.edu/ view/ Entry/ 125931?redirectedFrom=neighborhood（accessed July 09，2018）.
2. McKenzie，“The Neighborhood Ⅱ，” 344.
3. Mumford，“The City in History，” 218.
4. 同上，344–63.
5. Keating，“Chicagoland”；Kolb，“Rural Primary Groups.”
6. Düring，“Constructing Communities.”
7. 同上，301.
8. Chen，“Some Ancient Chinese Concepts，” 162.
9. 为了与现代进行比较，一个追踪手机通话地理位置的社交网络理论团队发现，小规模社交团体（成员不超过 30 人）往往“在地理位置上非常紧密”，然而一旦内部成员超过 30 人，涉及的地理范围就会呈指数扩张；参见 Onnela et al.，“Geographic Constraints，” 5.
10. Düring，“Constructing Communities，” 302；Dunbar，“Neocortex Size.”
11. Cited in Abu- Ghazzeh，“Built Form and Religion，” 55.
12. 这些观点的回顾参见 Chesson，“Households，Houses.”

13. 同上 .

14. Keith, "The Spatial Patterns," 66, 77.

15. Mumford, *The City in History*, 74.

16. Keith, "The Spatial Patterns."

17. Stone, *Nippur Neighborhoods*, 3.

18. York et al., "Ethnic and Class Clustering."

19. Keith, "The Spatial Patterns"; York et al., "Ethnic and Class Clustering."

20. Alberti, *The Ten Books*, 000.

21. Wycherley, "Hellenistic Cities."

22. Haselberger et al., *Mapping Augustan Rome*; Lott, *The Neighborhoods*.

23. Lott, *The Neighborhoods*.

24. Kiang, "Visualizing Everyday Life."

25. Adams, *Outline*.

26. 如 York 等指出的, "Ethnic and Class Clustering（种族与阶层的簇集）," 如作者对比了不同的论点如 van Kempen 文中提及的 Marcuse. 见 Xiong, 2000 and Tatsuhiko, 1986, York 等对两者都做了引用 .

27. Jin, "The Historical Development."

28. Gaubatz, "Looking West."

29. 同上 .

30. Pecar, "Bosnian Dwelling Tradition," 50.

31. Kark and Oren-Nordheim, *Jerusalem and Its Environs*, 21.

32. Lavedan, *Histoire*, 436.

33. York et al., "Ethnic and Class Clustering"; Habib et al., "The Concept of Neighborhood," 2274-75.

34. Mirgholami and Sintusingha, "From Traditional Mahallehs"; Habib et al., "The Concept of Neighborhood," 2274. 关于伊斯兰教城市 *mahallehs* 的更多信息参见 Hakim, *ArabicIslamic Cities*.

35. Stone, *Nippur Neighborhoods*, 4.

36. Abu- Lughod, "The Islamic City." 和 Gaube, *Iranian Cities*.

37. Celik, *Urban Forms*, 13-14.

38. Marcus, *The Middle East*, 322.

39. "Cairo's Metropolitan Landscape."

40. Mumford, "The Neighborhood," 257.

41. 同上, 256-70.

42. Mehaffy et al., "Urban Nuclei."

43. Hohenberg and Lees, *The Making of Urban Europe*, 34.

44. Mumford, "The Neighborhood"; Bar and Rubin, "The Jewish Quarter after 1967."

45. Keyvanian, "Concerted Efforts," 293.

46. Smail, *Imaginary Cartographies*.

47. 同上 .

48. Dorren, "Communities," 177. 更多参见 Garrioch, *Neighbourhood and Community*; Boulton, *Neighbourhood and Society*; Warner, *American Urban Form*.

49. Palmitessa, "Arbitration," 125, 129; Rosenthal, "Big Piero," 678.

50. Lesger and Van Leeuwen. "Residential Segregation," 336, 337, quoting Bardet, *Rouen*, 241.

51. 同上 .

52. Mills and Wheeler, *Historic Town Plans of Lincoln*, 20.

53. Eckstein, "Addressing Wealth," 711.

54. Lesger and Van Leeuwen, "Residential Segregation." 335.

55. 查尔斯・布斯（Charles Booth）的地图可在伦敦经济学院的网站上浏览，参见 "Charles Booth's London: Poverty Maps and Police Notebooks"，网址为 http:// booth.lse.ac.uk/.

56. Rosenthal, "Big Piero"; Burke, "Visualizing Neighborhood," 707.

57. Garrioch, "Sacred Neighborhoods," 410.

58. Ellis, *The Georgian Town*, 114.

59. Pearson, "Knowing One's Place," 221, 223, 225; Faure, "Local Life."

60. "犹太人区"（The ghetto）是一种社区类型，有些人认为它是过时的且没有用处；参见 Small, "Is There Such a Thing as 'the Ghetto'?" 和 Duneier, *Ghetto*.

61. Laguerre, *Global Neighborhoods*.

62. Bertagnin et al., "A Mediterranean Jewish Quarter," 41, 44.

63. Miller et al., "Inscribing Minority Space."

64. 同上, 312.

65. 同上 .

66. Garrioch, “Sacred Neighborhoods,” 412, 415.

67. Marcus, *The Middle East*.

68. 全世界现在有 221740 个教堂教区，每个教区作为社区在地理上都与某个特定的教堂和牧师相连。这些教区中，美国有 17483 个，与 1965 年首次报告的数字相比几乎没有变化。教区也可以是非宗教的。英国有 10000 个市民教区，很多与“社区”的意义相同，包含了 35% 的民众。参见使徒职位应用研究中心（Center for Applied Research in the Apostolate）. “Catholic Data”; U.K. National Archives, Office for National Statistics, “Parishes and Communities.”

69. Keene and Harding, *A Survey*, *xv*, *cited in Smail*, *Imaginary Cartographies*, 17.

70. Romano, “Gender,” 342.

71. Liang, “Where the Courtyard,” 482.

72. Scherzer, “Neighborhoods.”

73. Abbot, “The Neighborhoods”; Schweitzer, “The Spatial Organization”; Meyer, “The Poor.”

74. Rothschild, *New York City Neighborhoods*, 20, 21.

75. Hohenberg and Lees, *The Making of Urban Europe*.

76. Mills and Wheeler, *Historic Town Plans*, 9.

77. 显然，意大利居民更喜欢“社区”（quartiere）这个词而不是“市镇”（borgata），因为后者暗示着位于乡村且条件落后。参见 Picone and Schilleci, “A Mosaic of Suburbs.”

78. Picone and Schilleci, “A Mosaic of Suburbs,” 354-66.

79. Kark and Oren-Nordheim. *Jerusalem and Its Environs*.

80. Pearson, “Knowing One’s Place,” 223, 225.

81. Faure, “Local Life”.

82. Ward, “Environs and Neighbours,” 135, 162.

83. Miller, *Visions of Place*.

84. Mumford, *The City in History*, 429.

85. Mumford, “The Neighborhood,” 258, 259.

86. 同上, 260.

87. Warner, *Streetcar Suburbs*, 159, 158, 77.

88. Warner, *Streetcar Suburbs*, 67, 78.

第3章
让社区回归

虽然城市的开放和社区身份认同的丧失并没有令所有人感到惋惜，但很多规划师、社会学家和社会改革家努力重新规划社区以应对这一衰落。为了应对工业资本主义及其引发的混乱的城市化（芒福德所言的“无法定义的噩梦”），人们将城市划分为可管理的单元和子单元，相互隔离并按照一定的模式和间距分为等面积的圆形、正方形或者六边形，嵌入层级结构中，且常常具有数学精度。对秩序和管理的追求表现形式为邻里单元，也就是连古代城市也实行过的城市分区。

以前在美国也出现过这种情况：18世纪初，詹姆斯·奥格尔索普（James Oglethorpe）对佐治亚州萨凡纳市（Savannah）的规划实行了模块化增长（modular growth），被称为“小邻里单元”式增长，每个邻里单元包含40块房屋基地（规划历史学家约翰·雷普斯（John Reps）推测，这些单元创造了一种由“合作与社区互助”驱动的社会生活）[1]。19世纪的田园城市、模范村庄和其他理想化的居住单元进一步发展即为20世纪的社区，它们相对独立，有便利的服务设施、丰富的社会生活以及良好的自然环境。

为了“让社区回归”，社会学家克拉伦斯·佩里（Clarence Perry）在20世纪20年代提出的邻里单元理念（neighborhood unit）是20世纪最著名的规划提议。在其提议不久前的几项城市开发和规划方案也值得一提。一个是1909年的“森林小山花园”（Forest Hills Gardens）居住区，由小弗雷德里克·劳·奥姆斯特德（Frederick Law Olmsted Jr.）设计，灵感来源于埃比尼泽·霍华德（Ebenezer Howard）的“田园城市运动”[2]。该居住区位于皇后区，占地142英亩，离曼哈顿很近，时为该区居民的佩里正是在这里构想出了他的邻里单元理念。

几年后的1912年，芝加哥城市俱乐部组织了两场社区设计比赛。一场关

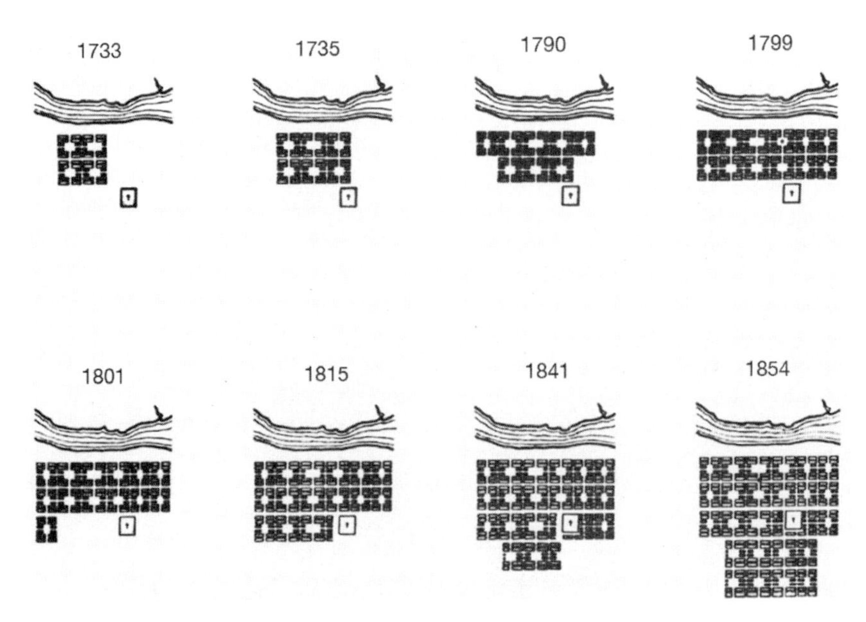

图 3.1　1733 ~ 1856 年间，萨凡纳的“小邻里单元”式发展。资料来源：图片由 Reps 重绘，“Town Planning in Colonial Georgia”

图 3.2　1929 年建于英国曼彻斯特郊外的韦恩肖（Wythenshawe）田园城市，这里的邻里单元“近乎完美”，比起二战结束后的英国新城所建立的邻里单元更像佩里的理想邻里单元。社区以主干道为界限，学校位于社区中心，商店位于“次干道”的交叉口，之间相隔 3/4 英里，这意味着每个购物中心都可以吸引周围四个社区的顾客。资料来源：Dougill，“Wythenshawe: A Modern Satellite Town”。图片来源：谷歌地球

（a）

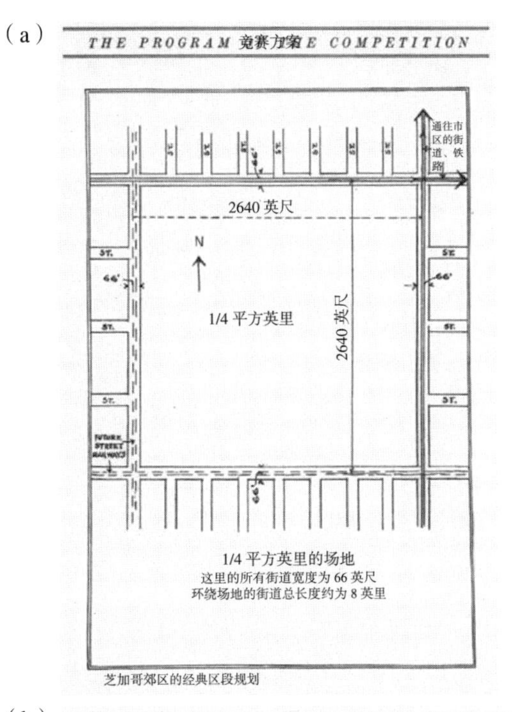

（b）

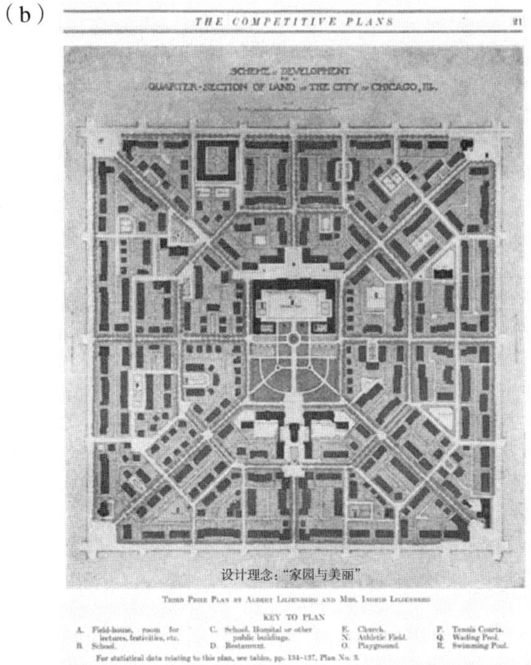

图 3.3a 和 3.3b　为 1912 年芝加哥城市俱乐部举办的一场竞赛的参赛作品，竞赛内容是设计一块给定场地的四分之一部分（40 英亩或 16 公顷），这相当于邻里单元的规划比赛，并在克拉伦斯·佩里提出邻里单元概念之前。这场竞赛的目标是告诉人们"从最广义上看，优质住宅应具备哪些基本要素"。这块假想的设计场地"位于距芝加哥商业区约 8 英里的平原上"，距工厂 4 英里，"两侧有有轨电车线路"。提交给芝加哥城市俱乐部社区设计竞赛的作品达到了后来佩里提出的所有标准，关于社区边界、开放空间、商店和设施的位置以及内部街道系统。图 b 是三等奖作品。资料来源：Yeomans and City Club of Chicago，*City Residential Land Development*

于“微型社区”，场地位于一个假想的郊区，占地 1/4 平方英里（160 英亩），另一场的设计重点是社区中心。

由于比赛规则规定，假设郊区场地有便利的公共交通和良好的就业机会，不需要设计一个带有工厂的完整居住区（community），只需要设计一个社区。这两场比赛是为了矫正商业俱乐部（Commercial Club）开展的城市美化运动所带来的宏伟风格。景观设计师延斯·詹森（Jens Jensen）（城市俱乐部的创建者之一）曾直言不讳地批评过这种风格。一个为弗兰克·劳埃德·赖特（Frank Lloyd Wright）工作的建筑师威廉·德拉蒙德（William E. Drummond）参加了这场比赛，并将自己的作品命名为“邻里单元”，这项作品展示了一个别出心裁的方案：与铁路和公园相连的邻里单元遍布整座城市。

在芝加哥城市俱乐部发起社区设计比赛的同一年，即 1912 年，弗兰克·劳埃德·赖特手下的芝加哥建筑师沃尔特·伯利·格里芬（Walter Burley Griffin）为澳大利亚新首都堪培拉设计了以社区为基础的城市规划方案。早在佩里之前，格里芬就写过关于邻里单元的文章，主张建立以家庭为导向且具有社会隔离的“家庭团体”（domestic communities），位于其中心的社区建筑与任何家庭相距不应超过三个街区。在这项规划方案中很容易看出堪培拉以社区为基础的扩建，几十年后，社区展现出一种统一的、产品建造的美学（production-built aesthetic）。一位批评者形象地把这座城市比作“一台输出现成社区模块的香肠机”[3]。

在这一时期的其他地方，为了响应工业城市的建设，社区提案逐渐形成。社区设计被用来抵抗由开发商主导的城市扩张冷峻理性主义（austere rationalism of urban expansion），当时这些开发商没有兴趣为了社会目的分化城市空间。例如，在荷兰，由于担心单调的网状格局会对市民心理和社会发展有害，进步派领导人设法停止扩张计划。荷兰建筑师伯拉吉（H. P. Berlage）不止一次受邀对社区进行重新设计，将公共广场作为街道的尽头，这种形式能令人回想起卡米洛·西特（Camillo Sitte）。这样一来，荷兰规划师为了形成完整且受保护的社区开始建立有界街区（perimeter block）[4]。

大约在这个时期，美国政府也开始为小型居住团体的社区计划提供资金。在康涅狄格州的布里奇波特市（Bridgeport）、新泽西州卡姆登市（Camden）的约克希普村（Yorkship Village）和特拉华州的威尔明顿市（Wilmington），服务便利且规划良好的社区提供了战时住房，距离工业区在可步行范围内。这项计

图 3.4　沃尔特·伯利·格里芬设计的基于社区的堪培拉（澳大利亚）城市规划方案。资料来源：格里芬于 1918 年在堪培拉绘制的原方案（公有土地），https:// commons.wikimedia.org/ wiki/ File:Canberra_ 1918_ plan.jpg

划的持续时间很短，人们认为社区质量太高以至于没有充分的理由进行更多的行政性帮扶（除此之外，也有人声称政府的干预过于社会主义），因此美国政府的直接补贴在战后不久即 1919 年就结束了。

下一个邻里单元的尝试是位于纽约皇后区的阳光花园社区（Sunnyside Gardens），由克拉伦斯·斯坦（Clarence Stein）和亨利·赖特（Henry Wright）设计，建造于 1924 ~ 1928 年间。这里倡导的社区理念后来被应用到美国其他著名的社区中：新泽西州的拉德伯恩（Radburn）、匹兹堡郊外的查塔姆村（Chatham Village）、绿带城镇（the Greenbelt Towns）和洛杉矶的鲍德温山（Baldwin Hills）。这些社区的设计都受到克拉伦斯·佩里著作的很大影响。

尽管邻里单元作为一个概念的源起更早（历史学家认为佩里“借用”了德拉蒙德的概念）[5]，但佩里清晰地阐明了邻里单元的理论基础。在对社区概念进行了五年的研究后[研究的来源很广，包括罗素·塞奇基金会（Russell Sage Foundation）对美国城市的社会调查（Social Surveys of American Cities）以及爱德华·沃德（Edward Ward）的社会中心运动]，佩里于1929年发表了其著名的关于邻里单元的阐述，作为纽约和周边地区大规模区域规划（Regional Plan of New York and Environs）的一部分[6]。佩里的邻里单元可以归结为六个原则：社区人口应足以开办一所小学；社区中心建有一所多功能学校；本地购物商店应沿着交叉主干道的边缘分布；外围主干道形成边界；内部街道相互连通、以行人为导向，便于本地交通；小型公园散布在社区中（佩里希望每个社区中都有小型公园，理想状态下能够占据社区面积的10%，每72户家庭就有一个面积为1英亩的游憩场地）[7]。这些原则既可以用于新开发场地也可以用于内城中。不过，佩里认为其若在内城中实施必须不受其他因素的限制，即需要土地征用权。

佩里的理想社区占地160英亩（在1/2平方英里的面积内放置了一个半径为1/4英里的圆），每英亩包含10套住房，总人口5000人，这是能够开办一所小学的人口数量。当时，有人认为开办一所学校需要的人口标准可以“修改为具有一定精度的数据”，于是社区人口调整为2000～8000居民，目标人口为5000人，社区“标准”规模为50～250英亩。如果为了适应家庭类型的变化将不同形式的住宅混合在一起（这是当时的规划师大力倡导的做法），那么一个5000人口的社区中，目标密度是每英亩土地包含10.8套住房[8]。

佩里居住的阳光花园社区面积较小，56英亩的土地（大约是其设想的邻里单元面积的三分之一）上分布着1200套住房。在地理意义上，160英亩相当于托马斯·杰斐逊（Thomas Jefferson）在美国1785年《土地法》（Land Ordinance）中所划分的每块土地的四分之一。基于小学的数量和每所小学周围的5000位居民（假定数据），一份报告称1931年美国大约有12000个与佩里理想社区相等规模的社区[9]。值得注意的是，埃比尼泽·霍华德的田园城市是由被称为“区”（wards）的社区组成的，而田园城市方案中六个区的每一个区的理想人口都是5000人，这恰好是佩里在其邻里单元所期望的人口数量。

1931年，在赫伯特·胡佛总统（President Herbert Hoover）召开的住房建设和房屋所有权会议上（Conference on Home Building and Home Ownership），

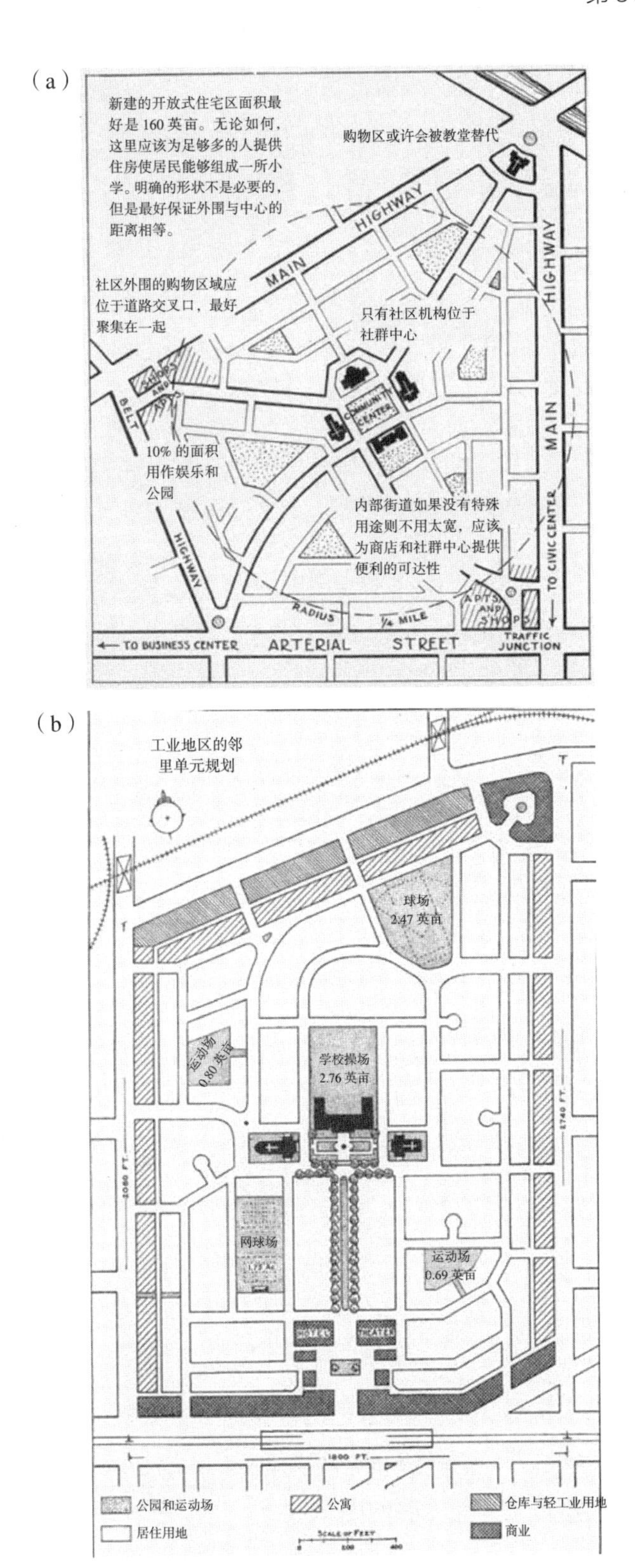

图 3.5a 和 3.5b　佩里设计了很多重复的基本邻里单元，其中一个是为工业区设计的。资料来源：Perry, *Neighborhood and Community Planning*

图 3.6　佩里在 1929 年建造的这座邻里单元，原计划占地 160 英亩，可容纳 5000 居民。图片展示了佩里的这座社区与华盛顿白宫之间的关系。资料来源：谷歌地球

佩里的邻里单元理念受到了特别关注。从那时起，这一理念通过政府法规、规划教材、商会和社会服务机构迅速传播[10]。社区作为一个具有“美丽、便捷和社会机遇”的基本形象反映在美国住房法案、城市更新立法、新市镇运动以及几乎所有与住房相关的计划或发展建议中，这些计划涉及的范围比单个住房单元更广。我们将在后面的章节中看到，这也招致了一系列批评，如认为其导致了孤立、隔离及社会控制等问题。

这一理念的流行和迅速传播在很大程度上源于其对房地产行业的吸引力，开发商可以利用这一理念，他们的确做到了，但是大大削弱了佩里的住房单元集成原则、宜步行性原则和独立性原则。一些人认为，邻里单元模式满足了大规模高效建设住宅的需要，这种规模的建设在二战前是闻所未闻的，当时的土地利用细分和住宅建造是两种不同的操作方式。当土地划分与房屋建造相结合时，大型住宅开发商诞生了，邻里单元实现了一个必要的功能：单元式建造[11]。但是，按照郊区扩张的低密度标准，规划师意识到佩里理想社区的 160 英亩土

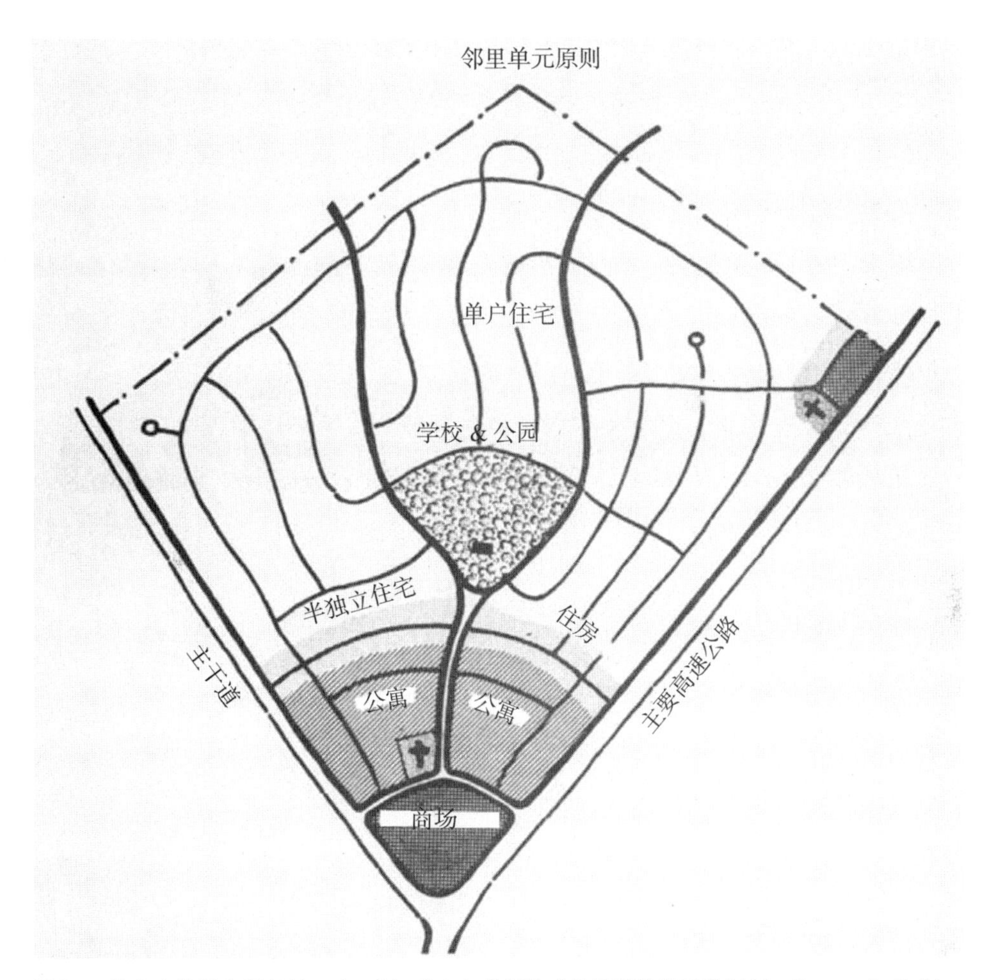

图 3.7 城市土地研究所（Urban Land Institute）出版的《社区建设者手册》（The Community Builders Handbook）推广了邻里单元，该手册于 1947 年首次出版。资料来源：Urban Land Institute Community Builders' Council，*The Community Builders Handbook*

地不足以维持学校和商业的运作。例如，圣何塞（San Jose）1958 年的总体规划划定了 154 个平均面积为 480 英亩的社区，是佩里理想社区面积的三倍（平均人口与佩里的标准持平，为 5850 人）。

建于 1929 年的新泽西州拉德伯恩住区（Radburn），在社区规划史上占有重要地位，因为它具有标志性和开创性，被称为社区"现代"理念的首次实施[拉德伯恩的建筑师克拉伦斯·斯坦（Clarence Stein）称其为"拉德伯恩理念"（The Radburn Idea）]。从这座城市中可以看出佩里的邻里单元理念与霍华德的田园城市高度结合带来的影响：一个更大的、基于超级街区的社区，虽从未实现但却是预期容纳 25000 人的一个"完整田园城市"。类似于佩里的邻里单元，这座城市的社区中心也有一所学校和一座运动场，但它们是重叠的而不是独立的两个单元，以绿色空间代替街道作为边界[12]。斯坦将佩里设想的社区面积扩大了一倍，扩大后的面积为1/2平方英里（320英亩），人口在7500 ~ 10000人，作为提供社区服务的更现实的人口阈值。

接下来的邻里单元实验是罗斯福新政（FDR's New Deal）下的绿带城镇时代（era Greenbelt towns），包括：威斯康星州的城市绿谷（Greendale）、马里兰州的城市绿带（Greenbelt）和俄亥俄州的城市绿山（Greenhills）。这些"城镇"的居民少于佩里理想邻里单元的居民，尽管每个城镇都被构想成"实际上的一个单独的社区"[13]。1941年，斯坦将拉德伯恩理念应用于洛杉矶的鲍德温山庄（Baldwin Hills Village）。在这里，佩里的设计概念被进一步打破，体现在超级街区的建立、行人和汽车的完全隔离以及"将公园作为社区的核心与支柱"。斯坦希望这些分离的元素能够形成"功能性的统一"[14]。在接下来的几十年里，现代主义规划师构想了上千种方式将社区作为一个围绕着中心开放空间的住宅群体[考虑到时代因素，以及现代国际建筑大会和作为成员的建筑师勒·柯布西耶（Le Corbusier）、何塞·路易斯·塞特（Jose Luis Sert）、沃尔特·格罗皮乌斯（Walter Gropius）、埃德蒙·培根（Edmund Bacon）与路易斯·康（Louis Kahn）的主导地位，现代主义风靡并不令人意外]。

斯坦的邻里单元实验获得了广泛的好评。著名作家刘易斯·芒福德和凯瑟琳·鲍尔（Catherine Bauer）在他们的书中称赞了邻里单元。1943年，《建筑论坛》（Architectural Forum）杂志专门刊登了两期关于社区设计的文章。1944年，路易斯·康出版了《你和你的社区：社区规划入门》（You and Your Neighborhood: A Primer for Neighborhood Planning）一书，颂扬社区规划的优点；埃德蒙·培根领导下的费城再开发项目也是"以社区为基础的"[15]。

这些社区规划是现代主义的，灵感来自于现代国际建筑大会（CIAM）。这意味着规划师们倾向于分隔不同类型的土地利用、相比行人更优先考虑汽车的通行、拒绝将街道作为公共空间、提倡围合且与世隔绝的超级街区、将建筑视为孤立的空间对象而不是城市结构中相互联系的一部分、舍弃广场和市场这类传统元素、大面积破坏城市场地为新形式的建筑腾出空间以及建立封闭式购物中心和下沉式广场，尽管这些会使公共空间变得死气沉沉。邻里单元的现代主义版本正是被这些有缺陷的规划理念所包裹。

邻里单元的规划遍布全球。在以色列，阿图尔·格列克松（Artur Glikson）规划的拉德伯恩式社区很成功，将具有多种用途且位于中心的建筑群和学校作为社区的焦点，这种方式在 20 世纪 50 年代堪称原型式布局[16]。类似的邻里单元分布广泛，例如科威特、巴西利亚、南非的萨索尔堡、澳大利亚的伊丽莎白郊区、印度的昌迪加尔以及中国、欧洲和苏联的很多地方。通过一个个单元进行城市建设，正确分配服务设施和社会空间，这似乎是二战后重建的合乎逻辑的答案[17]。在印度，由于人们具有农村人口向城市迁移后所习惯的自治能力，所以独立社区被认为"对欠发达国家的人民具有特殊吸引力"。正如一位规划师所言，"相比于庞大且无组织的城市，一个像村庄一样的社区更容易使居民理解自己的市民责任"[18]。

最愿意接受邻里单元的是二战后的英国新城（20 世纪 40 年代建立了 10 座新城）[19]。邻里单元背后的理论得到了广泛传播的《达德利报告》（Dudley Report）的赞同，以及 1944 年大伦敦计划（Greater London Plan）的官方支持。尽管其后来受到了一些著名规划师的批评，但 1952 年的一项调查显示，79% 的英国规划师仍在积极贯彻邻里单元理论。在 20 世纪 20 年代和二战后这两个时期，英国人还将邻里单元规划带到世界的其他地区，尤其是非洲和中东，目的在于镇压，或如该时期的殖民主义者首领埃里克·达顿（Eric Dutton）所言的为了推行"友好"与"规则"[20]。

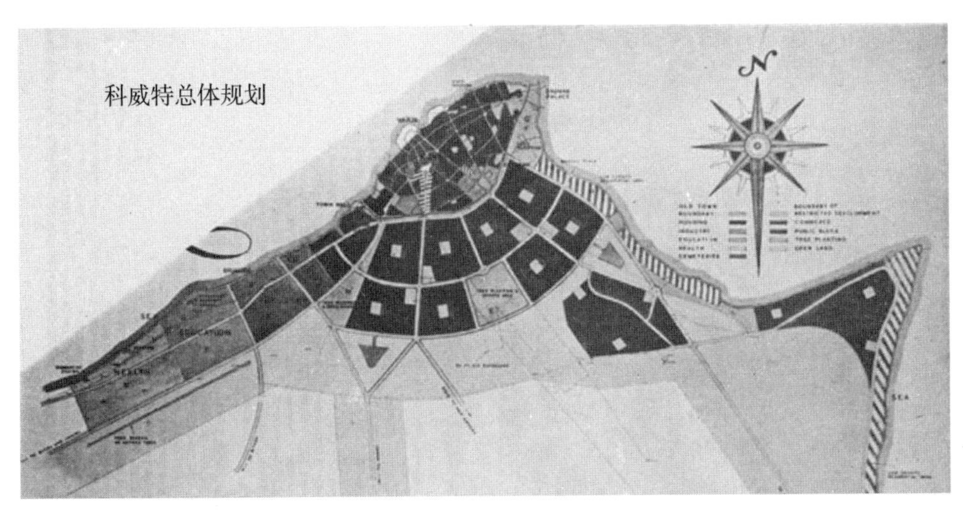

图 3.8　1952 年，英国规划师制定了《科威特总体规划》，作为特色的 8 个邻里单元共容纳 6000 居民，每个邻里单元都包含了一座清真寺、商店、公共礼堂、工业区、六所幼儿园和两所小学（一所男校和一所女校）。每个社区内围绕一所幼儿园建有 160 栋住宅。资料来源：Macfarlane，"Planning an Arab Town"

二战后，英国新城的社区规模也超过了佩里设定的 5000 ~ 9000 人的人口范围，通常有 10000 人，有些甚至高达 12000 人[21]。在那些居民人口接近 10000 人的社区中至少有两所小学，而不是像佩里计划的那样只有一所小学。虽然有批评者认为这种社区“缺少都市风格”，但如果按照美国标准，这样的密度仍相对较高[22]。截至 1961 年，从新城中挑选的 10 个邻里单元的样本显示，每英亩土地的净密度通常为 30 ~ 50 人。人口密度是根据通往“公共设施”的距离来规定的，尤其是商店和小学这类设施（见表 3.1）。

英国的新城既新颖又多元（因为需要社会平衡），这意味着历史因素和同质性都不能被用来灌输社区的认同感。为了解决这个问题，人们多角度地研究了社区设计，并提出了各种不同的方案。街道布局、学校选址、住宅建筑群和购物中心位置的差别被认为应当能够带来地域特色[23]。

面积、人口与密度 **表 3.1**

邻里单元	面积	规划人口	净居住密度（ppa*）	总社区密度（ppa）
West（Glenrothes）	745	21，000	50.7	28.2
Andefield（Hamel Hempstead）	570	12，000	30.0	21.0
Beanfield（Corby）	440	10，900	40.5	24.8
The Murray（E. Kilbride）	380	10，000	52.0	26.3
Broadwater（Hatfield）	449	9，650	33.0	21.5
Oxlease & S. Hatfield（Hatfields）	353	8，500	33.3	24.0
Langley Green（Grawley）	288	8，200	41.5	28.5
Priestwood（Bracknell）	287	7，800	_	27.2
Kingswood（Basildon）	260	6，00	38.0	23.0
Croes- y- Ceilog（Cwmbran）	252	5，400	40.0	21.4

* 每英亩人数（person per acre）

资料来源：Goss，“Neighbourhood Units in British New Towns，” 81

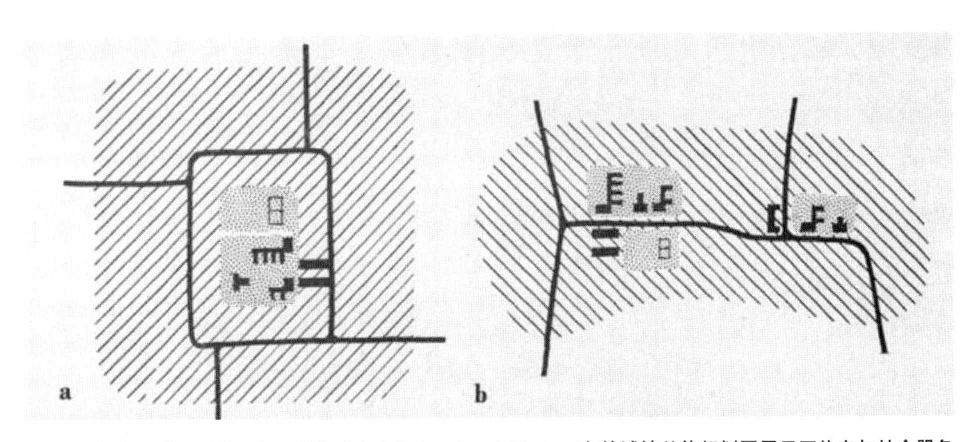

图 3.9　这张弗雷德里克·吉布尔德爵士（Sir Frederick Gibberd）的城镇总体规划图展示了住宅与社会服务之间关系的“各种模式”，这些模式“如此多变，以至于我们只能涉及一些更独特的类型”。阴影部分为住宅区，建筑轮廓线表示商店与学校。每个社区同样都有一座“运动场”。资料来源：Gibberd，*Town Design*

英国以外的欧洲城市也有自己的战后邻里单元实验。和其他地方一样，这些邻里单元中的大多数都是基于现代主义空间规划原则，尤其是超级街区。在瑞典，由于芒福德在瑞典出版的《城市文化》（The Culture of Cities）一书中大力推崇邻里单元，加上 1944 年的《大伦敦规划》中采用了邻里单元概念，因此邻里单元（grannskapsenheten）在这里变得很受欢迎[24]。20 世纪 50 年代和 60 年代的荷兰，在佩里、芒福德和“大伦敦规划”的影响下，大力推行了邻里单元的概念，并融入 CIAM“标准化、重复性和功能性”的现代主义设计理念。当时的荷兰社会毫无特色，病态、混乱且饱受战争摧残，一个高度规范化和层级化的邻里单元规划被认为是改善这种状态的一剂良药[25]。希腊于 20 世纪 60 年代和 70 年代也接受了社区规划，当时的政府建造了至少 50 个邻里单元。

由于战前社区与纳粹之间的联系，以及乡村生活优越于城市生活的相关文化传统，德国关于邻里单元的实验较为复杂[26]。然而，受到弗里奇（T. Fritsch）民族主义作品《城市的未来》（The Future of the City，1896）的启发，纳粹意识形态和社区形式之间的联系（纳粹天生喜欢受控制的居住单元）导致了二战后的社区规划被公开束之高阁。战争结束后，社区规划以不同的形式进行，包括建筑师汉斯（Hans Reichow）更具生态性的“有机社区”。直到 20 世纪 90 年代，社区作为一个规划单元才重新启动，这一次被寄希望来对抗社会排斥[27]。

由邻里单元实现的城市增长也吸引着亚洲国家。在 20 世纪的亚洲，社区规划实验融合了历史传统和西方模式。在日本，小规模、独立且自治的城市单元与大都市相连或嵌入其中，这类城市单元的概念导致了日本传统中“町”（machi）的出现，即规划师西山吾三（Nishiyama Uzô）所谓的“生活单元”（life unit）（已知的日本第一个按规划修建的邻里单元“町”位于793年的京都）[28]。西奥多·贝斯特（Theodore Bestor）的《邻里东京》（Neighborhood Tokyo）这本书追溯了这座城市独特社区系统的历史根源，这一系统在蓬勃发展的大都市中维持了小镇生活的感觉。社区协会是由少量居民维持运行的，且由老一辈人主导，这些老前辈坚持将社区传统与治理作为阻碍更富有居民大量涌入的方式，然而紧凑的东京社区已经受西方标准的影响，结合了公寓、住宅、小型工厂以及一条购物街，所有的设施都通过高密度街巷路网交织在一起[29]。

在佩里的构想中，社区通常围绕着一所小学组织起来。对这种形式也有直接的效仿：1938年日本大同市的某一社区规划方案正是复制了一个底特律的社区规划[30]。20世纪40年代，日本规划师受到了西方规划作品的影响，不仅包括佩里，还包括身为德国规划师和纳粹经济学家的戈特弗里德·费德（Gottfried Feder）[31]。

20世纪20年代，在美国的影响下，中国邻里单元得到了发展（尽管规划的邻里单元形式在中国已经存在了数千年）。美国规划师试图将“20世纪美国的社区规划标准与公元前5世纪的中国社会制度相结合”，产物即为邻里单元，或称为“堡”，居民人口为2000人，包含360户家庭和一所容纳200 ~ 400名学生的小学[32]。美国规划师诺曼·戈登（Norman Gordon）是邻里单元输出者，他在1946年写道，由于邻里单元使有关系的家庭居住在一起变得理所当然，因此它是中国家庭结构特有的现象。战后，中国的邻里单元大多注重有序增长和在城市重建中的服务效率[33]。和其他城市一样，当时普遍认为中国城市是无组织且不健康的，因此将邻里单元作为一种社会管理和社会改革的方式。战前，日本在1931 ~ 1945年占领新京（今长春）期间，根据邻里单元原则对其进行了重新规划，因此当时中国人已经经历了对社区使用效率的探索[34]。

中国在1949年新中国成立以后发展起来的社区单位，是体现社会主义秩序的社区形式。住房、工作地点和服务设施被整合在一起，尽管由于工人之间相互区分但也相互适应，使得“预先划定”的等级较为松散。这类社区中普遍存在某些规律：有围墙；拥有一个灵活、层次分明且内部连通的街道系统，能够“通向目的地”；职住空间紧密结合；风格现代化[35]。美国和英国的邻里单元通过绿色空间和主干道实现隔离，在社区中心位置建立学校和社区活动中心，与之不同的是，中国的工作单位通过围墙和大门实现隔离，位于社区中心的是工作地点和行政综合体。除此之外，中国的单位不需要像美国和英国那样使用尽端路来分离汽车和行人，因为在单位内的主要交通方式是骑自行车和步行[36]。

中国从苏联那里学习了另一种类型的邻里单元：小区（mikrorayon），由5～8个超级街区组成，人口在8000～12000人之间，占地大约125英亩（相当于一个“行人区”（pedestrian shed），或者一个半径为1/4英里的圆），其内部至少有1500户家庭[37]。无论是老城还是新城，高度模式化的小区在战后成为住宅大规模增长的基础（见彩图5）。仅在1961年，莫斯科每天都会增加350套公寓[38]。因此，这座城市的基础是以社区为单位的成群的公寓住宅，正如《理想的共产主义城市》（The Ideal Communist City）的作者所言，公寓住宅“脱离整体的存在是不可想象的”[39]。苏联规划师认为，相比美国邻里单元，小区（mikrorayon）的形成更加有机，倡导平等主义和集体主义，并且空间整合度更高（不会单独出现在郊区），尽管两者的目标是相似的，即“帮助建立集体生活、方便居民的通勤和减少交通量”，但规模和形式是不同的。虽然同一级别的社区包含半径为50～100米的超级街区，称为“区”（kvartal），人口数量在1000～1500之间（按照美国的标准，这个数字很小），但在社区边缘用高层建筑作为外立面的做法是一个重大的改变[40]。

苏联的规划师在整个亚洲都有影响力，他们把这些以超级街区为基础的邻里单元传播到中国和其他国家（尤其是越南）使其成为正统。起初，中国的规划师赞同由超级街区构成的社区与传统邻里单元不同，后者被认为是浪费的且具有资产阶级特点。邻里单元被认为是完全符合马克思主义的，尤其是它的独立性方面。这一点十分重要，因为当时的规划重点在于连接住宅与工作地点。因此，建于20世纪50年代的中国卫星城内的邻里单元，都是围绕着商业中心或工厂建造的，除此之外还有商店、学校和诊所等标准社区元素。然而，过了一段时间即20世纪50年代后期，在斯大林去世后，超级街区构成的邻里单元在中国失去了热度，很多人认为苏联版的邻里单元对于中国而言是一次不如意的借鉴（unfortunate transfer），尤其是人们意识到有界街区意味着某些住宅会面临糟糕的通风条件且西晒（由于在夏天会经受长时间日照而不被提倡）以及没有应对街道噪声和污染的保护措施[41]。

图 3.10　苏联时期小区（见彩图 4）的人口与意大利卢卡老城区的人口相当，卢卡是为数不多的完整保存文艺复兴时期城墙的城市之一。该小区占地约 250 英亩（不包括周围的绿地），人口数量为 7500 人。资料来源：谷歌地球

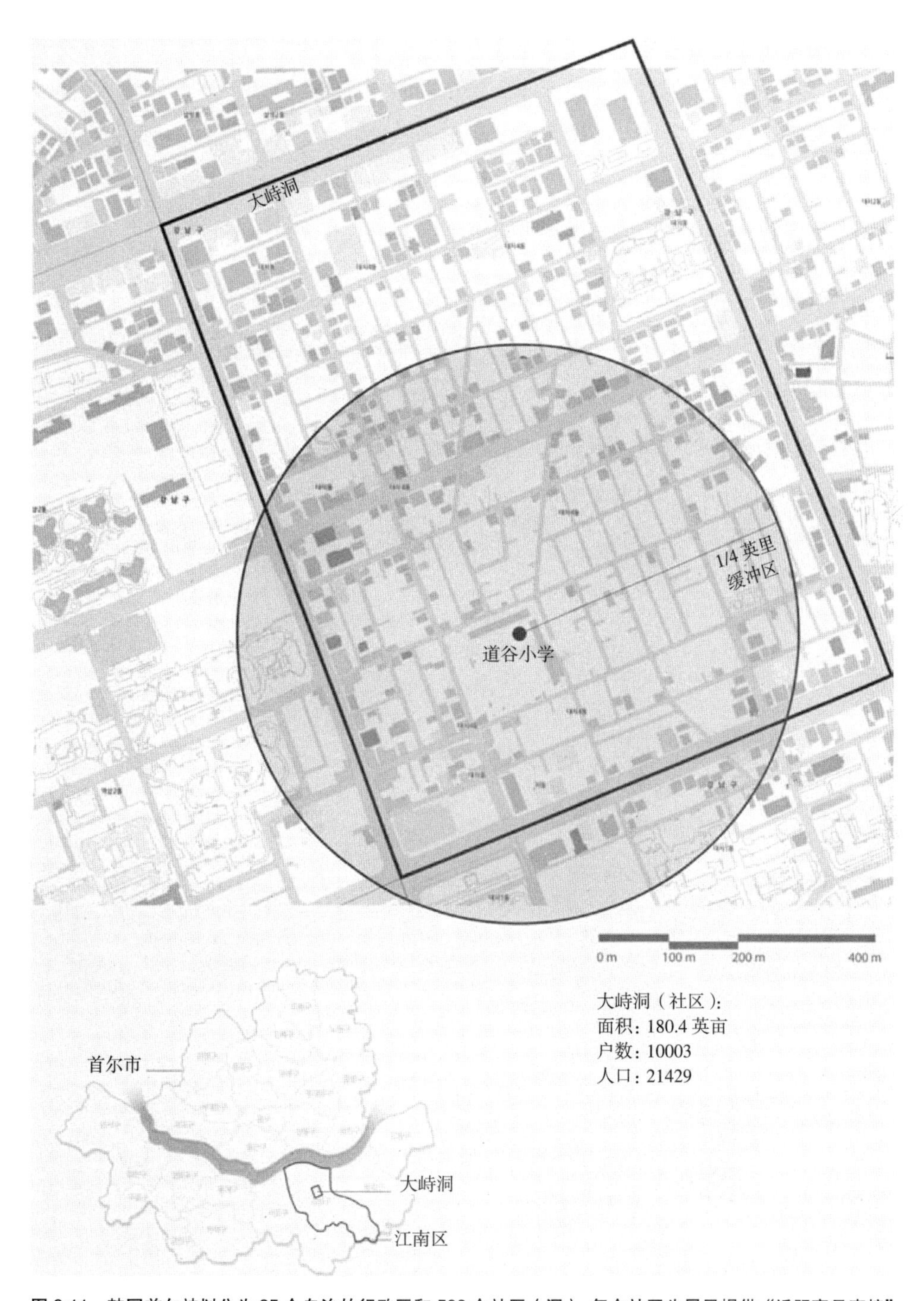

图 3.11　韩国首尔被划分为 25 个自治的行政区和 522 个社区（洞），每个社区为居民提供“近距离且直接”的服务，图片为一个占地 180 英亩，居民数量超过 21000 人的社区。资料来源：Seoul City Government，“Administrative Districts”。资料来源：Sungduck Lee

到了20世纪50年代末，苏联式超级街区构成的邻里单元在中国被高密度小区所取代，小区的人口通常是佩里理想社区人口（5000人）的两倍，而面积是后者的五分之一（见彩图6）。小区被设计成大网格的超级街区，以主干道为界限，将购物商店分布于小区外围保证内部街道的安静并阻止外部交通。这种形式的住宅集群被认为是单位、公司城或邻里单元的某种变体，有时是这三者的综合，并在中国重复出现[42]。

南美洲也建立了邻里单元。20世纪60年代，在委内瑞拉，规划师们希望以社区式、单元式的结构实现快速城市化[他们使用“环境区域”（environmental area）这个词来代替“邻里单元”，因为在那时，邻里单元这个词已经有了消极色彩]。但作为一个权力下放的体系，邻里单元并没有解决南美洲存在的问题，即糟糕的服务设施和拥挤的城市（批评者指责南美洲应该像英国那样也颁布一项《新城法案》（New Towns Act），他们认为这样的法案可以提供一个规模更

图3.12　在中国被称为小区的邻里单元，由建有公寓楼的超级街区组成。最初每栋楼为4～8层（图片所示），但到了20世纪80年代，公寓楼开始超过10层。图示地点位于中国中部的武汉。资料来源：Vmenkov，https:// commons.wikimedia.org/ wiki/ File:Wuhan_ – _ apartment_ complex_ near_ Wuchang_ Train_ Station_ – _ P1050164.JPG

大且资金充足的法律和政策框架）。例如，20世纪50年代中期，秘鲁的利马市在城郊建造了几个邻里单元，总共可以容纳3000户家庭，但只有中产阶级及以上的人才能买得起。这样高的房价并不奇怪，因为当时需要为八万个家庭提供住房[43]。

图3.13a 和3.13b　秘鲁利马（Lima）和卡奥（Callao）的邻里单元。（a）1956年，（b）当下。资料来源：（a）Cole，"Some Town Planning Problems of Greater Lima"。（b）谷歌地球

到了20世纪下半叶，现代主义版本的邻里单元受到了彻底的批评，尤其在美国，批评者中的代表人物是简·雅各布斯。但邻里单元式规划的吸引力仍然存在（我们有理由假设，罗伯特·斯特恩（Robert A.M. Stern）在《乐园规划》(Paradise Planned）中列举的约870个经过规划的郊区，主要基于某种类型的社区形式)。20世纪80年代初，新城市主义运动试图复兴佩里的邻里单元计划。新城市主义者认识到，对于“社区应该是什么”这个问题，佩里和那些与邻里单元有关的学者至少已经能够具体阐明，这一观点仍然引起了共鸣。此外，还可以修正（revise）佩里理想社区的基本模型以达到不同目的，例如道格·法尔（Doug Farr）的环保主义社区（见彩图7)。新城市主义者从佩里理想社区模型中提取出在他们看来最有用的部分，并将其归结为13个属性，将传统的社区形式作为都市生活的核心，摒弃现代化社区形式，因为他们认为巨大的、以汽车为导向且孤立的现代化社区夺走了邻里单元历史悠久的优良品质(见表3.2)[44]。社区将继续存在,并在这一次成为城市规划三部曲区域(region)、社区（neighborhood）和街区（block）中的核心[45]。

社区的13个物质环境属性（转述） **表3.2**

1. 社区是城市规划的增量。一个独立的社区就是一个村庄
2. 社区边界到中心的距离限制在5分钟步行路程内（0.25英里，400米），这个范围可以满足日常生活的需要
3. 社区街道路网内部连通，保证到达目的地的路径有多条
4. 社区街道根据建筑物进行空间划分
5. 社区建筑功能多样，但可以兼容不同规模和布局的场地
6. 社区的民用建筑应位于重要场地，例如与广场相连
7. 社区开放空间应该有明确的界定，而不是无组织的
8. 因为日常活动在可步行范围内，所以每一位社区居民都有独立活动能力
9. 减少汽车的通行可以为社区带来更少的交通量和更低的成本
10. 人性化的街道与广场为社交互动提供机会
11. 在社区附近设置足够的公交站点，使公共交通更为可行
12. 社区内应提供多样的住房类型和工作场地，使不同年龄不同经济状况的居民可以生活在一起
13. 社区内的民用建筑和居民空间是对民主观念的提倡

资料来源：Thadani, *The Language of Towns and Cities*, 429

图 3.14　Duany，Plater- Zyberk & Co. 在 1999 年更新了佩里的理想社区模型。社区中心变为商店和公共机构，将小学转移到社区外围，与邻近的社区共享。资料来源：Plater- Zyberk et al.，*The Lexicon of the New Urbanism*

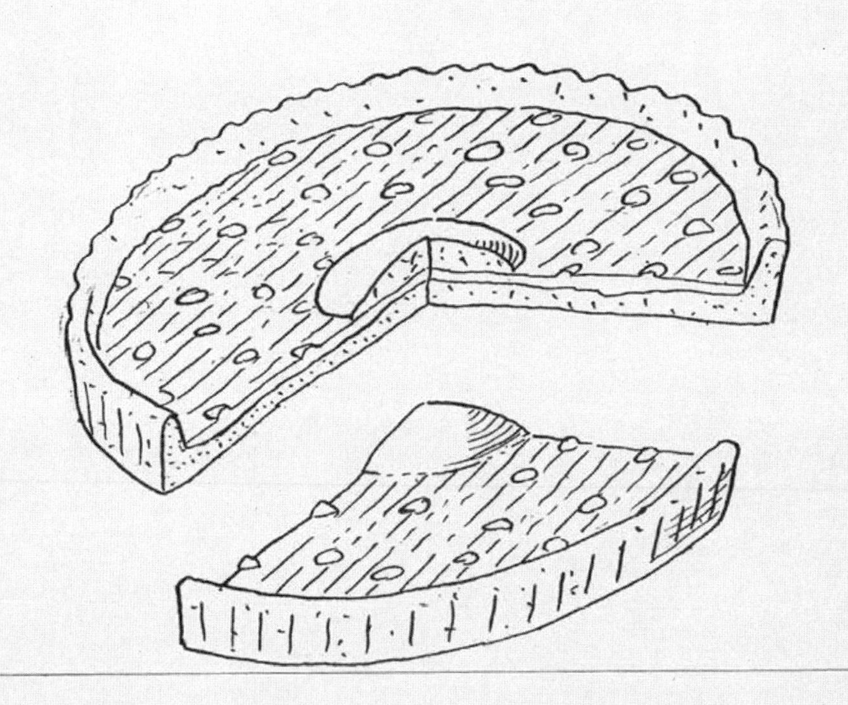

图 3.15 利昂 · 克里尔（Leon Krier）关于城市“区”（quarter）的概念为“一个不可避免被边界限定”的行人尺度的社区，其中包含所有的“蛋糕切片”。克里尔于 20 世纪 90 年代在英国新城庞德伯里（Poundbury）的设计中实现了这个理想的城市区，占地 35 公顷（86 英亩），计划容纳 1500 人

注释

1. 由于规划工作的需要以及萨凡纳的边缘位置，只有佐治亚州的布伦瑞克市（Brunswick）延续了奥格尔索普“新颖而高效的社区模式”. Reps，“Town Planning in Colonial Georgia，” 283.
2. 设计师受到雷蒙德·恩维（Raymond Unwin）和巴里·帕克（Barry Parker）以及他们在英国的规划创新的影响，尤其是莱彻沃斯和汉普斯特德花园郊区（Letchworth and Hampstead Garden Suburb）. 想要了解这段精彩的历史可参见 Klaus，*A Modern Arcadia.*
3. Fischer，“Canberra，” 183.
4. Stieber，*Housing Design and Society in Amsterdam.*
5. Johnson，“Origin of the Neighbourhood Unit，” 241.
6. Perry，*Neighborhood and Community Planning.* 其中的一些社区理念早在1926年就已经发表，是基于1923年在美国社会学协会和国际社区中心协会的一次联合会议上发表的演讲。有关邻里单元的设计原则及其前身的精彩总结，请参见 Patricios，“Urban Design Principles.”
7. Adams，*Recent Advances in Town Planning.*
8. American Public Health Association，*Planning the Neighborhood*，2.
9. Deering，“Social Reconstruction，” 228.
10. Brody，Jason. “The Neighbourhood Unit Concept.”
11. Rofe，“Space and Community.”
12. Patricios，“Urban Design Principles.”
13. Stein，“Toward New Towns for America（Continued）.”
14. Stein，*Toward New Towns for America*，169. 关于绿谷，参见 Dahir，“Greendale Comes of Age.”
15. Bacon，“Urban Redevelopment”；Ayad，“Louis I. Kahn and Neighborhood Design.”
16. Marans，“Neighborhood Planning.”
17. Panerai et al.，*Urban Forms.* 以及 Herbert，“The Neighbourhood Unit Principle”；Patricios，“The Neighborhood Concept，” 70-90.
18. Koenigsberger，“New Towns in India，” 109.
19. Herbert，“The Neighbourhood Unit Principle.”
20. Myers，“Designing Power.”

21. Bailey and Pill. "The Continuing Popularity."

22. Goss, "Neighbourhood Units in British New Towns," 81.

23.Gibberd, *Town Design.*

24. Nyström and Lundström, "Sweden."

25. Wassenberg, "The Netherlands."

26. Schubert, "The Neighbourhood Paradigm."

27. Eckardt, "Germany."

28. Cowan, *The Dictionary of Urbanism.*

29. Bestor, *Neighborhood Tokyo*, 1. 日本以"町"为单位的公民参与可参见 Sorensen and Funck, *Living Cities in Japan.*

30. Hein, "Machi Neighborhood."

31. Keeble, *Principles and Practice*; Hein, "Machi Neighborhood"; Sorensen and Funck, *Living Cities in Japan.*

32. Gordon, "China and the Neighborhood Unit."

33. Lu, "Building the Chinese Work Unit"; Lu, "Travelling Urban Form."

34. Liu, "Other Modernities."

35. Lu, "Building the Chinese Work Unit," 64.

36. 同上, 79. 以及 Lu, *Remaking Chinese Urban Form.*

37. Herbert, "The Neighbourhood Unit Principle."

38. Frolic, "The Soviet City."

39. Gutnov, *The Ideal Communist City*, 74.

40. Lu, "Building the Chinese Work Unit", 76.

41. Lu, "Travelling Urban Form."

42. Lu, "Travelling Urban Form."

43. Cole, "Some Town Planning Problems."

44. 很多人对此提出了批评，例如 Cullen, *Concise Townscape.*

45. 参见 Talen and Congress for the New Urbanism, *Charter of the New Urbanism.*

第4章
再造社区

当社区在历史进程中衰退，通过预设的方案来复兴社区很显然是个严峻的挑战，在这样的情况下，人们对拓展社区定义的兴趣越来越大，他们重新定义社区的概念而不是通过物质环境规划让社区回归。因此，重定义不在于调整社区的规模和构成，而是比这更加基础，它包括接纳一些新的概念，而在20世纪前，这些概念似乎与社区是什么这个问题完全不相关。

现在，脱离了任何针对社区（包括社区中心与社区边界）的传统、物质层面的认识，社区的定义将得到拓展，在更大的领域研究新的可能模式，例如生物学、计算机科学、心理学和物理学。由于社区不再仅限于传统地理概念上的区域生活，所以对它的定义可以基于认知、住房市场、治安辖区或社交媒体使用。这个全新且开放的社区定义方法是自由的、外来的或是不充分的，它取决于个人观点。

本章总结了这类社区定义的一部分，让读者了解它们的多样性，并告诉读者其中有多少新的定义挑战传统上对社区的理解，即认为社区与日常生活相关且对其有意义。

上百条社区定义的区别在于，居民、房屋、场地、形态、领域、行为、感知或管理，这些因素如何按优先顺序排列，以及它们之间是否存在优先顺序。研究者寻求一种"理论上与研究兴趣动态一致的定义"[1]。例如，如果研究兴趣在于毒品走私，那么社区的范围将由街道交叉口来决定；如果兴趣在于学校，那么学区即为社区边界；如果兴趣在于社会联系，那么由步行网络街道相连接从而沿线居民可能发生社会交往的社区就值得关注[2]；如果社区的目的在于加强社会联系，那么社区将作为一个"交流域"（communications concept），在它的空间边界处可以发生"密集且多功能"的互动[3]；如果社区由治安来定义，那么

neighbourhood | neighborhood, *n.*

Text size: A A

View as: Outline | Full entry　　Quotations: Show all | Hide all　Keywords: On | Off

Pronunciation: Brit. /ˈneɪbəhʊd/ , U.S. /ˈneɪbər,(h)ʊd/

Forms: see NEIGHBOUR *n.* and -HOOD *suffix*; also 15 **neghburode,** 15 **neighbrod;** *Sc.* (*Shetland*) 19– **neebrid.** (Show Less)

Frequency (in current use): ••••••

Etymology: Formed within English, by derivation. **Etymons:** NEIGHBOUR *n.*, -HOOD *suffix.*
< NEIGHBOUR *n.* + -HOOD *suffix.* Compare NEIGHBOURHEAD *n.*, and earlier NEIGHBOURED *n.*, NEIGHBOURSHIP *n.* (Show Less)

I. Concrete uses.

1.

a. The people living near to a certain place or within a certain range; neighbours collectively.　Thesaurus »

*a*1425 (▸?a1387) LANGLAND *Piers Plowman* (Cambr. Ff.5.35) C. VII. 98 (*MED*), Neȝburhade [c1400 *Huntington* þenne was ich a-redy..to lacke myn neghebores].

1686 tr. J. Chardin *Trav. Persia* 73 The Commanders of this Fortress make always Leagues with the Neighborhood.

1766 O. GOLDSMITH *Vicar of Wakefield* I. iv. 34 The whole neighbourhood came out to meet their minister.

1802 E. PARSONS *Myst. Visit* III. 204 The neighbourhood had scandalized [her].

1878 T. HARDY *Return of Native* I. I. ii. 20 Who is she? One of the neighbourhood?

1955 G. GORER *Exploring Eng. Char.* iv. 55 The neighbourhood, the local group, is not only the area of associations which may be more or less voluntary and more or less friendly; it is also the area in which many annoyances and disagreements can be focused.

1991 *Daily Tel.* 5 July 19/8 The district auditor recently advised the neighbourhood that it could sell the painting.

(Hide quotations)

图 4.1 《牛津英语词典》对“社区”一词给出了一个复杂的解释，包括 11 条“具体”的用法和 4 条“抽象”的用法以及 19 个“复合词”，每个词都有不同的含义，这些都显示出社区这一概念的重要性。在《牛津英语词典》中，“neighbour”一词有 250 个变体。资料来源：Oxford English Dictionary; Painter, “The Politics of the Neighbour,” 522, 527

它的范围很可能基于警察的工作量[4]。

有时社区的定义既模糊又简洁，例如：“介于家庭单位与市政府之间的任何群体”[5]；在一本 20 世纪 70 年代的小学课程指南中简洁地将社区定义为：“场所、人群和目的，重点在于场所”[6]；1957 年发表在《纽约邮报》上的社论对社区的定义简单粗暴，认为：“出来了你就会挨打，这就是社区”[7]。

形容社区的术语很少是中性词。例如，“贫民窟”指缺乏投资且遭受环境种族主义的穷人集中地区[8]；“罩子”（‘hood’，美国黑人俚语中的城市社区）这一专有名词似乎起源于芝加哥南部，然而早在 20 世纪 20 年代，“邻

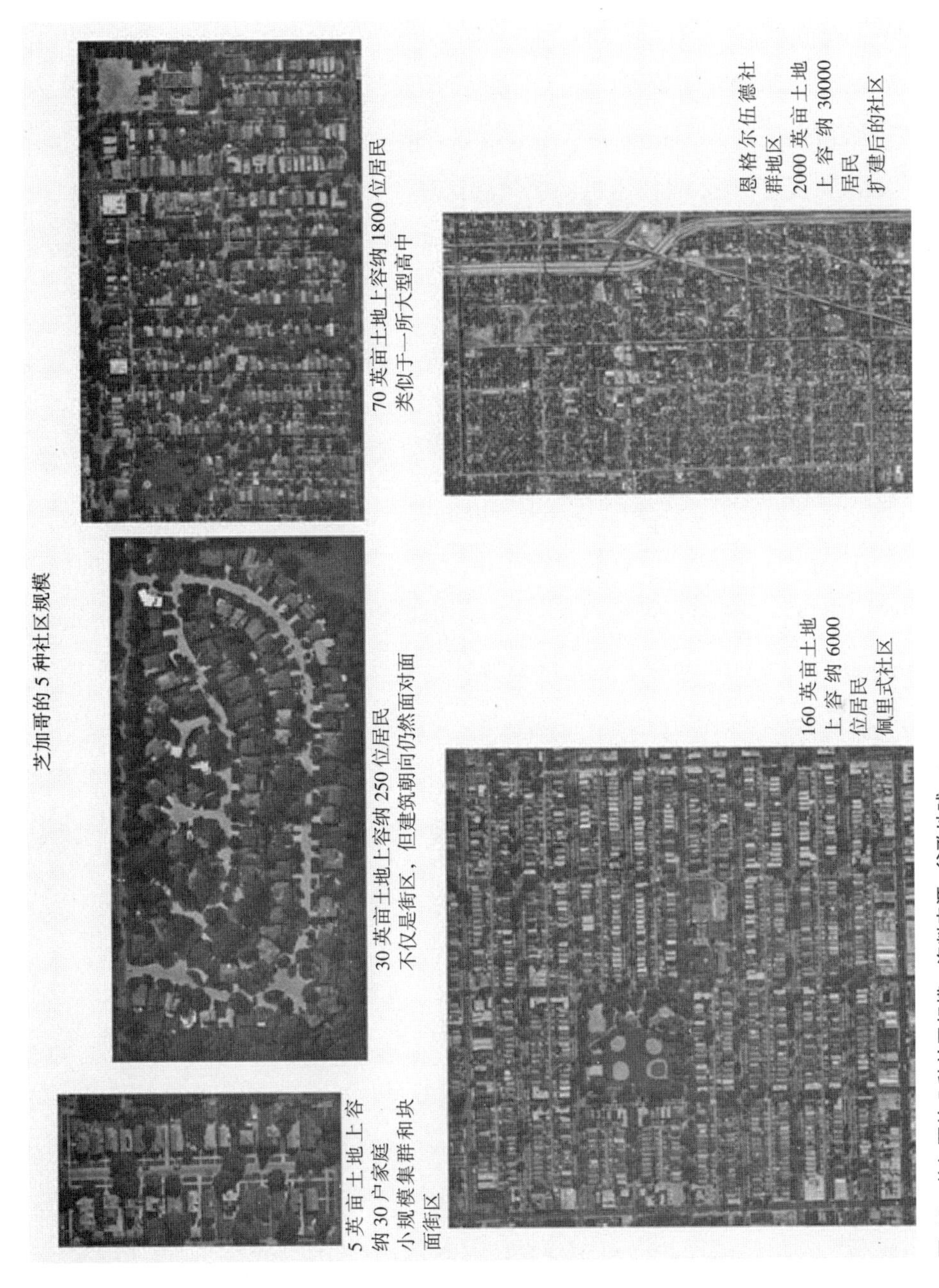

图4.2　芝加哥的5种社区规模。资料来源：谷歌地球

近地区”（nabe）就被作为一个描述社区服务设施的形容词，例如，社区健身房（nabe gym）。这一词到 20 世纪 70 年代就停止使用了（“它的衰落与美国城市的衰落同步”），它的重新出现只是为了代替“罩子”这一术语，因为“邻近地区”相比前者对中产阶级化更友好。一位作者解释道，“邻近地区……是一个人们想要住进去的场所，罩子只会让人想逃离”[9]。社会心理学、文化人类学和城市地理学也都拥有各自形容社区的词汇。相关的专有名词包括“领域”，即受个人、群体或权力机构控制的区域（存在“主场优势效应”），以及“近体学”，即研究与文化密切关联的空间支配方式，以及人际交往中“隐藏的维度”[10]。

19 世纪末，学术界开始将社区作为一个独立的研究对象。费迪南德·托尼斯（Ferdinand Tonnies）、埃米尔·迪尔凯姆（Emile Durkheim）和格奥尔格·西梅尔（Georg Simmel）都出生于 19 世纪中叶，活跃于 20 世纪，他们开创了在空间脉络中理解社区的先河（参见彩图 8）[11]。尽管这些社会空间区域被称为“社群”（communities），但它们更符合传统意义上人们对社区（neighborhood）的理解，因为在这些概念形成之后，“没有接近度的社区”（community without propinquity）才成为一种公认的思考空间社会关系的方式。在 20 世纪 20 年代，作为早期社会学家工作的延续，欧内斯特·伯吉斯（Ernest Burgess）、霍默·霍伊特（Homer Hoyt）、罗德里克·麦肯齐（Roderick McKenzie）、查西·哈里斯（Chauncy Harris）、爱德华·乌尔曼（Edward Ullman），这些芝加哥学派的成员提出著名的环形、扇形和楔形模式，这些模式与社区并无明确的关系，但却被用来表示社区。

从 20 世纪到 21 世纪，社会学家继续探索基于社会人口结构的社区定义，这意味着社区被界定为人口普查区，他们从芝加哥学派创始之初就一直这样做。在社会数据视角下，可以从经济、民族与种族的变化的角度理解社区：同化与隔离、偏见与包容、聚集、阶层分化、移动模式。研究人员特别关注的是社区所体现的不利因素在哪里积累、集中或固化，以及这些模式形成的社区特点的基础。在这一描述中应当区分对社区样貌的现状描述（extant）和规范描述（normative），即反映了真实的社区（或人们所认为的社区），及与其有望达到状态的不同之处。

对于很多研究者来说，理解真实的社区即理解社区的变迁。在美国，一半

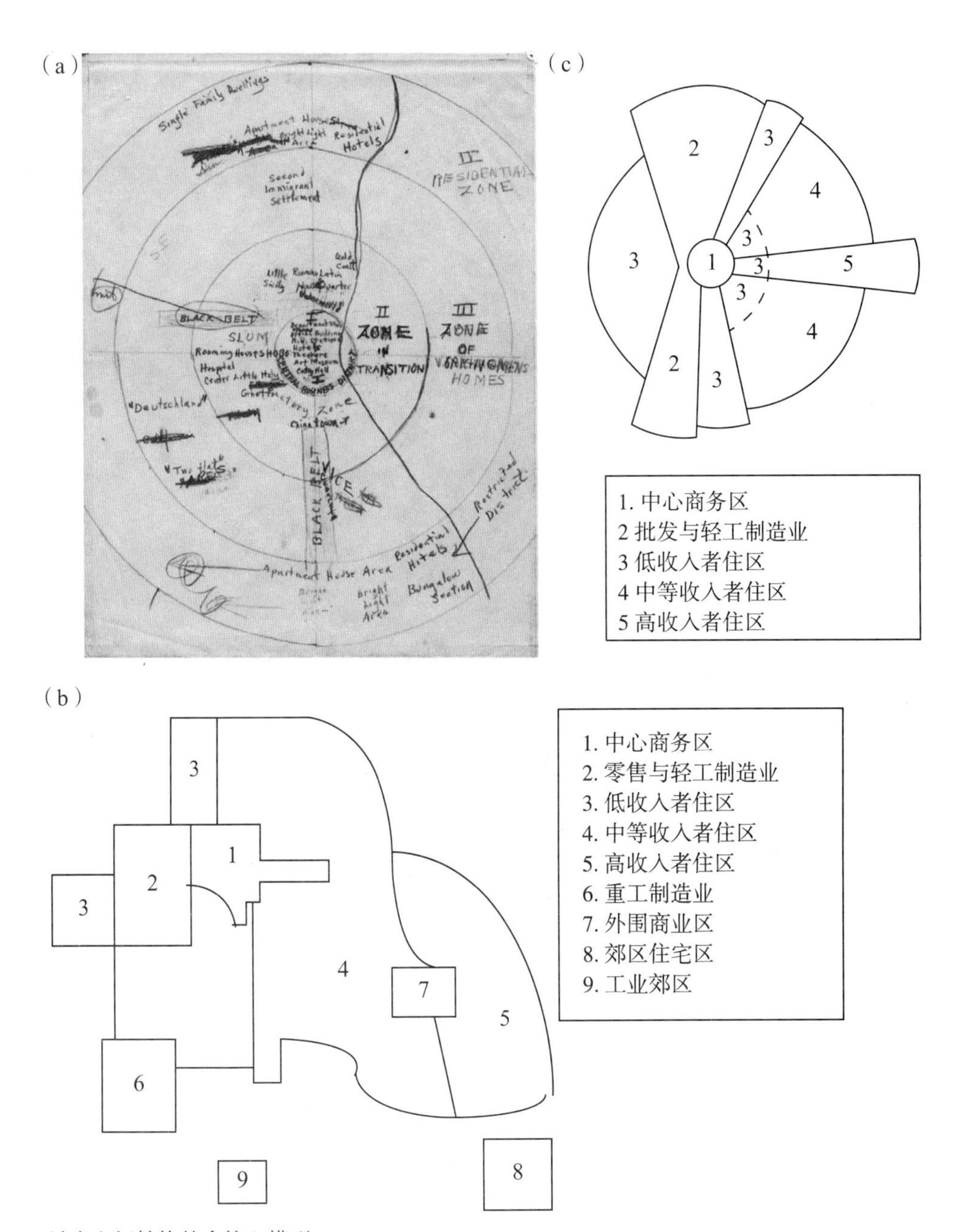

城市空间结构的多核心模型

图 4.3a、4.3b 和 4.3c　似乎每一座城市都与伯吉斯的同心圆模式（a）、哈里斯与乌尔曼的多核心模式（b）以及麦肯齐与霍伊特的轴向扩展扇形模式有相似之处，年龄、家庭结构、财富收入、种族和民族这类变量被用来定义同心圆结构、扇形结构和多核心结构中的“社区”。伯吉斯的同心圆图像（a）是他在芝加哥大学社会学系的原稿。资料来源：Department of Sociology，University of Chicago；Park et al.，The City；Harris and Ullman，“The Nature of Cities”

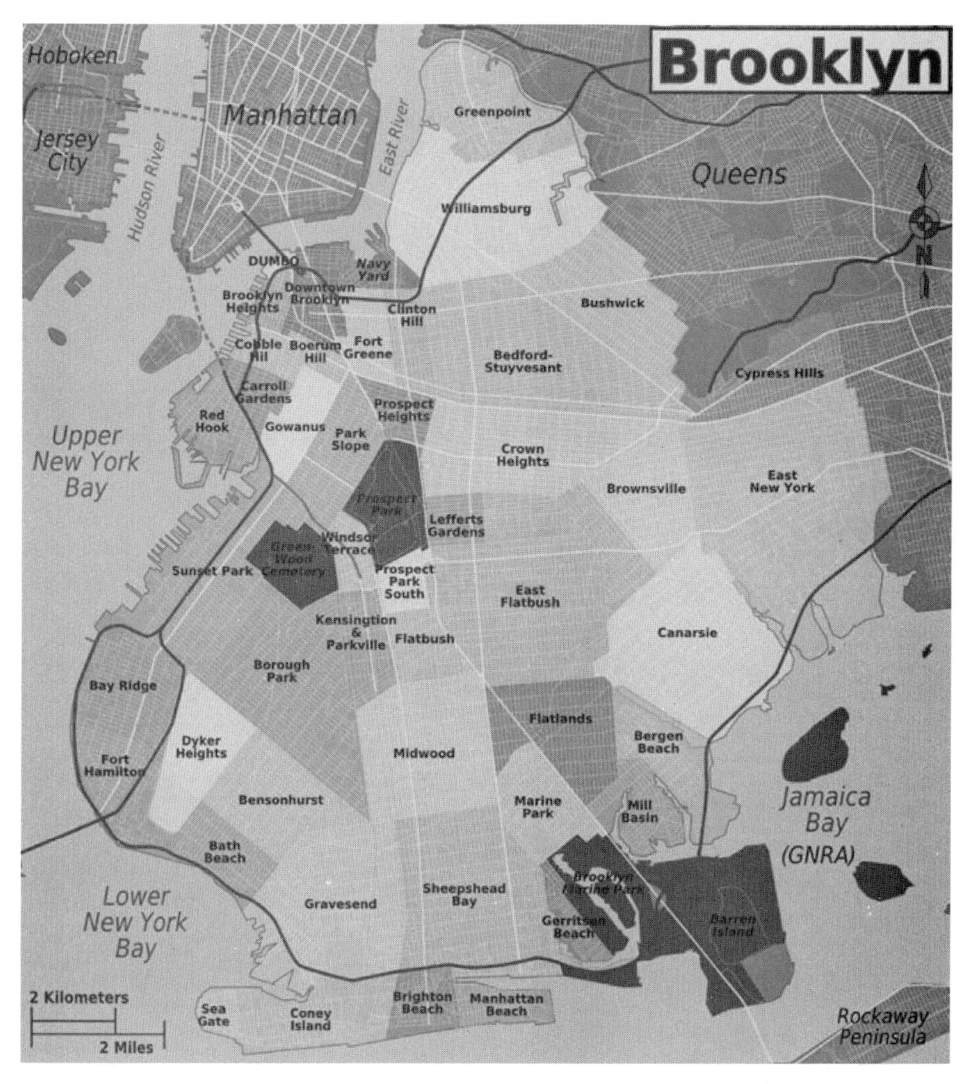

图 4.4　在美国，对社区的划定大多都不是官方的。例如，纽约的社区都没有官方指定的边界，纽约的五个行政区包含超过 400 个不同社区，少于市长城市规划委员会（Mayor's Committee on City Planning）在 1936 年列出的 725 个社区，但多于纽约城市规划委员会（New York City's Planning Commission）在 2008 年列出的 300 个社区。纽约的各行政区都有自己的社区统计，布鲁克林至少有 90 个社区，皇后区有 99 个。资料来源：Manbeck，The Neighborhoods of Brooklyn；Copquin，The Neighborhoods of Queens. Image: Peter Fitzgerald，CC BY 3.0，https:// commons.wikimedia.org/ wiki/ File:Brooklyn_ neighborhoods_ map.png

或一半以上的居民在三年内搬家是常见的，这种住所的变化可以意味着活力和不安定，而缺乏变化则意味着安定或缺少选择[12]。通常使用生命周期（life cycle）、成分（composition）与套利（arbitrage）这三种模型来预测基于贫穷与富裕这类可变因素的变化[13]。在生命周期模型中，社区会经历一个“向上和向下”的自然进程，这一进程可以基于房屋年龄、密度或建筑类型。套利模型用

Table VIII

群体名称来源

命名来源	总体	东部	东部	西部
偶然	6	3		3
经济机构	1	1		-
教育机构	3	2		1
姓氏	32	15		17
前居民	8	3		5
民族	8	1		7
自然特征	39	17		22
邮局	4	2		2
社会机构	5	3		2
小镇名称	15	9		6

图 4.5　早在 20 世纪 20 年代，命名一个社区的能力就被视为“群体意识”的一种表现。根据威斯康辛州农村地区的命名方法，对 121 个社区进行了识别并制成地图。这种命名方法的依据主要是“自然现象”，其次是姓氏。只有三个社区的名称是随便取的。资料来源：Kolb，“Rural Primary Groups”

种族构成和反映社会经济地位的家庭偏好来预测变化。一个与之相关的“不均衡模型”根据家庭是否认为生活环境“不理想”（sub-optimal）来预测社区变迁[14]。成分模型考虑了城市士绅阶层的偏好，将大型老房子的质量和地址作为变迁的基本决定因素[15]。

研究者认为，理解这些社区动态需要一个新的社区定义，这个定义比历史上的定义或20世纪早期规划师认可的定义都要复杂。为了解释在后现代、后工业世界中普遍存在的社会与文化多元化，社区应当形成新的概念。另类的生活方式、远超奥兹和哈里特家庭标准的家庭类型（出自情景喜剧《The Adventures of Ozzie and Harriet》）、政治分裂、身份政治、社会不公，所有这些社会分化因素（social splinters）使得传统的社区概念似乎站不住脚。

社区的定义通常取决于能够获得哪种精度的数据，这就解释了为什么社区的定义有时是人口普查区、有时是街区、有时是行政区、有时是邮政编码。例如，如果绅士化是基于房价的改变，并且只能获得邮政编码层面的房价数据，那么就会以邮政编码来定义社区[16]。城市研究所（Urban Institute）的全国社区指标联合会（National Neighborhood Indicators Partnership）记录了1995年以来的社区数据，正是在各类数据的基础上运作。学生的注册信息按照学区来收集，居民健康数据按照邮政编码来收集，这构成了社区的两种定义。社区指标中的建成环境数据或许会更详细：房产税拖欠、法院拍卖房屋、建筑执照以及房产出售，这些数据以地块为单位收集并汇总形成社区数据[17]。新的技术能力使越来越复杂的测度成为可能，使用实时传感器监测城市运动和其他细节的大数据和开放数据为城市仪表盘（dashboard）提供了输入数据[18]。在这些方法背后总是潜伏着"区域单元可变的问题"，这一问题表明区域单元边界（社区）的形成以及内部汇总的数据都过于随意。

社区带来的影响已经成为社会科学最感兴趣的部分，为了认识这一影响，需要了解社区定义中的灵活性，在这种灵活性下，社区定义从邮政编码区到单个居民目力所及区域（spatially constrained view）["自我中心的社区"（egocentric neighborhood），也称为"定制"（bespoke）社区]各不相同[19]。研究者认为个体居民视角也可以包括"连接城市偏远地区的交叉网络"。正如社会学家罗伯特·桑普森（Robert Sampson）所写，不存在对社区"'最好'或'最正确'的操作性定义"，取而代之的是"多尺度的生态影响"[20]。

有人对这种基于数据的社区定义方法提出了批评，认为社区被简化成社会变量的计数器（或者，就"大数据"而言，是数据点），而不是将社区作为一个集体主义活动平台，将城市事件、面临的挑战和人群置于这个平台中观察。基于数据的"城市科学"也被指责为将城市和社区看作是与政治无关的待优化的变量集[21]，批评者认为，缺少针对社区赋权这一目标的数据获取与利用。

此外，以人口普查区界定的社区与内部居民对自己社区的看法存在脱节。赫伯特·甘斯（Herbert Gans）在对波士顿西区的研究中发现了这个现象。尽管被城市更新规划师贴上社区的标签，但对居民来说，“西区”不是一个社区。相反，居民感觉西区内部存在几个社区，这种划分主要基于住房条件和收入水平[22]。克劳迪娅·库尔顿（Claudia Coulton）认为，政策对社区的认识缺少一个至关重要的视角，即居民的视角，可能包括场所意义、主人翁意识（sense of ownership）以及当开展社区建设活动时社区的边界将如何改变[23]。

社区类型学可能会避免这些关于定义与指标的问题[24]。起源于芝加哥学派的类型学从 20 世纪初开始就一直是城市规划师、社会学家和房地产开发商最喜欢的话题。社区类型可以根据特定的用途做出调整，关注犯罪是一种类型，关注社会互动是另一种类型。以售房为目的的社区分类尤为常见。

在 20 世纪 50 年代，众所周知，温德尔·贝尔（Wendell Bell）将人口普查区与访谈资料结合，试图理解“东拼西凑”形成美国城市的社区，从那时起，一个致力于社区分类的行业应运而生。克拉瑞塔斯市场研究公司（Claritas）和 PRIZM 系统（Potential Rating Index for Zipcode Markets，根据邮编制定的潜在市场等级指数）使用因子分析法和人口普查数据来定义和分类社区。也有

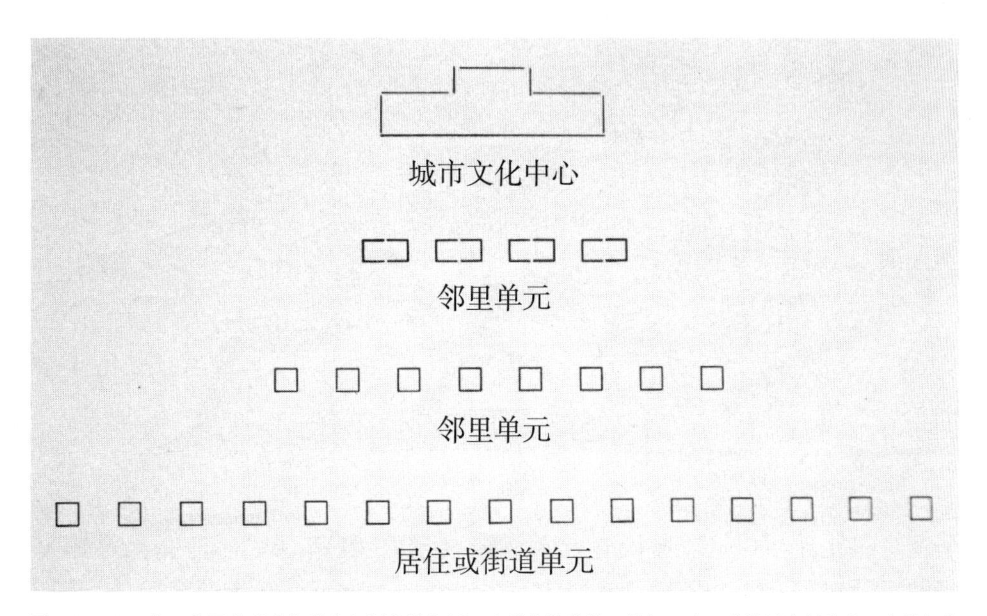

图 4.6　1945 年，英国普利茅斯城市规划中就包括了这种传统的社区等级，在一个将城市划分为四个等级的体系中，社区为第三级。资料来源：Scotland，A Handbook of the Plymouth Plan

Zillow（一家免费提供房地产估价服务的网站）和 Trulia（美国房地产搜索引擎）这类房地产网站基于犯罪、社会经济情况、学校和其他指标，对不同品质的社区进行了分类[25]。

社会学家杰拉德·萨特尔斯（Gerard Suttles）提出了著名的四个层次的社区概念，每个层次的影响力都在不断扩大[26]。第一层次是“沿街社区”（faceblock），指自己家周围的微型单元，或许是街道一侧某一个街区中的住房，亲密关系在这里得以发展。第二层次是“防御社区”（defended neighborhood），一些人称之为“居住社区”，根据萨特尔斯的说法，至少由若干个沿街社区组成，还包括商店和日常服务设施。在防御社区内，“如果在家附近发生了严重的犯罪或社会问题，人们会被召集起来”，也可以说，防御社区的居民“面对安全问题与担忧时会一起想办法”[27]。第三层次是“有限责任共同体”（community of limited liability），这类社区有确定的边界，与“机构社区”（institutional

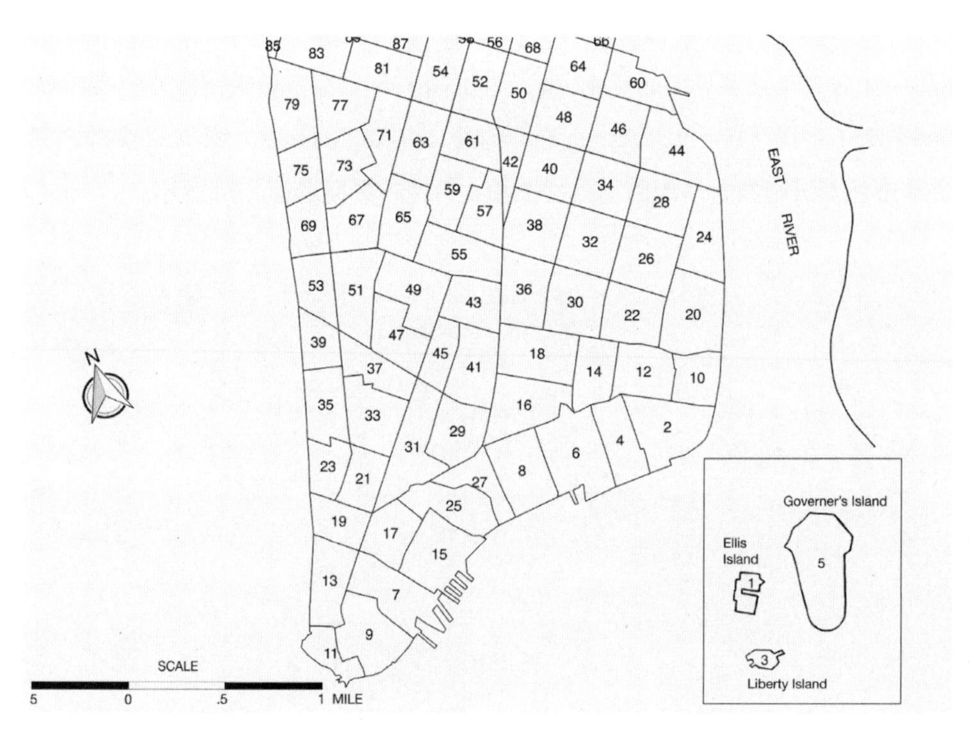

图 4.7 1906 年，沃尔特·莱德劳（Walter Laidlaw）在纽约构想了人口普查区的概念，并在 1910 年的人口普查中首次将其应用于八个城市。现在美国大约有 73000 个普查区，它们的规模差异很大，在人口密集的城市每个分区面积较小，而在人口较少的地区面积较大。原计划使每个普查区的平均人口为 4000 人，但它们的实际人口从 2500 ~ 8000 人不等。上图为 1950 年曼哈顿人口普查区地图。资料来源：Image redrawn after Media History of New York，“Census Tract Map 1950”；Krieger，“A Century of Census Tracts”

neighborhood）相似。第四层次是“有限责任共同体的扩展社区”（expanded community of limited liability），比前者规模更大，包含若干个分区，例如“曼哈顿下城区”。乔治·加斯特（George Galster）质疑萨特尔斯对社区的空间层次划分究竟有何价值，因为人们不清楚社区中的个人应该如何从个体转变为集体的一员[28]。

类型学或许是基于社区的集体效能（collective efficacy）等级。在一项提议中，根据社区的发展阶段和治安状况，将其分为“强健”、“脆弱”、“反常”或“积极响应”的社区（见表 4.1）。詹姆斯·威尔逊（James Q. Wilson）和乔治·克林（George L. Kelling）提出的“破窗效应”认为社区中的不良现象（涂鸦、破损的窗户、游手好闲的人）会导致犯罪，基于这一理论，警务策略根据不同的社区类型做出了调整[29]。

社区类型　　**表 4.1**

社区类型
1. 整体（Integral）：大都会的，对于更大的区域相互关注
2. 狭隘（Parochial）：强烈的种族身份认同，自成一体，排除异己
3. 分散（Diffuse）：同质性，部分公共空间，缺少内部团体和对社会的关注
4. 踏脚石（Stepping stone）：为个人利益而不是社区利益积极参与活动
5. 变迁（Transitory）：人口变化大，新旧居民隔离
6. 反常（Anomic）：没有社区关系，没有凝聚力，无法动员居民或组织活动

资料来源：Warren and Warren《社区组织者手册》

但类型学也会很容易对社区价值或品质做出不合理的判断。《社会力》（Social Forces）杂志在 20 世纪 50 年代发表了一篇文章，根据社区内独立住宅的占比，实事求是地划分社区类型：占比小于 30% 的社区是“不利的”，在 30% ~ 60% 之间是“中性的”，大于 60% 是“有利的”（值得注意的是，如果社区内房屋 40% 都是附属住房则认为该社区是“有利的”，这一判断以今天的标准来看相当先进，尤其在美国）[30]。在城市更新时期这个问题尤为严重。例如，一位规划师将社区分成高收入阶级“即将居住”、“正在居住”、“准备搬走”和“已经搬走”的社区。这与伯吉斯（Burgess）的接替与侵入（succession-invasion）理论以及霍默·霍伊特（Homer Hoyt）的过滤类型（filtering typologies）理论相呼应（都是基于种族与民族等级划分），这两个理论力图预测社区变化并导致决策者实施那种自圆其说衰落趋势的政策[31]。高收入阶级"已经搬走"的社区指的是"糟糕的贫民窟"（这位规划师断言，这样的社区内"不存在社区参与"），需要被彻底清除并在这里从零开始新建社区。大多数社区属于高收入阶级"准备搬走"的社区：并没有差到需要在城市更新运动中被清除，但也没好到需要采用社区保护策略[32]。

作为社区重定义的最后一个例子，有一种定义社区的方法不需要实际的空间或地理位置。这种方法开始于20世纪60年代的美国，当时的专业人员更愿意将社区作为一个发展过程而不是一个经过设计的物质环境。取代设计的是政府支持下的社区规划，首先是20世纪60年代开展的社区行动计划（Community Action Program）和模范城市计划（Model Cities Programs），再是20世纪70年代取得进展的社区发展合作组织（community development corporations），然后是城市社区规划方案（municipal neighborhood planning programs）。这些形式的社区规划相比之前有更丰富的内涵。社区规划的重点不再是边界、服务设施、中心区域、街道模式和混合的房屋形式，而是居民的参与和自治，社区作为被规划的对象，其物质实体有时反而会脱离于规划[33]。

因此，到20世纪70年代，社区规划开始关注现有社区的恢复，制定相关政策改造社区而不是设计新社区作为理想形式（但是也有例外，比如建筑企业或美国建筑师学会仍然主张将社区用于郊区扩张）[34]。美国总统吉米·卡特（Jimmy Carter）在1977年成立的全国社区委员会（National Commission on Neighborhoods）就反映了这一新形势，将社区作为"应被保护与恢复的国家资源"[35]。霍华德·哈曼（Howard Hallman）于1984年的著作《社区：在城市生活中的地位》（Neighborhoods: Their Place in Urban Life）正是基于全新的社区定义，不仅包含物质与社会要素，还包含经济、政治和个人要素。

注释

1. Taylor, "Defining Neighborhoods," 227.

2. Coulton, "Defining Neighborhoods"; Grannis, "T- Communities."

3. Grigsby et al., "Residential Neighborhoods and Submarkets," 21.

4. Buslik，“Dynamic Geography.”

5. Cowan，*The Dictionary of Urbanism.*

6. Providence Public Schools and Rhode Island College，*Neighborhoods.*

7. Cited in Bursik and Grasmick，*Neighborhoods and Crime*，5.

8. Gulyani and Bassett，“The Living Conditions Diamond.”

9. Grabar，“Nabe or Hood?”

10. Sommer，“Man’s Proximate Environment，” 61，62. 关于接近度参见 Hall，*The Hidden Dimension.*

11. 这几位学者的观点区别在于物质环境对社会分化的重要性大小，迪尔凯姆（Durkheim）会从严格的社会学视角来看待事物。

12. Coulton et al.，“Residential Mobility.”

13. Schwab，“Alternative Explanations.”

14. Coulton et al.，“Residential Mobility.”

15. Schwab，“Alternative Explanations.”

16. 最近的一个将社区定义为邮区的例子是在这个对中产阶级化的研究中发现的：Guerrieri et al.，“Endogenous Gentrification.”

17. Chaskin，“Neighborhood as a Unit of Planning.”

18. Anselin，“Local Indicators.”

19. Stein，“Neighborhood Scale.”

20. Sampson，*Great American City*，360.

21. Mattern，“Methodolatry.”

22. Gans，“Gans on Granovetter’ s ‘Strength of Weak Ties.’ ”

23. Coulton，“Finding Place.”

24. Hunter，“The Urban Neighborhood，” 271；Galster，“What Is Neighbourhood?”

25. Bell，“Social Areas，” 63.

26. Suttles，*The Social Construction of Communities.* 相关的类型学资料参见 Downs，*Neighborhoods.*

27. Nolan and Conti，“Neighborhood Development and Crime.”

28.Galster，“What Is Neighbourhood?” 259.

29. Nolan and Conti，“Neighborhood Development and Crime”；Kelling and Wilson，“Broken

Windows."

30. Green，"Aerial Photographic Analysis."

31. Bradford，"Financing Home Ownership."

32. Howard，"Democracy in City Planning."

33. Rohe，"From Local to Global."

34. 美国建筑师学会等团体仍然主张在周边地区进行以社区为基础的城市增长，因为他们认为"逐家逐户解决问题"的城市更新方法是无效的。American Institute of Architects，*America at the Growing Edge.*

35. National Neighborhood Policy Act，1977. https:// www.gpo.gov/ fdsys/ pkg/ STATUTE- 91/ pdf/ STATUTE- 91- Pg55.pdf

第二部分

争论

失去了历史上所理解的社区，导致人们力图使传统社区回归（尽管回归的社区既无历史也无传统形态），或重定义社区使其变得面目全非。经过了社区的衰落，到后来的重新规划（大多不成功），再到大范围的社区重定义，这一系列的过程为我们带来了什么？从更传统的意义上来说，社区重建的前景如何？

为了回答这个问题，有必要分析20世纪发生的旷日持久的社区争论：关于社区设计（例如，社区的边界和中心）、社区规划和发展之间的紧张关系、自治与高层控制之间的冲突、社区曾拥有但现已不复存在的社会连通性以及社会融合的可行性与有利因素。如果想要以一种既真实又现实的方式恢复传统社区，那么应当理解这些争论并试图找出解决方法。

第5章
设计争论

本章回顾了社区形成过程中涉及的主要设计争论：社区是否可以或应当作为完整的单元一次性地完成规划；社区的边界、中心和内部街道该如何设计，以及街道对社区内部与外部的连通性有哪些影响。所有的争论都涉及社区身份建设和社区意识的局限性和实用性，可以认为它们是一个统一体，从最极端的情况（从无到有形成完整邻里单元）到相对精细的布局（使街道互相联系以增加连通性）。在“白板”上一气呵成地完成社区建设从来都是最极端的情况，尤其是当要在现有场地上进行拆除时。社区边界的建立相对不那么极端，但是会被批评为不切实际且反映出排他性；建立社区中心似乎是一个能够灌输社区意识的重要做法，针对这一做法的争议较少。而社区街道的设计长期以来都能引起很多争论，因为规划师一直在寻求社区内部保护与外部连接的平衡。展望未来，社区设计上的争论是有希望解决的，因为问题都不那么非黑即白。社区设计可以通过强调中心区域（也能减少对明确边界的需求）和街道（同时保证较好的连接度且以行人为主体）来维持其对社区身份建设的积极意义（见彩图9）。

“白板”规划与完整单元

20世纪初，人们希望通过社区在混乱的工业城市中营造秩序。到了20世纪中期，人们在城市外缘建造社区，希望能在混乱的城市扩张中塑造秩序。在这两种情况下，社区都被视为一个完整的整体，例如一个细胞或一个单元，能够将混乱转变为和谐。

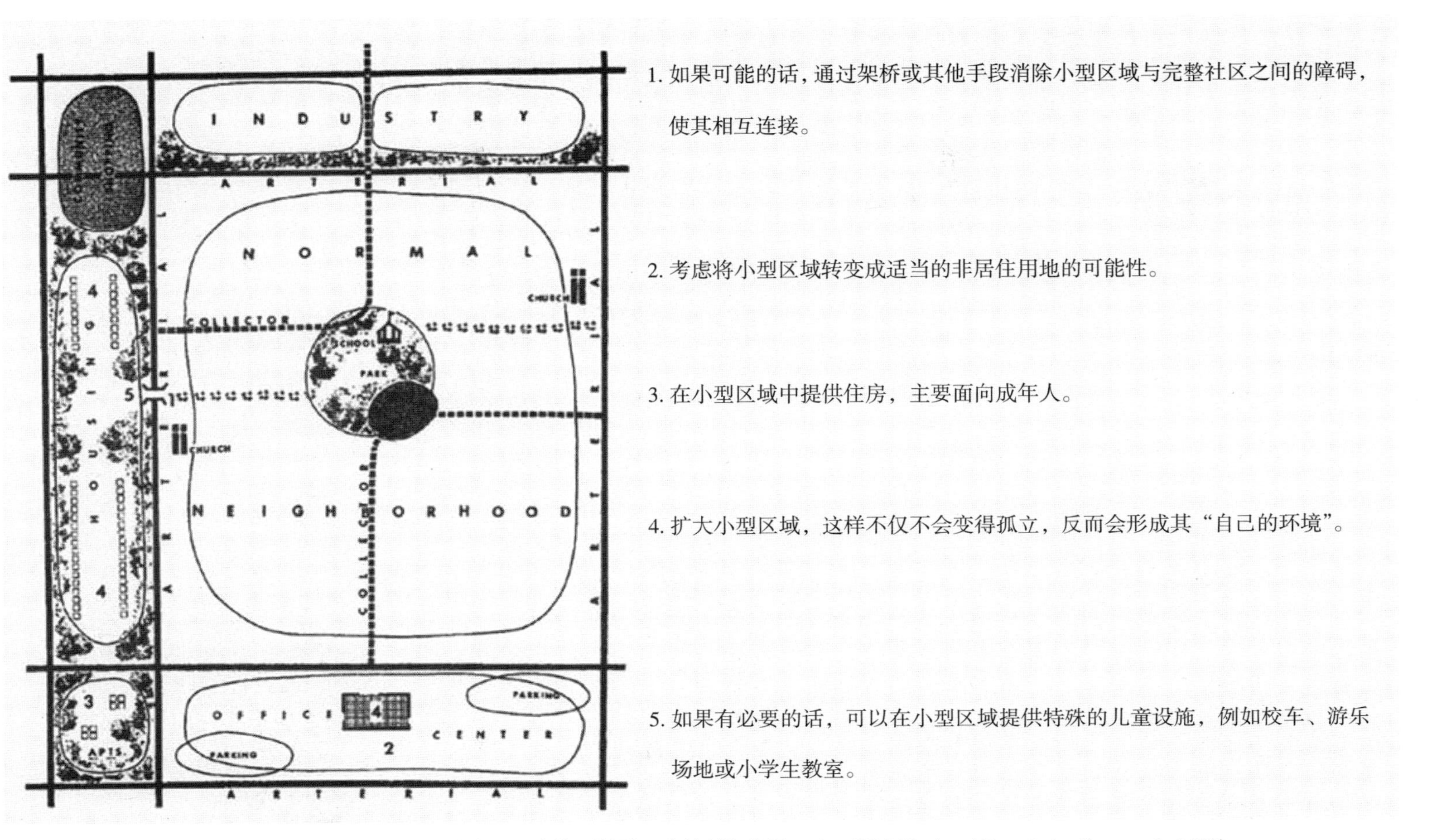

图 5.1 《规划独立住宅用地的原则》，来自美国规划官员学会 1960 年的一份报告。资料来源：根据 Allaire，“Neighborhood Boundaries，” appendix A 重绘

社区的“完整单元”概念基于社区有内在限制这样的观点。这个观点认为当社区达到一定规模后应当停止增长，这时需要形成新的社区来承接新的增长。《建筑论坛》（Architectural Forum）1943年关于城市规划的一期杂志中解释了这一过程：“当社区建筑已经抵达内部小花园带边缘时，直到社区内房屋或商店被拆除替换后才能新建其他建筑。随着人口的增长，社区规模不会扩张，但社区数量会增加”[1]。欧洲建筑师里昂·克里尔（Leon Krier）对理想社区和标准社区做出了区分，他认为社区的规模应当受到限制，但不是为了将其限定在理想社区规模内，而是因为人类社群“像一棵树或一个人”，超出了自身正常的生长就会变成一个怪物[2]。

社区应该规划成独立的、可区分的、完整的单元，这个想法意味着什么？理论上来说，整体规划可以更好地理解各组成部分之间的相互关系。新泽西州拉德伯恩市的“规划革命”正是结合了历史悠久的城市设计策略去解决汽车问题，将汽车与行人分隔，将道路按照功能区分为通行道路、集散公路、辅路、停车场道路和观光路，调整房屋的朝向（前门面向公园而不是街道），社区中还应包含一个大型公园作为“骨干”。克拉伦斯·斯坦认为，这些想法单独看来都并不新颖，创新之处在于将它们结合[3]。

无论是克拉伦斯·佩里（Clarence Perry）还是其他人，都希望将社区作为一个规划的“单元”，但这种想法是否可取？本书从一开始就提出了这个问题。罗伯特·伍兹（Robert A. Woods）是美国最早的一种定居住宅（波士顿南部住宅）的设计者，他在1920年批评了“将社区作为一种无定形的晶体单元”的这种趋势，认为社区是一个“非常复杂、多样并且处于不断变化中的生命体”[4]。克里斯托弗·亚历山大对类似于哥伦比亚、马里兰和绿带城市这些地方的社区规划提出了强烈的批评，尤其在“城市不是一棵树”（A city is not a tree）这篇文章中，他认为这些地区是孤立的，根本不符合城市作为互联场所的要求[5]。

社区被构想为城市中的“村庄”，本应唤起公共关怀，但它们同时也与一种更为阴暗的目的联系在一起：消除现有的城市及其所包含的社会多样性。这一过程通常不加掩饰。维多利亚时代颇具影响力的约翰·拉斯金（John Ruskin）呼吁彻底摧毁重建那些不太完美的城市，佩里也提倡同样的做法，但将其称为“科学的贫民窟改造”[6]。对理想单元的追求为人们带来了负面影响，与此同时城市的破坏使社区发展变得复杂且问题重重。

部分问题与“白板”现象有关。当社区规划的概念在20世纪初首次传播开来的时候，人们认为，一个优秀的社区只能被设计在闲置场地、城市外缘或是一片被清空的衰败的区域。除非对其进行大规模的改造，否则无法在现有场地上进行社区设计。佩里确实提议在市中心开展邻里单元计划，但重新开发需要土地征用、土地集约以及创造一个内化的环境，在这样的环境下，“社区不会受到外界不良风气的影响”[7]。

英国的规划师没有提出相同的要求。帕特里克·阿伯克龙比（Patrick Abercrombie）爵士参考了赫伯特·阿尔克·特里普（Herbert Alker Tripp）的《城市规划与道路交通》（Town Planning and Road Traffic），在其著作《伦敦郡规划》（County of London Plan）中将社区的概念应用于伦敦以实现“支路原则”，积极避免道路穿过现有的社区，并确保所有将要修建的道路遵循现有的物理边界，例如工厂、水路和铁路。这样做的目标很明确，即保证社区的完整性，使其成为伦敦城市中的一个个村庄，因为大多数社区仍然体现出“独立精神”[8]。

霍默·霍伊特（Homer Hoyt）对贫民窟（他称之为“犯罪丛林”）与商业中心毗邻并不满意，正如他不满意城市外缘毫无联系的郊区扩张。城市内的贫民窟一定会被清除并由新建的模范社区作为替代。清除工作需要很彻底，因为新的社区必须“完全不会让人想起贫民窟的存在”。在郊区将会新建“花园”般优美的模范社区，现有的社区如不拆除也至少应该在“军工厂”的可步行范围内，“军工厂”最终会转换为在和平时期使用的场地[9]。

规划师明白，在城市建成区域划定完整的邻里单元是很困难的。避免“白板”规划的一个方法是将“孤立的住宅用地”连接在一起形成类似于单元的群体，这个方法认为这些孤立的区域不能被忽视，建议将其与周边社区连接，这样一来它们能够“在可行的范围内受到保护且可以使用公共服务设施”。明尼阿波利斯市（Minneapolis）设想了一种方式，即通过“桥梁”将住宅用地连接到一起[10]。

但是，在一片空白的场地中建立单一的、可控制的单元，与混乱的城市建成环境分隔开，很难拒绝这种社区带来的吸引力。社区作为经过完整规划的单元，创造了一种抽象且不受约束的完美社区典范，这种社区内的街道布局、土地分割和开放空间，都可以被认为是构成“建筑师画板”的一部分，根据“适当性与艺术性”使其平衡[11]。这种做法使社区成为纯粹的设计对象，对那些寻

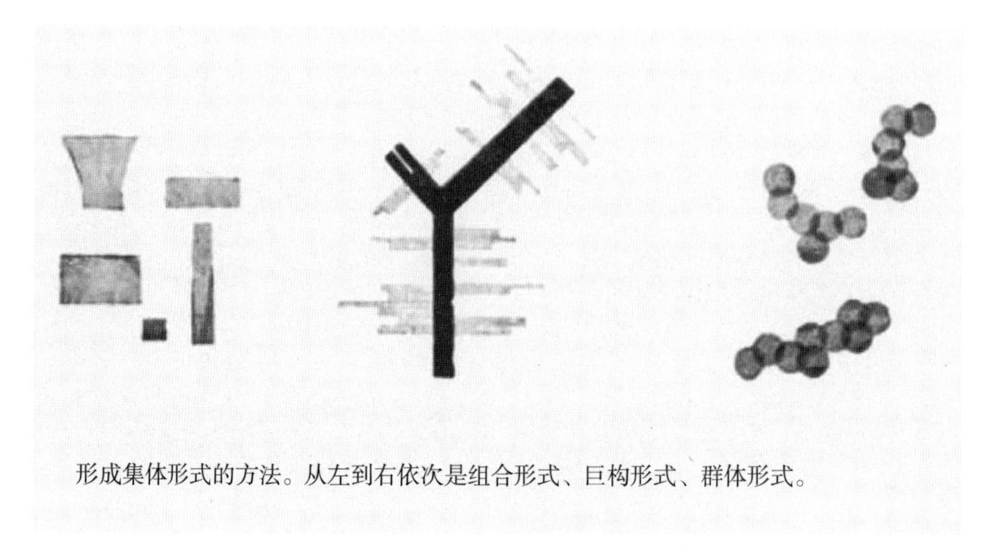

图 5.2　纯粹从设计的视角来看待社区，如图中的例子，社区包含不同的组成成分、巨型结构和“集体形式”的群体布局。资料来源：根据 Maki，*Investigations in Collective Form* 重绘

求设计认同的建筑师来说很有诱惑性。从现有街区布局与建筑类型的约束中解放出来，对社区形式的思考变得自由且新颖。本着同样的精神，社区规划师如今强调持续性，声称完整规划的单元对于理解可持续发展是至关重要的，因为持续性正是需要在各单元之间获得协调。

白板规划的缺点在于，这种设计方法导致人们没有动力研究如何使社区循序渐进地形成。“单元思维”（unit thinking）是指社区的发展基于设计的尝试或开发商的兴趣，而不是居民。但是居民需要积极参与到社区中并获得自主权，随着时间的推移，社区会被调整并得到改善，居民的决策权将会增加，而城市更新运动或中产阶级化导致的大规模社区破坏现象将会缓和，这些事情在邻里单元建设的全盛时期几乎没有人想到。“社区”成为一个与开发项目有关的词，受到外部利益的驱动，因此居民的利益不再是首要的。这是对社区理想的一种暗中利用。

从 1937 年的《社区改善法案》开始，一系列由政府支持的项目优先拆除建成场地，并用大规模的社区住房计划取而代之。然而，政府机构和与建筑相关的专业组织对邻里单元的建设过于零碎，先是胡佛总统，再是联邦住房管理局，然后是城市土地研究所和全国住宅建筑商协会[12]。这些机构和组织似乎都没有考虑到，首先，一个有意义的邻里单元规划应该是合理且完整的：因为这会使理想社区的完整性成为可能，尤其能在一定范围内保证行人的通行、服务设施的完善以及建筑类型的多样性。如果不以此为前提，将会形成大范围基于汽车的住宅用地和购物中心，而不会形成社区。这样看来，邻里单元被证明是适用的，但却没有带来不一样的结果[13]。讽刺的是，邻里单元原本是为了阻止千篇一律的大规模城市化和无穷无尽延伸的城市路网，但最终却沦为一个升级版的工具以达到这些目的。

在“城市更新”时期，人们认为邻里单元的现代主义应用充分体现出完整性，但缺点是带来了高度的孤立性。位于俄亥俄州克利夫兰市的“湖景台地”（Lakeview Terrace）社区于1937年竣工，是美国最早的公共住房项目之一，也是一个典型的与周围社区隔绝的“完整”社区范例。如今，由政府支持的社区规划正在努力减轻上一代人的失误带来的不良影响。“湖景台地”项目最近进行了现代主义改造，拆除公共大厅和楼梯，在较大的复合体中建立较小的公共区域，旨在消除安全隐患。由美国的住房与城市发展部门（HUD）发起的“选

图5.3　俄亥俄州克利夫兰市的“湖景台地”社区是“贫民窟清除计划”的一部分，也是美国最早的公共住房项目之一。资料来源：Cleveland State Library Special Collections. 并参见 Stephenson，“Town Planning”；Cleveland Historical，“Aerial，1937”

择社区”（Choice Neighborhoods）方案也做出了相似的努力，通过培养整体思维而不是单元思维以弥补邻里单元的孤立性缺陷。

邻里单元的现代主义形式似乎都表现出反城市化倾向。这一批评针对各种形式的完整社区（无论是否符合现代主义），包括“森林小山花园”（Forest Hills Garden）这样的传统社区，尽管它对佩里有所启发，但还是被认为仅仅是“郊区”而不是社区。这样说似乎有失公允，因为森林小山花园与美国绝大多数地区相比，实际上是高度城市化的体现（如果以步行指数作为衡量标准，它在所有社区中能排进前 3%）[14]。但该邻里单元的品质使其比真实情况看起来更乡村。英国的莱奇沃斯市（Letchworth）作为第一座田园城市，同样受到了批评，虽然实际上该城市的地块大小与格林威治村的地块相当。由建立在绿色开放空间中的孤立高楼组成的社区呈现出纯粹的现代主义形式，尽管路网密度相对较高，却给人一种特别的乡村印象（值得注意的是，这种社区的路网密度不一定高于传统的社区形式）。

建筑风格前卫的完整邻里单元不太可能包括独户住宅。柯布西耶一直都坚决抵制独户住宅，他宣称这类住宅的居民是“奴隶”[15]，而古德曼兄弟（Goodman brothers）梦想创造出一个阶级混合的社区（甚至包括“极端阶级”），人口大约 4000 人，居住在“连续的公寓楼”中，位于“一个面积高达 10 英亩的开放空间周围”。他们的设计理念是“不追求突出的整体风格，而是强调每一户住宅的个性化”，这个理念“非常适合当时对健康环境的极致追求”[16]。从 21 世纪的观点来看，这种现代主义风格的一排排相同的公寓楼似乎与有机形成的社区对立。

虽然现代主义对社区的诠释可能在形式上各不相同，但路易斯·康的社区规划方案体现出最基础的乡村化形式：内含公园和小学的超级街区，被主干道包围，居住单元面向公园。何塞·泽特（José Sert）也强烈主张将邻里单元视为城市的缩影（“每个社区自成一体”），根据当地环境“仔细考虑”邻里单元内部的构成元素，这通常意味着内部元素将被绿化带分隔开。设计原则以曲线为主（大概是因为大自然没有直角），外部车辆无法在社区内部穿行，而在内部，“终止于停车场的宽阔且弯曲的道路似乎是更受欢迎的模式”[17]。值得注意的是，20 世纪的现代主义者并没有创造出超级街区。19 世纪的超级街区社区可以见彩图 10。

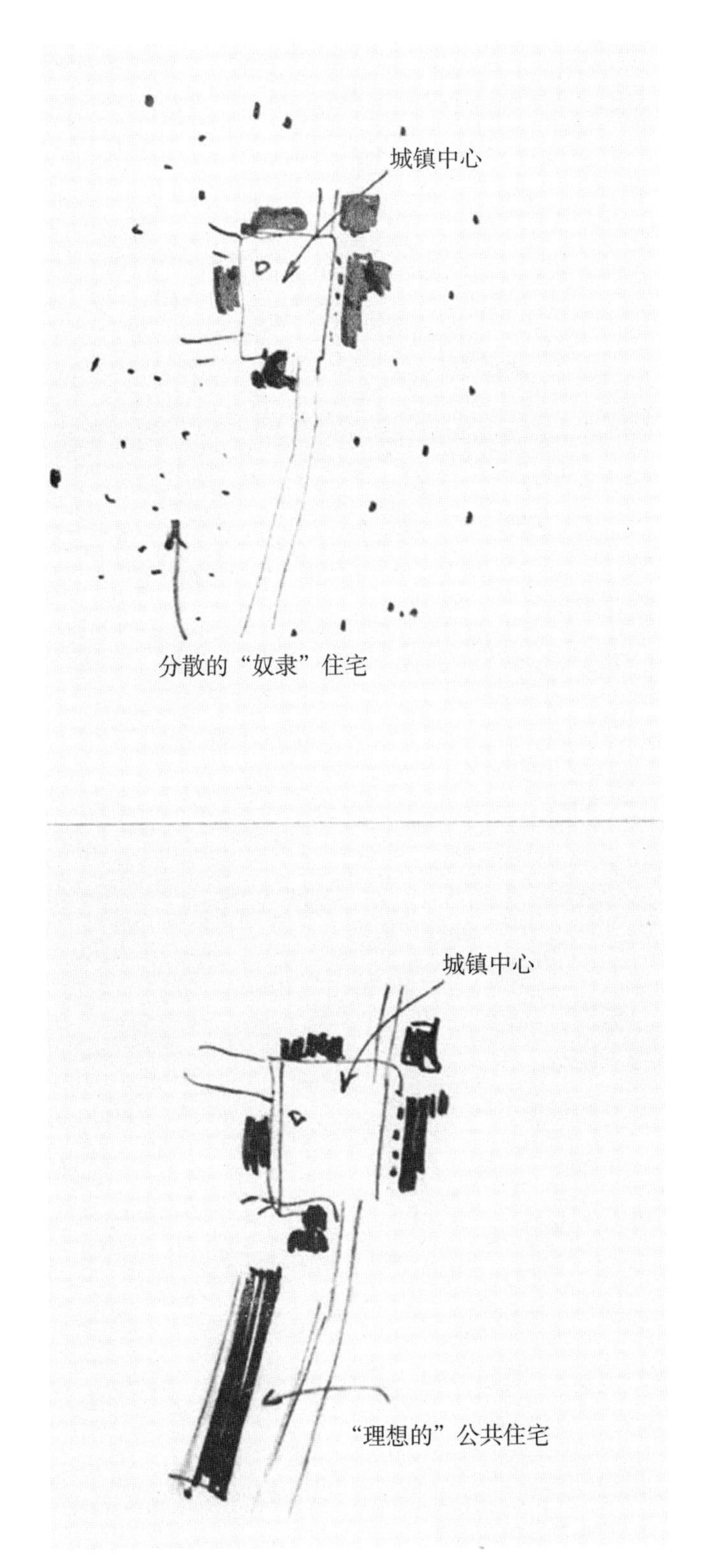

图5.4　勒·柯布西耶设计的社区中不会出现独户住宅。资料来源：Harbeson，“Design in Modern Architecture”

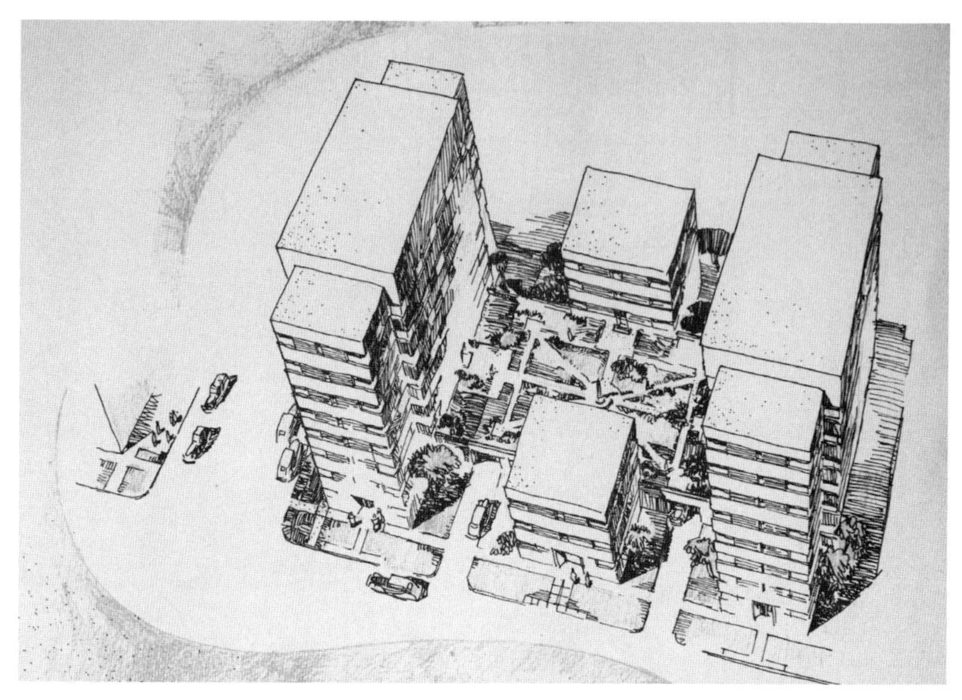

图 5.5　芝加哥规划委员会（Chicago Plan Commission）在 1941 年提出的由成组公寓楼构成的新的社区概念。资料来源：Chicago Plan Commission，*Rebuilding Old Chicago*

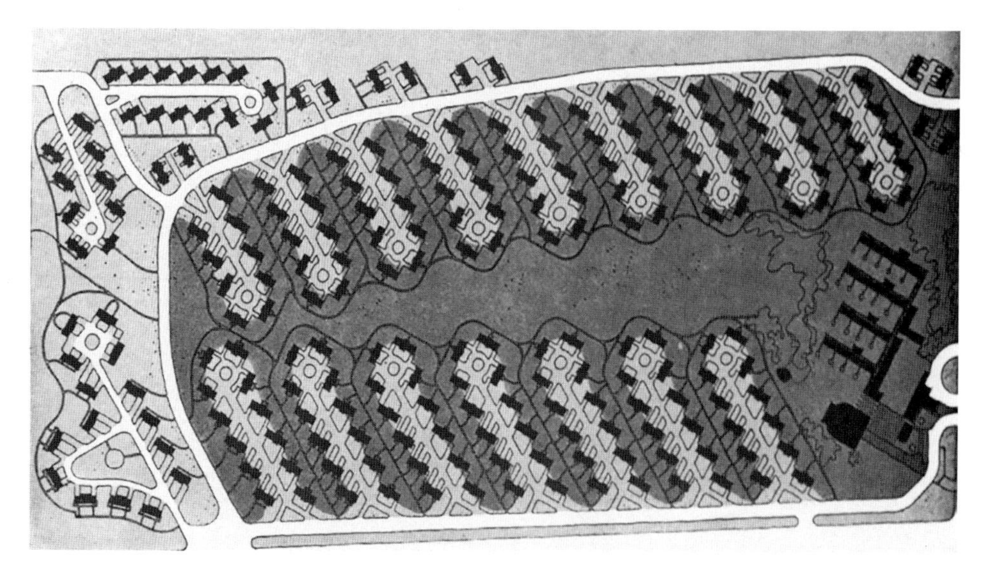

图 5.6　理查德·纽特拉（Richard Neutra）在 1942 年提出的社区概念。资料来源：根据 Neutra，“Peace Can Gain from War's Forced Changes”重绘

对于规划师来说，乡村化社区之所以能够奏效，是因为它们能做到独立和自治。行人安全是首要考虑因素，并且将安全的人行道作为超级街区的基本组成，尤其是儿童的通学路线，就像斯坦和赖特在拉德伯恩的社区布局一样。交

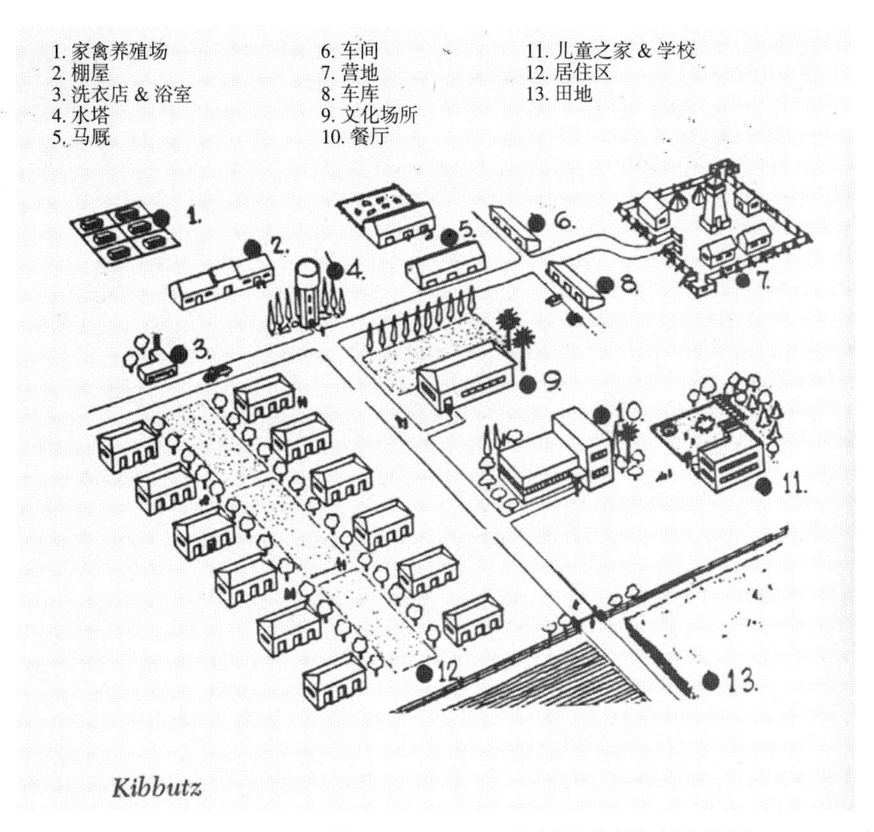

图 5.7　珀西瓦尔（Percival）和保罗·古德曼（Paul Goodman）在他们的著作《共同体》(*Communitas*）中描绘的基布兹（kibbutz，以色列集体农场），是一种面对面的社区，所有的生活和工作空间都处于自给自足的和谐中。资料来源：Goodman and Goodman，*Communitas***

通工程师对社区的影响也可见一斑，因为建筑师与工程师都有一个共同的目标，即希望创造出内部交通流量较少的社区（只包含当地服务居民的街道），社区周围环绕的主干道承载过境交通[18]。另一种变体是理查德·纽特拉（Richard Neutra）的拉德伯恩式社区规划，房屋单元面向指状公园，中间是一片大面积的公共绿地，在这片绿地中完全禁止汽车通行。家庭地址将会是公园地址而不是门牌号码。为了避免这种布局仅仅成为升级版的住宅用地而受到指责，社区中也会设置服务于居民的商店、学校和公共建筑。这类社区将会带来“共生”（symbiosis），而不是仅仅成为“被细分的土地”[19]，后者也是泽特努力解决的问题，他的解决方法包括将单元分组成为“小镇”，这样一来每个单元的居民就能平等地使用高级功能（初高中、轻工业和大型商店）[20]。

路德维希·希尔伯塞默（Ludwig Hilberseimer）提出的城市层级结构更为合理，这种结构由不同规模的模块化单元组成，各单元之间能够灵活组合。每

图 5.8　20 世纪 70 年代，城市土地研究所的一份出版物中提到迈阿密的乡村俱乐部 Aventura，该社区是围绕一个高尔夫球场形成的中心开放空间组织起来的。资料来源：Jones，*Golf Course Developments*

个单元都是一个超级街区，周围环绕着公园，并由外围的“交通主干道”作为“骨干”，从根源上避免了传统街道带来的危险。某些超级街区完全是商业性质的，它们的周围也有公园。这种结构旨在建立一个流畅的系统，系统内的单元边界可以重叠[21]。尽管希尔伯塞默的构想被克里斯托弗·亚历山大（Christopher Alexander）认为“在理论上是正确的”，但它却是极其不人道的，最终会使城市中曲折的网格变得更加单调[22]。与佩里不同的是，希尔伯塞默设想的“居住单元”是受到高度控制的，它的蓬勃发展依赖于功能隔离[23]。

这些社区概念都是有缺陷的，因为它们往往会阻止社会混合社区自下而上的自然形成（即不受补贴），而社会混合社区的繁荣需要多样性。在有补贴的情况下，社会混合可以勉强出现在任何形式的社区内，例如：超级街区的高楼大厦、低密度郊区、建筑与房屋类型千篇一律或是各不相同的街区。但如果没有严格的公共监督和大量资金补贴，这些情况中的部分社区并不能保证多样性，尤其是建在公园中的高层建筑。公众要求和大规模补贴在中国这样的地方是有可能的，但在美国却不行。

事实上，任何形式的社区规划，无论是现代还是传统，都在努力维持一种自然发生（即不受补贴）的内部多样性。在完整的邻里单元内，形成多样的住

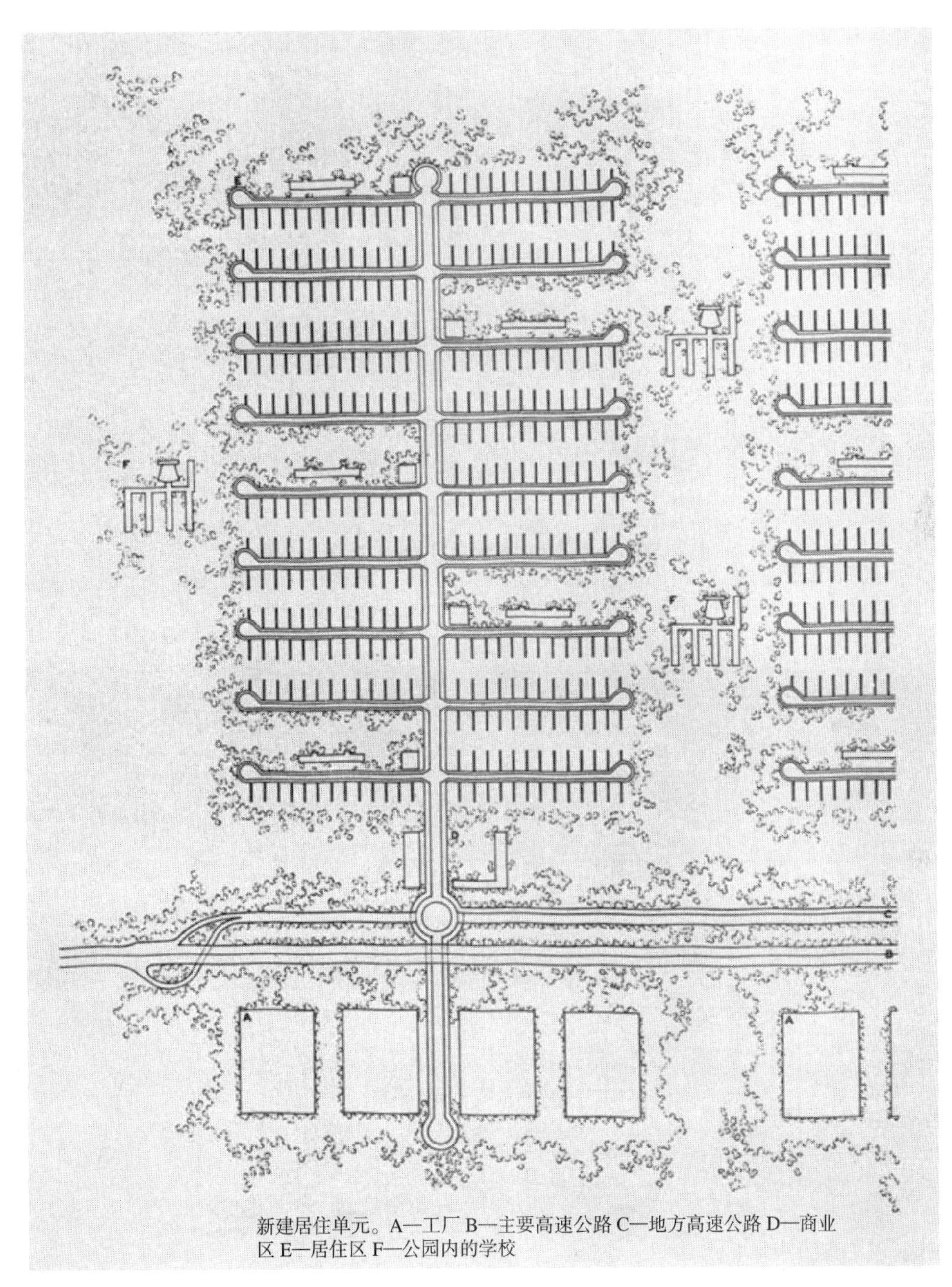

图 5.9　路德维希·希尔伯塞默是现代主义城市化的主要先驱之一，他倡导一种高度合理化的“居住单元”。资料来源：“A New Settlement Unit.” Ludwig Karl Hilberseimer. The New City: Principles of Planning. Chicago: Paul Theobald，1944，p. 106，ill. 80. Ludwig Karl Hilberseimer Papers，Ryerson & Burnham Archives，The Art Institute of Chicago. Digital File # 070383.090625- 04

图 5.10 勒·柯布西耶设计的马赛联合住宅（Unite d' Habitation in Marseilles）是一座摩天大楼式社区，建于 1946 ~ 1952 年，可容纳 337 个住房单元（1000 ~ 1200 人），商店位于中央楼层，内部还有幼儿园、娱乐设施和公共设施。这个方案的问题可想而知：社区是孤立的且远离更广泛的日常生活网络，零售设施也无法维持。资料来源：Lang，Urban Design. Image: michiel1972，via Wikimedia Commons，https:// commons. wikimedia.org/ wiki/ File:Unit%C3%A9_ d%27Habitation_ 2_ – _ panoramio_（1）.jpg

宅与地块规模一直以来都是传统；混合的住宅类型出现于20世纪20年代新泽西州的拉德伯恩市和20世纪80年代马里兰州的肯特兰镇（Kentlands），从那以后，大多数新城市社区都有混合的住宅类型。单户独立住宅、联排住宅和多户出租公寓的混合是这一类型的典型模式。拉德伯恩市有复式住宅，肯特兰镇有多户托管公寓[24]。但就多样性而言，它们的发展都令人失望，虽然不依赖公共补贴，事实上所采用的方式却更加实际[25]。很不幸，这种方式是一种与市场走势背道而驰的市场主导型策略。

“白板”规划形成的完整单元社区内的居民更有可能全体是富人或全体是穷人，而不是形成一个多元化社区。完整且孤立的邻里单元可能对富人来说仍然会有吸引力。全球城市中，尽管规划师认为隔离对更广泛的大众来说是有害的并在抵制着封闭社区，但是封闭式社区仍然存在且越来越普遍[26]。与之相对的是那些被隔离的穷人住房“项目”，这些项目的关注点一反常态地集中在内部，或许原本被构想为社区，但却不能享受一个完整邻里单元理论上应该提供的福利。

社区边界

社区是否应该有界限、有边缘或是用其他方式加以划定，关于这个问题的争论在各方面都很成熟。历史学家、哲学家和地理学家或许很容易在哈贝马斯对公共领域的模糊定义下[27]讨论“公共领域的边缘”（the edges of the public sphere），但社区的边缘需要一个更明确的含义。这不仅是在语义学上的讨论。尽管社区往往“没有一个清晰的定义”，但用于收集社区数据的社区边界却不是这样，而边界对公共政策的制定有直接影响[28]。更实际地说，如果没有明确的社区边界来表示哪些居民属于同一个社区，我们就无法认识社区的社会构成，更无法做到量化和理解，例如社会多元性或同质性的程度。

在严格的客观描述中，清晰的边界有时被认为是“论及社区”的三个必要组成部分之一[29]。当缺少边界时，另外两种可能的社区界定要素是：形式的同质化和明显的核心（例如，突出的建筑或市民空间）。每种要素都有不同的方法使社区融入城市环境中。对于社区边界来说，“波浪形环路”、“穿过社区的街道”或是吸引附近地区居民的街角广场，这些都能用来使社区与城市一体化。

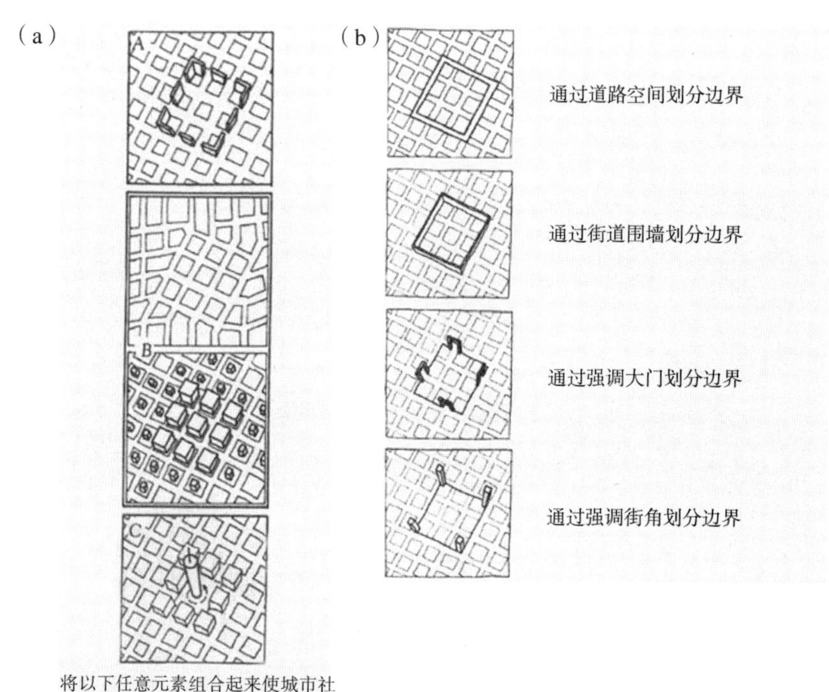

将以下任意元素组合起来使城市社区区别于周边地区，A）边界，B）集群，C）焦点。这些元素与周围环境的差异程度确定了它们在城市环境中的作用。

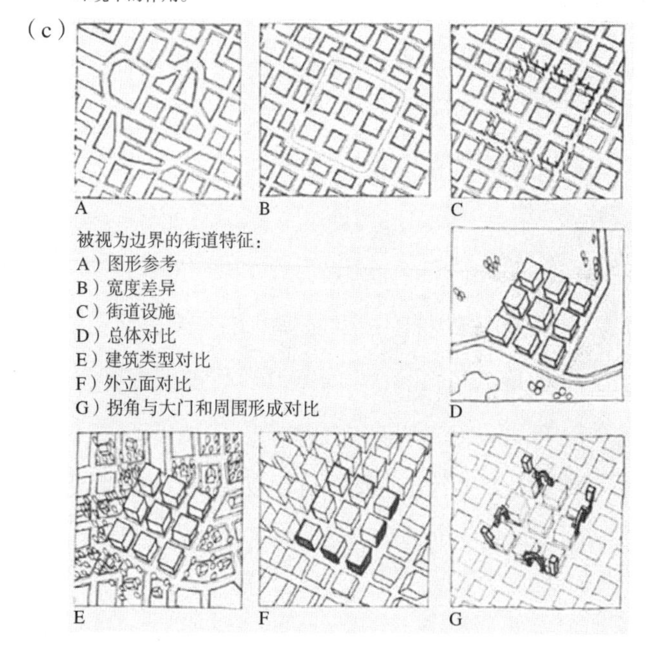

被视为边界的街道特征：
A）图形参考
B）宽度差异
C）街道设施
D）总体对比
E）建筑类型对比
F）外立面对比
G）拐角与大门和周围形成对比

图 5.11　这组由 Thiis-Evenson[翻译：坎贝尔（Campbell）] 绘制的示意图创造性地展示了如何划分社区并使其融入城市空间。通过下列四种方式中的其中一种来形成边界，可以组合使用也可以单独使用：用街道空间来分隔社区、建立街道围墙、突出社区大门或街角的位置。而社区与城市的一体化可以通过使城市中的街道穿过社区、切除社区拐角以及在社区边界设置与外界重叠的广场等方法实现。资料来源：根据 Thiis-Evenson and Campbell，*Archetypes of Urbanism*，62 重绘

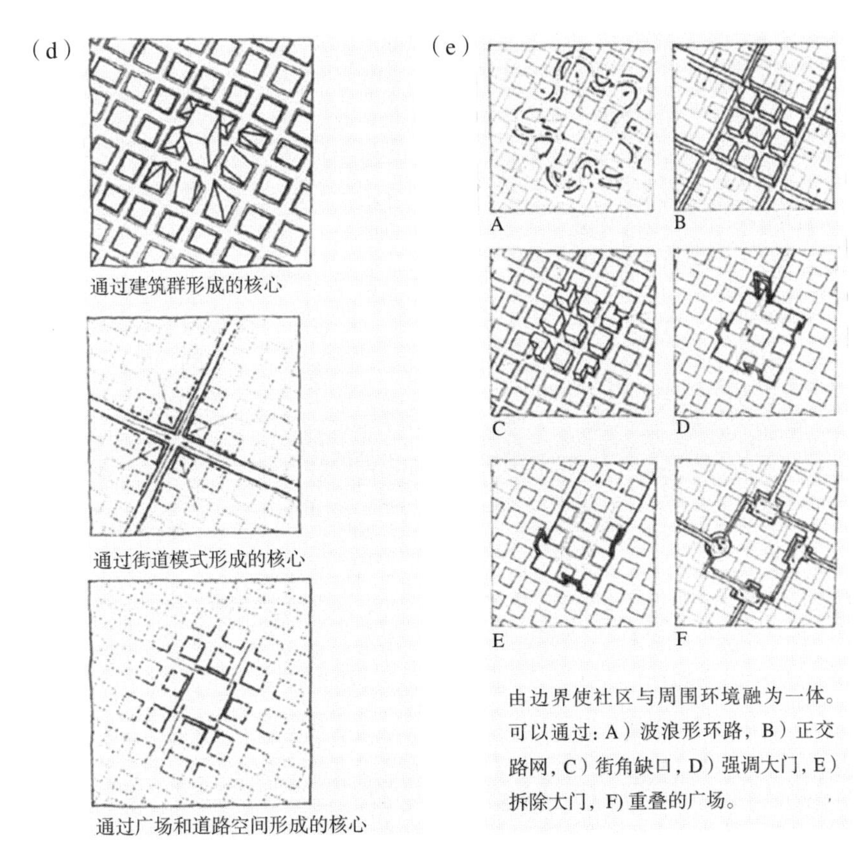

图 5.11 接上图

同质化的街道或建筑形式可以使社区与周围环境融合。通过"核心元素的延续"，社区的核心地区能够延伸至邻近社区[30]。

斯坦和赖特更喜欢用自然缓冲区作为社区边界，这种做法常见于英国新城以及后来很多城市的新城区，例如马里兰州的哥伦比亚、弗吉尼亚州的雷斯顿、得克萨斯州的伍德兰兹和加利福尼亚州的尔湾。随后，这个方法在新城市社区中重燃，例如马里兰州的肯特兰镇，利用湖泊、湿地和绿带来界定并区分不同社区[31]。20 世纪 40 年代的一些规划师反对将街道作为边界，不是因为它可能会导致孤立，而是因为街道边界会在"相邻土地的所有者们协商合作时造成困难"。为了激励每个社区（被分割的土地）都能自谋出路，社区最好是由另一块土地形成边界而不是被街道包围，因为街道的发展需要协商和妥协[32]。

开放空间与建成环境的关系会对社区的划分与边界造成多大影响？相比以连续街道围墙作为边界的城市社区，郊区社区以其开放空间和独立建筑呈现出更加多样的边界类型。城市形态学家安妮·维内兹·莫顿（Anne Vernez Moudon）通

（f）

A-F）由地区划分形成的一体化

G-I）由焦点形成的一体化

A-B）建筑群的重叠

C-D）主要街道的终止

E）道路将社区分隔开

F）与社区垂直的分割街道

G）建筑群在社区外的延续

H）主要街道终止于作为核心的中心广场

I）在焦点处交叉的道路

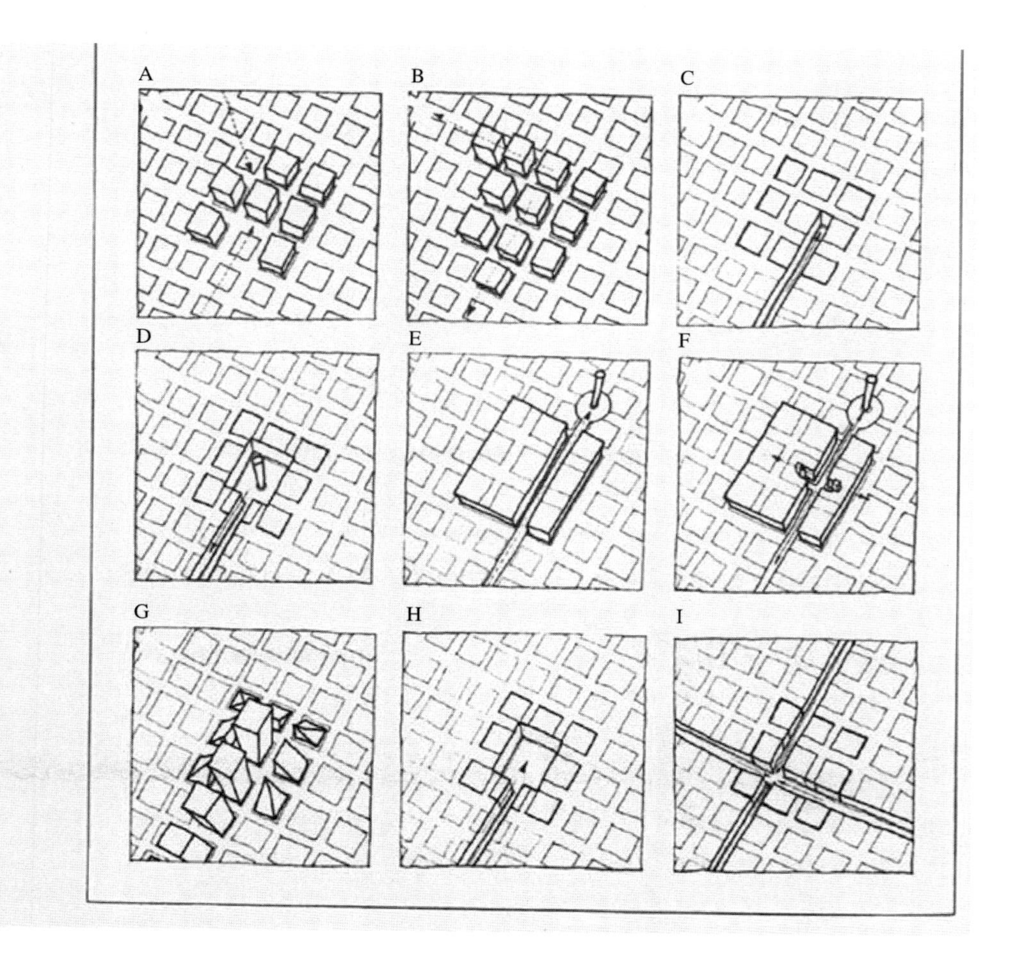

图 5.11　接上图

过研究社区的"空间结构"来探索这个问题,并对比了建筑空间和开放空间中的"结构要素"。传统社区或乡土社区（存在于古代、中世纪和文艺复兴时期）围绕着"积极的"公共开放空间形成，这一空间位于社区前部，由连续的建筑围墙形成，社区后部为私密空间。郊区社区或独立建筑对于公共开放空间的定义很模糊，因此空间结构的首要基础为建筑要素而不是开放空间要素。这意味着在没有积极开放空间的情况下，社区划分的基础即地图上划定的红线[33]。

长期以来，城市规划师一直基于美学和功能上的理由强调边界的重要性。在19世纪，人类定居点的边界是最早的防御措施之一，它的优势曾被城镇规划师雷蒙德·恩维（Raymond Unwin）赞颂；他提倡由林荫道、运动场或带状公园绿地形成的边界，这些场地能够防止"半发达郊区和半荒废乡村的不规则边缘成为日益增长的现代化城镇的束缚"[34]。后来，佩里认为汽车带来的"威胁"其实是"因祸得福"，因为它将交通主干道变成社区的边界，使单元形式下的社区独立更加有逻辑和有必要。这些规划理念仍在继续，美国规划协会（American Planning Association）曾举办"优秀社区"（Great Neighborhoods）比赛，这场比赛的一个评分标准即为社区"应当有明确的界限感"[35]。

历史上的城市有很多类型的物理边界。例如，中世纪的欧洲存在城墙、教区和市场，这些都有实质性的边界。在这个空间被划分的世界中，城镇发展成为社区的内部发展，限制了社区"融入群体"的可能性[36]。日常仪式也加强了物理边界。例如，宗教游行只在特定区域开展，使居民"强烈意识到"社区边界的存在[37]。边界对于以社区为基础的"仪式政治"是不可或缺的，在这种政治下，个人地位可以通过集体参与获得提升。不得不说，边界体现出的是身份和归属感而不是基于阶级的社会隔离，这是至关重要的一点，因为人们经常将边界等同于隔离（尤其在谈到邻里单元时）。

在当代美国城市中，边界不需要具有客观的可识别性才能发挥作用。例如，人口普查区的形成并不是为了作为一个有凝聚力的社区，但市政府经常用联邦人口普查区的边界作为官方的社区边界[38]。

边界既可以成为有利条件，也可以成为不利因素，这取决于人们如何使用。它曾经被用来作为束缚（犹太区），也作为防御（封闭的飞地）。大多数情况下，令人困扰的是无法判断边界的含义，是意味着禁止入内还是仅仅作为一个"好客场地的边界"。"边界学者"曾力图区分这两者的细微差异,评价边界是否是"清楚的（牢固且易于识别）”还是“模糊的”。这可能涉及表现为“种族排斥术语”的边界评估：分区制（zoning）、文契约束（deed restrictions）、日落法（sundown laws）、红线（redlining）和社区协会（neighborhood associations）[39]。一个熟悉的例子是历史街区的划定，所用的划定方法可以使社区边界精确且正式。众所周知，规划师忽视了边界的排他性，他们认为“我们必须按照［居民］看到的那样来定义社区”[40]。不幸的是，20 世纪的社区边界有时候被塑造成一个必要的屏障，以此来对抗“感染”（infection），这里的边界主要是一种控制手段，将“枯萎病”限制在社区内部[41]。

凯文·林奇定义了两种类型的边界：接缝和屏障。佩里所认为的边界清楚地表现为后者[42]。他相信主干道有着双重作用，一个是形成社区的边界，另一个是引导交通绕过社区而不是穿过社区。这显然不适用于以街道为基础的社区，如 20 世纪初的穷人和工人阶级社区。佩里更感兴趣的是不同部分的衔接（articulation），他的邻里单元为实现这一目标而牺牲了连续性。

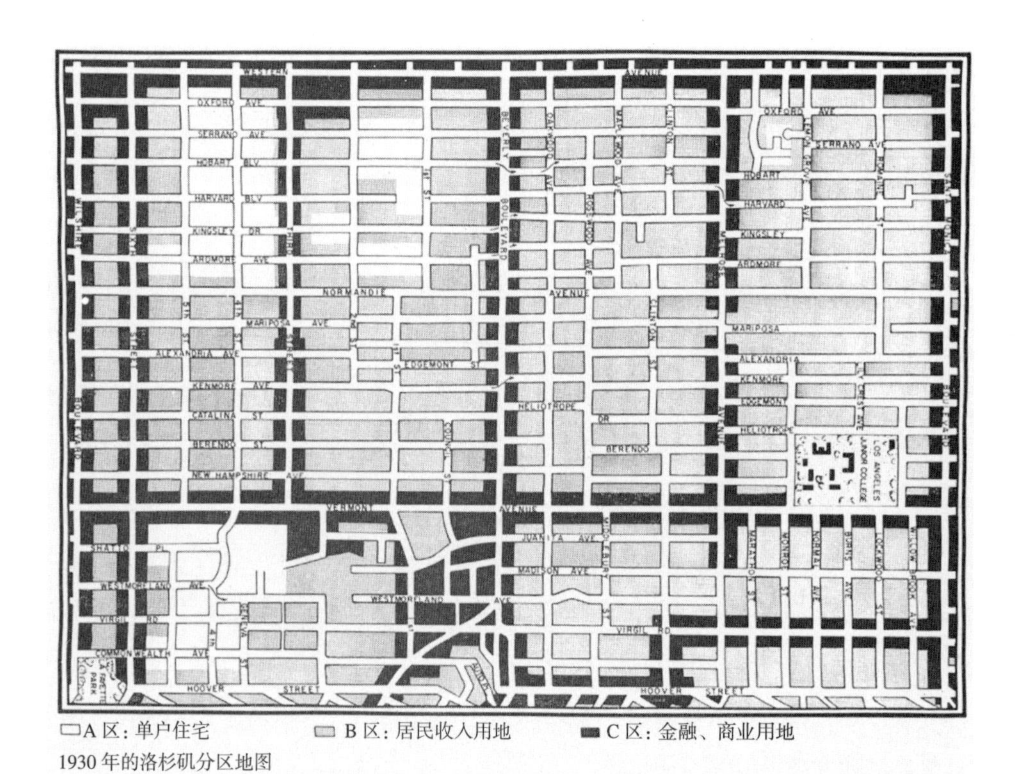

图 5.12　商业区域的分区有助于社区划分。该图展示的是 1930 年洛杉矶分区法规的一部分。问题在于，商业区域是形成了分隔社区的边界，还是发挥接缝的作用将两侧的居民聚集到一起。资料来源：根据 Fogelson 所著 *The Fragmented Metropolis* 中的图片重绘

刘易斯·芒福德为佩里的街道边界理念进行辩护。芒福德写道，由于资本主义和汽车的出现，这两股力量使城市生活出现分裂，导致了收入隔离，而有界邻里单元会有意识地关注内部社会多样性，对解决这一问题是十分必要的。现代邻里单元以汽车为基础，意味着社区间的“连接结构”发生了巨大改变，从跨越社区的人行道变为环绕社区并孤立社区的交通主干道。佩里试图赞扬社区周围的主干道，认为这是因祸得福，但其他人，尤其是简·雅各布斯，打断了正在进行中的“边界真空”计划[43]。

交通规划师和社区规划师听从佩里的意见，合谋将街道重新定义为交通管道而不是综合的社会空间，在街道的控制权从邻近社区的业主转移到交通工程师手中之后，这种情况尤其明显。主干道承载主要交通，街巷承载局部交通，这种分离导致街道不再具有划定社会空间的功能，根据一些城市设计师的说法，这是因为当街道在空间上整合了局部与非局部的移动时，更有可能促进社会互动。随着邻里单元的建立，这一功能消失了。主要交通和局部交通的分离意味着更小规模的居住区街道不再被使用，街道“移动功能”的分离就导致了“社交功能”的丧失。

图 5.13　英国伊普斯维奇（Ipswich）的主观社区（Subjective neighborhoods）。受访者对由主要街道形成的边界都很满意。源自英国社会学家彼得·威尔莫特（Peter Willmott）1968 年的一项研究。资料来源：Sims, *Neighborhoods*

认识到这一问题，人们尝试将街道边界重新定义为“集成器和骨架”而不是僵硬的轮廓线。例如路易斯·康设计的位于费城的米尔·克里克（Mill Creek）社区，他将部分建成街道改建为“绿道”，种植行道树并加宽人行道。这些街道成为社区的“主要骨干”，整合了汽车、行人、不同的土地分区和土地利用[44]，并设置一排作为“社交接缝”的店铺以集合人群，类似于扬·盖尔的“软质边界”，或斯克雅维兰（Skjaeveland）和加林（Garling）所言的“互动空间”（interactional space）[45]。社会学研究证实了街道作为接缝（seam）的功能。一排沿着主要街道设置的社区店铺可以作为“社会接缝”的一种类型，保持各社区之间相互联系[46]。

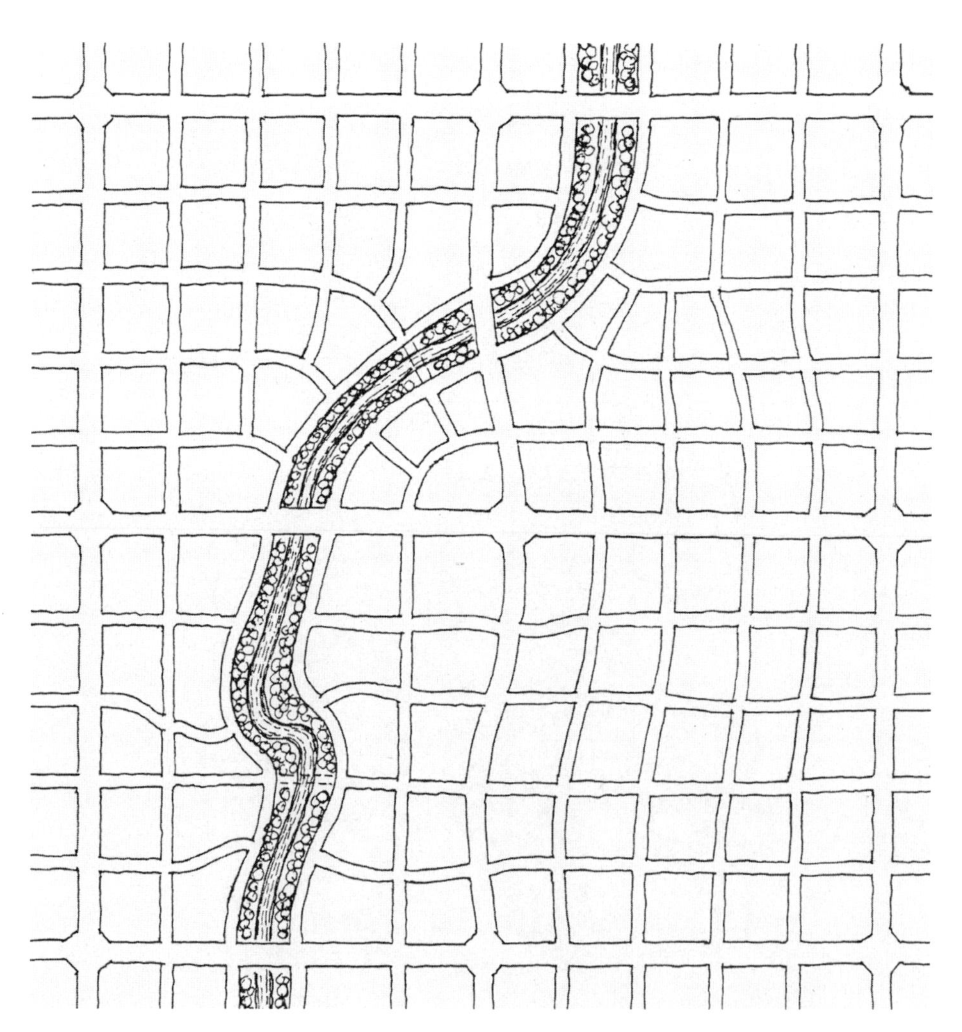

图 5.14　连接不同社区的一种方法：通道与绿道。资料来源：Hiroaki Hata 绘制，经作者授权使用，见 Hess et al.，“Pathways and Artifacts”

作为边界的街道同样需要发挥连接不同社区（而不是孤立社区）的作用，否则将会削弱城市的整体性。商业街道应当提供“多样的通道以形成一个连续的结构”，这种结构是城市化的一个条件，很容易与被断断续续的街道孤立开的居住用地形成对比[47]。与之相似的是，城市路网和“网络科学”研究者已经证明，如果服务设施与零售业没有整合到更大的城市系统中，将会造成某种经济学上的弱点。这些理论对实体设计带来了启示，一个常用的方法是将作为边界的主干道改建为林荫道，进而转变为具有连接功能的接缝。另一些人强调了将社区中心直接设置在城市主干道的重要性，他们认为这样做会带来额外的好处，使公共交通更有可行性[48]。

1960 年，美国规划官员学会（ASPO：American Society of Planning Officials）将连接社区的商业街道改造成社会连接器（social connectors）。他们在关于社区边界的技术报告中举的例子是芝加哥的石岛大道（Stony Island Avenue）。他们承认，这条大道几乎将“城市中所有的黑人与白人”分隔开，但是他们相信沿着大道分布的零售商店可以成为某种社会接缝（social seam）（当地行人的聚集地）[49]。最近的发展却与这个设想背道而驰。石岛大道由依赖汽车的成排商店和宽阔的车道组成，旨在承载快速交通而不是行人通行，这使石岛大道对行人来说十分不友好，以至于尽管它被设计为社会接缝，但却因其不合理的设计而无法发挥作用。

ASPO 的报告提出了这样的观点：边界对于划定社区范围是必要的，而社区范围的划定对于城市更新活动下的数据收集和资金分配也是必要的。他们注意到，如果“在单户和两户住宅为主的地区没有混入多户住宅”，那么郊区的社区划分将会很容易，因此这份报告致力于确定现有城市中的社区边界。新城区的邻里单元划定被认为是一个“设计问题”，与现有城市的邻里单元划定完全不同，对于后者，更需要解决的是社会、政治和经济问题。

参考了其他城市的社区划定文献，ASPO 的报告提出的首要策略是将社区边界的划定建立在物理要素的基础上：河流、坡地、铁路、高速公路和其他自然形成和人工建造的障碍物。作者们采纳“障碍”（barrier）作为描述社区边界的常用词，其实也就明显地证实了后来社会学家雷金纳德·艾萨克斯（Reginald Isaacs）对社区划界导致了社会隔离的批评。该报告竭力反驳这一批评，认为应当将这些物理要素作为一个鼓励社会内部互动的富有凝聚力的工具，而不是作为限制“外人”进入的围栏。ASPO 的报告中提到的其他社区划分依据是人

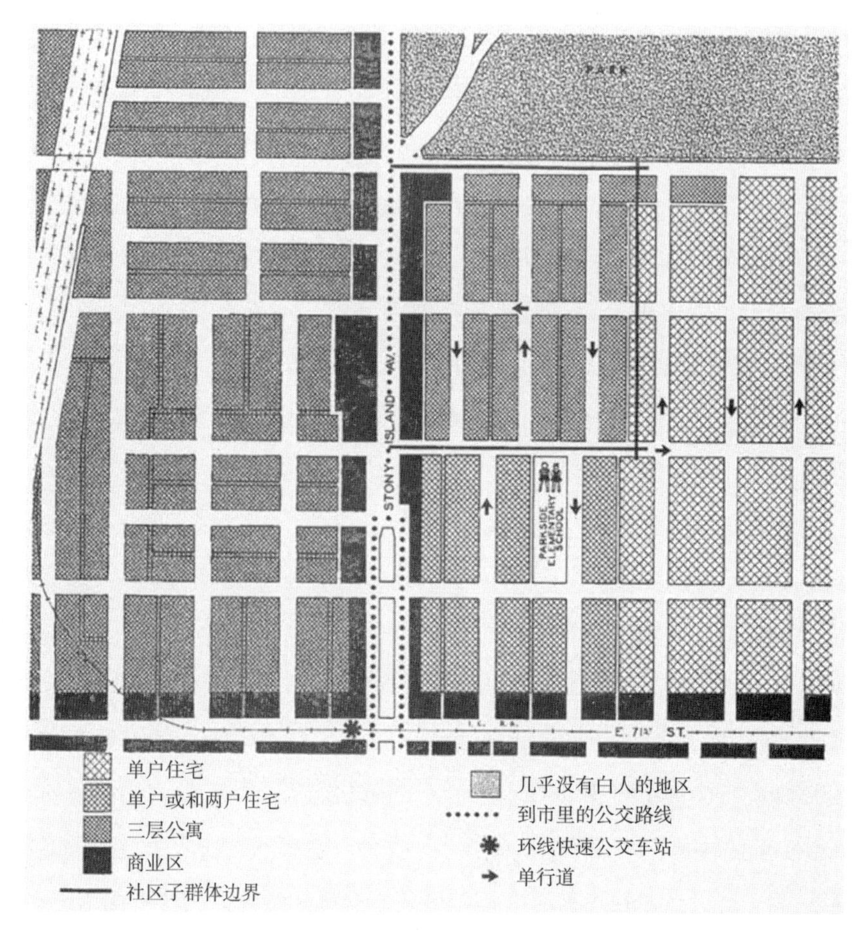

图 5.15 1960 年，芝加哥为连接石岛大道周围社区而设计的方案。资料来源：根据 Allaire，“Neighborhood Boundaries”重绘

图 5.16 如今的石岛大道。资料来源：谷歌地球

口普查区（尽管承认这个划分依据也有缺点）和“社区焦点”。在最后，ASPO 的报告推荐了一个经过协商的多管齐下的社区划分策略，即综合考虑所有因素（物理边界、主干道、人口普查区和社区焦点）。

1980 年，在副部长唐娜·沙拉拉（Donna Shalala）的指导下，住房与城市发展部（HUD）发布了一份关于如何找到社区边界的指南。这份指南的编写被描述为一项“繁重的任务”，但 HUD 历经艰难完成了这份指南，他们的目的和 ASPO 的报告相同，都是为了方便数据收集。人们认为，更好的数据会反过来推动社区复兴。这份指南引用了一项关于 60 个城市的社区识别方法的研究，展示了一个结合自上而下的管理和基层举措的社区划定方法。指南的大部分内容都在说明操作流程：让市民参与到社区划定过程中的策略、如何调解边界争端、法律限制以及向人口普查局提交边界划分的格式。众所周知，HUD 对收集“真实”社区（不仅仅是地块）数据的兴趣在 1980 年之后就停止了[50]。

为了使社区边界的定义具有灵活性，根据周边社区表现出的是社会同质性还是社会差异将边界分为软质边界和硬质边界[51]。但是，即使社会学家认为理解社区的社会数据是最重要的，他们也不太可能忽视物理边界的影响，因此，“公园、河流、主要商业街或交通主干道都会促进社区边界的划分”[52]。在没有主干道包围的情况下，仔细观察街道模式可以为理解社区的起点与终点提供框架。

关于边界的争论不仅仅是因为社区划分具有排他性和政治性（影响服务水平）。如果考虑更多的理论因素，边界会与生态理论中的相互依存原则发生冲突。这是简·雅各布斯和雷切尔·卡逊（Rachel Carson）提出的观点，他们提倡没有边界的小群体——既相互依存也相互独立的小型生态系统。在这个原则下，划分社区并建立边界的做法既不必要也不可取[53]。

生物学家和生态哲学家艾伦·雷纳（Alan Rayner）对进化过程提出了一种“后辩证法”（postdialectic）的解释，即能量流是“接纳性空间环境”（receptive spatial context）的一部分。这样一来，我们需要认识到，社区（包含内部空间和边界）不是离散的，而是具有“自然包容性”（natural inclusionality），社区边界的作用既是区分也是整合。“共生共享”（co-creative communion）这一概念似乎很虚无缥缈，但却是同时理解社区的独特性、多样性和动态连续性的一种方式[54]。对于 20 世纪中叶的部分规划师来说，如果可以多样且灵活地规划邻里单元，那么邻里单元完全有能力进化成这种形式。1944 年，阿伯克龙比

(Abercrombie)的大伦敦规划为了努力实现这一目标,使位于“内部城区”与“外部乡村”的邻里单元在形式上有所区分。位于城区的社区更加密集，土地利用更加多样而开放空间更少，乡村的社区与之相反[55]。

在20世纪60年代，乔治·赫伯特(George Herbert)假定邻里单元中至少某些部分可以与很多有机物质进行类比：宇宙、自然、系统、生态和细胞，基于这样的假设，他整理出有机理论与邻里单元之间的各种联系。然而，赫伯特认为，邻里单元之所以失败，是因为它对边界的坚持，限制了其作为部分融于整体的有机原则。有机意味着变化与进化，邻里单元的存在并不是为了暂时性的变化。此外还有一个问题，邻里单元数量的增加不是有机地增长，而是机械地增长。当在自然中增加一个新的部分，“整体”也会随之改变。因此，佩里的有界邻里单元非常标准化和简单化，过于静态和死板，它不在意局部(邻里单元)是如何与整体(城市)产生关联的,从而使局部高于整体。赫伯特认为,佩里更感兴趣的是呈现一个普适性原则[56]。讽刺的是，佩里的社区规划方式之所以得到如此快速的传播，正是因为它的静态与简单化。

解决社区边界“问题”的探索仍在继续。一位学者将社区建立边界的过程称为“逐渐与世隔绝”(cloistering)的过程，在这一过程中，社区的划分既发生在内部也发生在外部，为了保护社区就会从内部进行划分，为了隔离社区就会从外部进行划分。但是，让这些社区再次“融入城市”(decloister)也是有可能的,不是通过同化作用或解除边界,而是通过充分参与“整体流动”(global flows)(同时保持地方身份)。实际上就是帮助社区实现通信与交通基础设施的现代化，以及废除那些隔离住房的法律[57]。

目前仍然有人支持建立社区边界，他们认为如果没有边界，就不会有领土意识与身份认同，而这些正是社区的部分意义所在。这个观点是由20世纪法国地理学家乔姆巴特(Chombart de Lauwe)提出的，他采访了一些巴黎人民，发现“对于大多数职业群体来说，理想的居住场地是有某种身份认同的社区”，这种身份认同有各种来源，其中就包括“清晰的物理边界”[58]。多洛雷斯·海登(Dolores Hayden)写道，边界对族群社区(ethnic neighborhood)的身份认同至关重要，尽管这种边界“既表示包容也表示排斥”，但所体现出的“强制性”(enforcement)对于界定经济和政治权利是必要的[59]。可能仍然需要保证边界的流动性，尤其是对族群社区来说，因为内部人口在不断调整。美国城市中的族群历史往往揭示出不明确的边界与边缘，它们使不同族群之间发生混合[60]。

边界显然不是建立社区身份的唯一方法。开发商或许尝试通过标签和标志物来灌输身份认同，例如入口大门和命名标志。日本引进了一种独特的编号系统，试图通过从社区的起点向外编号来建立社区身份，1号住房是最初建造的，20号住房是后来建的并且离1号住房更远，以此类推。要想感受自己是社区的一份子，不需要建立强调空间身份的边界，相反，可以提醒居民当下在社区中所处的位置[61]。

社区命名是边界划分的另一种形式。一位作家发现了一场关于布鲁克林的“公园坡地”（Park Slope）社区的争论，这场争论长达110年，他注意到，社区边界的划定和这场命名游戏“对一些取得成功的人来说是圆满结束，对另一些不太敏捷不太受欢迎的人来说则是草草收场”[62]。命名的过程会更多地基于个人意图而不是客观因素：“一个社区能够长久存在可能是因为没有其他人想要侵占，而一个社区能够再次焕发生命力则是因为某个人想出了一个聪明的主意”[63]。由于缺少官方认可的协议，社区的命名受制于各种类型的权利游戏。不同的群体寻求统治权，利用“符号政治”（symbolic politics）来宣告主权。社区的长期居民为了抵制社区的中产阶级化，使用编造的故事与中产阶级和上层阶级之间围绕社区定义进行斗争，他们基于历史上或种族之间发生冲突的故事，对社区边界和社区身份进行“虚构”（myth making）[64]。

边界究竟是硬质障碍物还是更具有流动性和重叠性，这是一个与感知有关的问题，并且很可能会受到居民性格的影响。一项研究发现，对硬质边界的感知可能会随着年龄而减少。对于伦敦东部贫穷工人阶级社区里的青春期男孩来说，边界是真实存在且严格划定的，并通过经常性的“对立与冲突”强制执行。而成年男性会更少地意识到自己所在的区域有严格的边界[65]。

亚历山大在《建筑模式语言》（A Pattern Language）这本书中写道，“亚文化区”（subcultures）（要么是“7000人社区”—模式12，要么是“易识别的社区”—模式14）的边界需要保持至少200英尺的宽度，由“大片开放土地、工作场所、公共建筑、水体、公园或其他自然边界”组成，这是为了防止社区的价值观对邻近区域产生影响。例如，在20世纪60年代，旧金山嬉皮社区（Haight Ashbury）附近的“正经人”希望市政厅“清理”这个社区。亚历山大强调，一个牢固的物理边界可以释放“服从”带来的压力以及对财产贬值的恐惧。孤立的亚文化区或社区“可以自由地发展自己的个性”[66]。因此，边界是实现某些自由的前提，这是一个有些不同寻常的观点，因为可以利用它来为超级街区辩护，而超级街区一直因空间孤立主义而饱受诟病。

20 世纪初的社会改革家玛丽·辛霍维奇（Mary Simkhovitch）赞颂边界是团结和力量的一种形式。她写道，“在这个国家，开拓者生命力量的来源正是边界感”。认识到现代生活不再处于构成边境生活的“紧凑单元”中，而是发生于“更广阔的土地”上，因此，在有界社区中形成“目标明确的团体”是有意义的，并“为民主这一空泛且模糊的词提供了完美的定义”。同样的，杰拉德·萨特尔斯（Gerard Suttles）在对芝加哥社区社会凝聚力的研究中认为，正是“地盘”（turf）带来的感觉产生了社会凝聚力，而“地盘”就是居民所认同的有界社区本身。一项关于儿童社区边界感知的研究推测，对于社区良好边界的感知与“良好的自我边界感”有关[67]。

社区中心

将关注点从社区边界转移到社区中心也许会缓和关于边界的争论。历史学家已经证明，集中的市民空间在社区生活中发挥了至关重要的作用，并反映在空间布局上（见彩图 11）。在 19 世纪西西里岛（Sicily）的一个例子中，由围

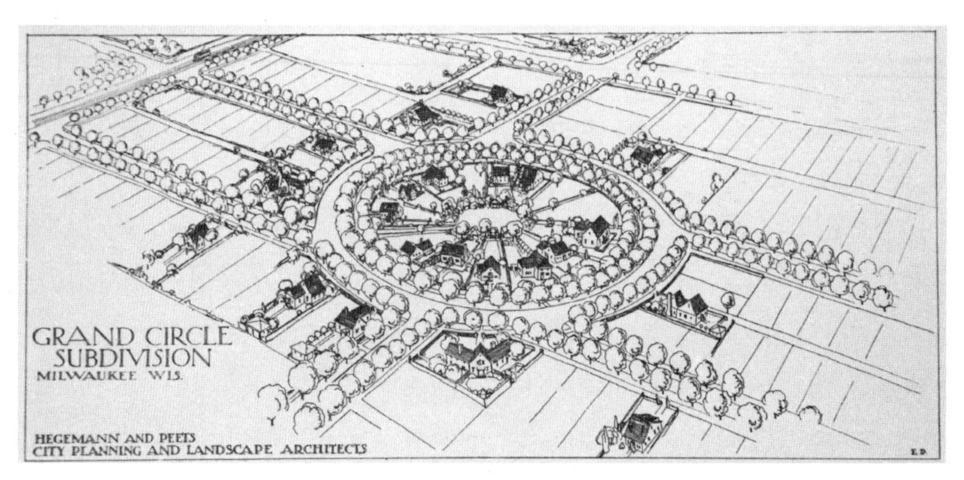

图 5.17　在 20 世纪初，城市规划师试图在一个没有尽头的网格系统中建立社区身份认同，方法是在中心区域嵌入精心设计的市民空间。这里展示的是赫格曼（Hegemann）和皮茨（Peets）设计的“密尔沃基大圆”（Milwaukee Grand Circle），旨在“为现有的网格增添一种令人愉快的变化”。资料来源：Hegemann and Peets, *The American Vitruvius*

绕着一个半封闭庭院的住房群体组成传统的社区。这种社区被称为 cortili（意大利语：庭院），作为一个户外的共享空间，它是社会生活的中心，是友谊的所在，也是西西里岛社区观念的基础。这里的社区并不是基于家族的混合物。亲戚们都住在社区外面，而不是社区内部，正如一句西西里格言所说，“邻居才是真正的亲属”，反驳了亲属关系在意大利南部非常重要这一观点。然而，这里的居民一旦移民到纽约密集的廉价公寓区，没有了西西里社区的社交力量，对亲属关系的依赖就会增加[68]。

佩里坚持认为，社区中心与所有居民的距离应该相等（因为这是最大化可达性的方法），但他同时也强调，社区中心与社区边界是相辅相成的。后来，规划师试图使社区中心的地位高于社区边界，这是对佩里式社区的两种改造之一（另一种改造是通过绿带环绕并隔离社区来强调社区边界，例如英国新城）[69]。和现在一样，当时人们认为社区中心能够提供一个可见的、直观的焦点，同时也是居住在同一社区居民共同纽带的永久象征[70]。正如里昂·克里尔所言，对于城市社区（urban quarter），“出色的社区边界”是奢侈品，而“出色的社区中心”是必需品[71]。居民调查结果表明“中心高于边界”这个观点有一定的合理性。例如，在澳大利亚布里斯班（Brisbane）一个街道呈曲线状的丘陵地区，对 322 位居民进行了调查，询问他们关于社区边界的问题，结果显示，在社区边界的问题上一致性较弱，而在社区中心的问题上一致性很强[72]。

当然，中心也可以成为边界。在 20 世纪 70 年代，一种定义社区的方法是通过采访一些青春期男孩，理解他们对于边界的感知，因为这个年龄和性别的群体代表了“每日自由放养，家庭成员对其管理松懈，几乎没有关于性或礼仪的约束或责任”。该方法表明，学校根本不是真正的社区中心，而是社区的边界[73]。在成年人的世界，飞地可以从一个中心向外形成，成为一个通过商品和服务来吸引人的磁铁，与硬质边界一样都具有排他性[74]。

在 20 世纪 20 年代以前，以学校为中心的佩里式社区反对城市扩张的“无中心趋势”。这是为了扭转主要以交通运输为基础的城市建设方法[75]。讽刺的是，人们对拉德伯恩（该城市的发展基于佩里的邻里单元）的批评中就包括认为这座城市缺少中心，而城市中的绿色公共空间造成所有权与管理变得模棱两可。赫伯特恳求规划师们“少担心邻里单元的大小和边界，而是专注于构成该地区焦点的机构和设施”，并强调设计是成功的关键。他称赞沃尔特·伯利·格

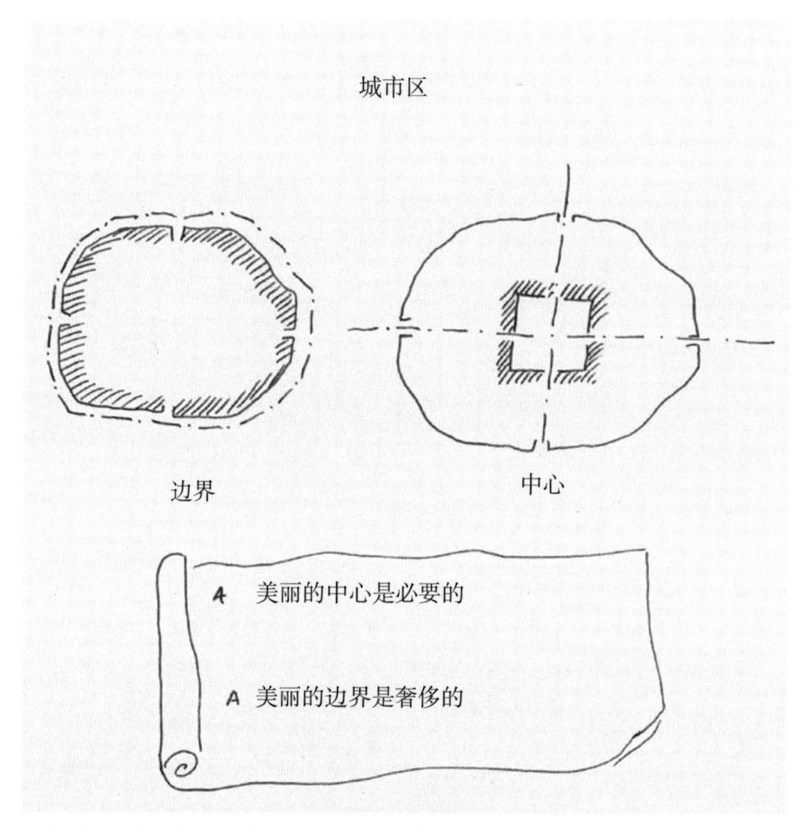

图 5.18 里昂·克里尔提到的“社区”（The Quarter）。资料来源：Krier，*The Architecture of Community*

里芬（Walter Burley Griffin）的堪培拉城市规划，因为他相信该规划能够创造一种边界模糊而中心突出的城市，使中心变得易于识别的不是因为它们的功能，而是因为形式上的重复[76]。

从客观上来说，社区中心的历史先例是中心广场。西班牙殖民地时期的城镇规划需要中心广场；威廉·佩恩（William Penn）与詹姆斯·奥格尔索普（James Oglethorpe）分别在费城和萨凡纳建造了中心广场；数以百计的法院广场正是社区生活的环境表达。用不太严格的说法，芒福德认为社区需要在家庭之外营造“一些焦点”，可以是健康中心、社会服务所、学校、社区活动中心，这些都“值得尝试”。帕特里克·格迪斯（Patrick Geddes）建议，社区应该预留一座历史悠久的豪宅供家庭聚会租用，而在英国，酒吧附属空间被认为是合适的社区焦点[77]。法国历史学家指出，“公共纪念碑”会对社区布局、生活和“面貌”的塑造带来影响，并且认为公共建筑是一种“运动因素”（factor of movement），促使在其周围形成社区[78]。

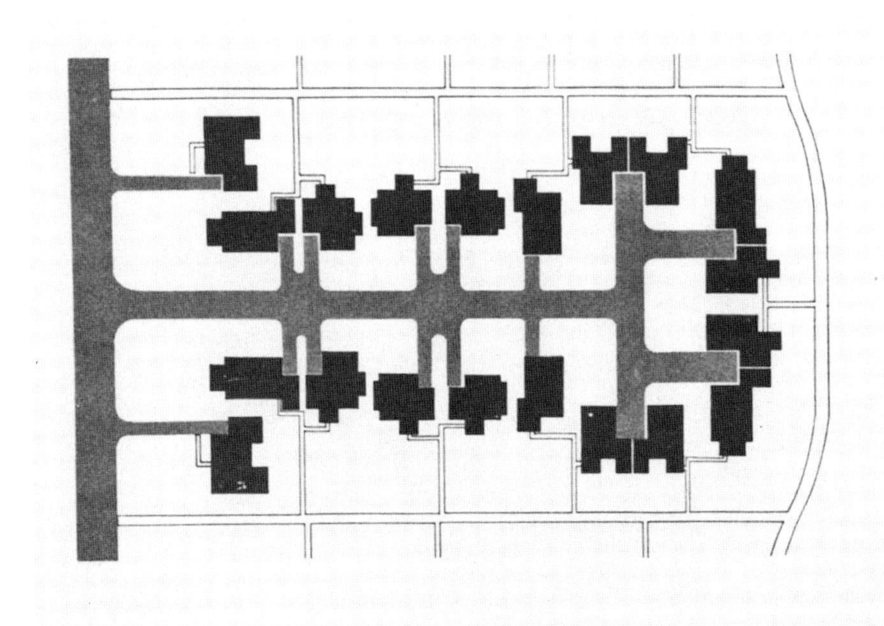

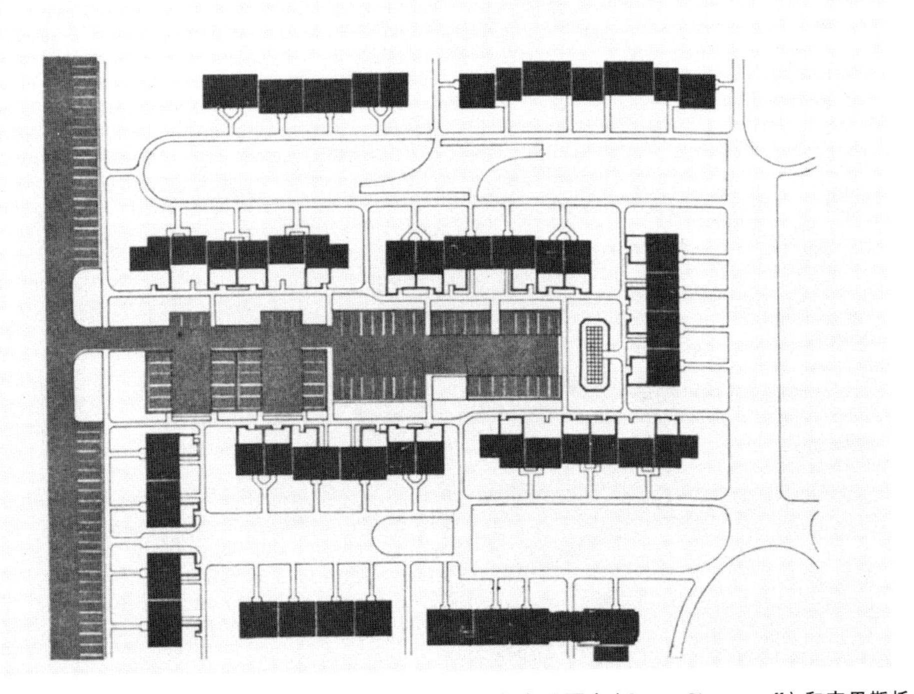

图 5.19　位于新泽西州拉德伯恩市的社区受到谢尔盖·切尔马耶夫（Serge Chermayeff）和克里斯托弗·亚历山大的批评，因为“这些社区中大面积的公共公园空间引起了新的所有权和责任问题”。资料来源：Chermayeff and Alexander，*Community and Privacy*

图 5.20 在瑞典南部的 Jakriborg 新城中，住房围绕着公共开放空间聚集。资料来源：Wikimedia Commons，https:// commons.wikimedia.org/ wiki/ File:Jakriborg，_ juni_ 2005_ c.jpg#metadata

在美国，与居民住宅区相关的中心以建筑物或建筑群的形式出现。简·亚当斯（Jane Adams）在芝加哥建造的住宅（赫尔宫）被称为芝加哥公地建筑（Chicago Commons Buildings），用作社区会议场所、健康诊所、学校和公共厨房等。简·雅各布斯在某种程度上可能会赞同，这里也是将社区与行政区议员以及其他的城市政治家们联系起来的地方，目的是为了加强社区的政治影响力。最重要的是，位于多元化工业区的芝加哥公地（Chicago Commons）是“高级市民与社会生活的中心”。公地旨在为多样性的沟通提供桥梁，并为“在陌生土地上的陌生人”之间提供一种“理解、解释与合作”的途径[79]。20 世纪 60 年代后期，规划师认为在“少数族群集中”（concentrations of minority groups）的地区，社区中心有最大的影响力，例如“东方人社区中的佛教教堂和意大利人聚集区内的滚球球场”。从小学到公共绿地再到社区中心综合体，这些都试图获得少数族群社区中心带来的吸引力，但成败参半[80]。

根据历史学家霍华德·吉列（Howard Gillette）的说法，社区中心作为一个经过深思熟虑的规划理念，是在 1907 年圣路易斯市的规划中提出的。在此

图5.21　约翰·丹尼尔斯（John Daniels）发布了这张马萨诸塞州菲奇堡（Fitchburg）社区中心的照片。他写道，这里的“芬兰合作中心”是由“芬兰人自己”建立的，包括“一家杂货店、肉类市场、鞋店、面包店、牛奶分配厂、餐厅和居住公寓”。资料来源：Daniels，*America via the Neighborhood*

之前，当城市美化运动（City Beautiful movement）盛行时，中心的规模更大，服务于整座城市。圣路易斯市的规划是第一个去中心化的规划，通过在整座城市设置6个中心，提供了一种“通过社区解决市民问题的方法”。值得注意的是，曾与克拉伦斯·斯坦一起规划拉德伯恩市的亨利·赖特（Henry Wright），也在圣路易斯市发展社区市民中心这一概念的过程中发挥了作用[81]。这个中心原本应该是一个社区空间，像“一块被放置在中心的磁铁，对周围区域产生放射状的影响”[82]。但最近的中心开始向实用主义转变，并且从以社会机构为基础的中心变为以零售业为基础的中心，目前的一些规划师主张沿着繁忙的公路建立社区中心，这样一来，社区中心会更容易存活。

20世纪20年代，社区中心是围绕着操场或娱乐建筑形成的，尤其是在芝加哥和华盛顿特区，这些场地不再仅仅提供服务设备，而是有着“促进社区意识”的明确目的[83]。但效果最好的是作为中心的学校。甚至在1898年埃比尼泽·霍华德的田园城市（Garden City）方案中，每个社区（ward）中心都设置了一所学校。佩里也曾受到社会中心运动（social center movement）的影响，该运动开展于19世纪初，主张将学校连同成人教育中心和城镇广场一起作为社区中心。

爱德华·沃德（Edward Ward）于1907年在纽约罗彻斯特提出了这一理念，并致力于将社区学校用于多种社区功能，这一想法也得到了雅各布·里斯（Jacob Riis）的支持。沃德在1914年写道，“整个美国社区分为两类。一个是选举区（voting precinct），另一个是公立学校区。”社区中心运动试图将二者结合，这样一来，投票选举将只在公立学校举行[84]。

这引起了佩里的共鸣。在他1914年出版的《学校是社区发展的一个因素》（The School as a Factor in Neighborhood Development）一书中，佩里从各个方面描述了学校对市民生活至关重要。他写道，有确切证据表明，“在全国各地，越来越多的人倾向于利用校舍来考虑关于市民与政治意义的问题”。佩里详细说明了“学校建筑”（school plant）如何进行环境改造，成为投票站、博物馆、职业介绍所、图书馆分部、艺术画廊和戏剧作品拍摄地（佩里指出，可移动椅子的创新之处在于，可以轻松将学校变成另一种样子）。在某些情况下，学校的改造与社区身份相对应，但如果学校管理不是自主化管理而是中央集权，那么这种对应关系似乎会更加特殊[85]。从另一方面来说，国家组织也对学校在市民生活中的重要性表示赞同：美国公共健康协会下属的住房卫生委员会于1948年发布了《社区规划：健康住宅标准》，认为基于小学的社区是身体、社会与心理健康的基础[86]。

对于乡村地区，学校在社区身份认同构建中的核心地位更加明显。1923年，一项针对纽约州乡村地区的研究通过与乡村教师合作，划定了“人际交往”区域。老师让学生们带一份问卷回家，要求每个家庭描述自己所在的“乡村社区”，然后由老师将这些描述和社区名称标注在一张地图上。在返还的150份问卷中，出现较多重叠的地方则表明是一个社区。如果社区的定义是高于家庭的“地理群体”，且“考虑到某种地方统一性”，那么社区身份认同的描述似乎都基于学校；在乡村，一半的社区名称与学区相同，地理范围与学区一致。另一方面，这里的社会功能大多是为农场项目（收获）提供帮助或便于农民交换工具，而不是通过有组织的社会活动联系群众。这项研究的作者总结道，“一般而言，乡村社区作为社会单元的功能[正在]停止，除非当地的日常活动是围绕某些本地公共机构开展的”[87]。

但是，在学校合并过程中被废弃的乡村学校越来越无法发挥这一功能[88]。乡村社区的支持者们似乎明白社区需要有一个中心，他们也明白“社区中心需要提供居住设施和建筑，保证当地农民能感觉到这些是属于自己的”[89]。威斯康辛州的一项规划呼吁人们建立合作农业社群，将其称为“社区”，并且也认为社区需要有一个实际存在的核心，这个核心将以社区中心的形式呈现[90]。20世纪40年代，在北卡罗来纳州的乡村地区，有专门的县政府员工负责确定可以举行会议的社区中心[91]。

在更多的城市地区，历史上一直强调学校是社区的凝聚力量，但目前看来，这一观点不得不与现实进行权衡，因为学校不再像曾经那样具有社会整合作用。在美国，学校质量与财富之间的联系导致了一个严重的问题，即“好学校”能够吸引财富，并在无形中产生了社区隔离。此外，学校作为一个中心的功能也被削弱，因为很多公立学校更多地基于学校董事会而不是社区，因此失去了与社区建立联系的动力[92]。如今的学校地位与它们作为社区生活中心时相去甚远，而在上一代人看来，社会生活是儿童教育的基础。以前，规划者关注“学校——社区”这一模式，认为“每一位社区规划师都是一个教育家”，也认为“一个精心构想的社区规划方案会产生最好的教育，在这个方案中，学校被作为社区所有居民日常生活中一个必需的部分”[93]。现在，学校和社区之间的相互关系无论在空间上还是规划上都是模糊的。学校合并的趋势以及现代场地设计的要求（例如，与停车场的关系和操场规模）使这种关系更加不确定[94]。

最近的提议扩大了社区中心应该包含的范围，通常是一个成熟且多功能的零售场地。Dover Kohl 城市规划公司建议，社区中心不仅应该是多功能的，还应该是相对高密度的（理想情况下是大都市核心区域之外的4层建筑），形式可以是广场、购物中心或仅仅是重要十字路口的“四个拐角”。杜安尼（Duany, Plater- Zyberk & Co.）公司建议，社区中心应该包含社区商店、公共机构和一个公交停靠站，将小学转移到边缘地带以服务于周边社区。建筑师道格·法尔（Doug Farr）提出了一个新想法，主张在社区中心采用“高强度交通模式”（快速公交、电车、轻轨）[95]。

如果社区在住房类型和土地利用方面是多样化的，那么通过社区中心将这些多样性连接并整合起来是一种有效的途径，否则社区的设计可能会缺少某种特定且有意义的联系。一种观点认为，如果不同类型的住房有同等的机会面向社区中心而建，那么人们会更有可能承认它们是同等重要的，尽管这种承认只是象征性的[96]。与此相关的研究证明，例如商店、学校、酒吧、街道和卫生所这类社区中心在多文化多语言城市社区中具有特殊重要性[97]。在多样化社区中，由同质性产生的社会联系是不可靠的，因此强调公共空间而不是社会关系来防止居民之间的疏远。在荷兰，人们发现社区意识对于在陌生地区中建立社会联系是极其重要的，这促使一项政策建议，创造更多“公共空间的集会场所”[98]。

作为主要集会场地的社区空间，被有目的地用来集聚分散的人群。一个名为“拆除屏障”（Barriers Not Included）的项目旨在改造北卡罗来纳州夏洛特市（Charlotte）的一座公园，该项目位于两个差异很大的社区中间，目标是创造一个公共区域，利用光、声音和游戏来“鼓励社交”。项目设计师认为，这座位于两个社区边界处的公园经过改造后将能够“建立关系和联系”[99]。

在犯罪率高的社区，社区中心还额外承担了避难所的角色。社区学校、教堂或其他形式的中心都是受保护的场所，这些地方被证明是帮助儿童应对暴力、减少焦虑以及增强韧性的重要因素[100]。教堂作为社区中心发挥着特殊作用，而且教堂的形式也很重要。一项研究表明，与独立式教堂相比，临街教堂在穷人社区中更有价值，因为它们靠近商业用地，具有“一定程度的连续性和良好的可视性”，因此能够为附近的商铺带来“物质利益”[101]。

人们一致认为做礼拜的地方是一个社区中心，尤其是当教堂与基督徒之间能够保持空间连接。一项研究对比了费城中居民与教堂的距离较近和较远的社区，发现前者往往会在家庭收入、购房率、住所变更、人口密度和人种构成方面更稳定。换句话说，人们与自己做礼拜场所之间的接近度与社区稳定性有关。显然，面临的挑战在于应当避免过度保护基于教堂的社区所导致的排他现象[102]。

关于社区中心的另一个新想法是将多个社区中心联系起来，创造一系列连接的焦点。因此，除了吸引居民，社区中心还促进了社区间流动，并有可能加强社区之间的联系。一项提议主张沿着“路径”（pathways）设置“构筑物”（artifacts），这样可以形成有意义的社区中心，不仅能够鼓励步行，还可以加强社区身份认同[103]。

焦点也可以是某种非正式的地标，能够调节和增强互动。从概念上来说，它与住房单元装饰物相似，比如花池与门廊装饰，都可以促进社交[104]。一个缩小版的社区中心可能是相应较小的花园或翻新的房屋，或者可能是城市宅地计划（urban homesteading program）的产物，这项计划将废弃房产的所有权变为公有（见彩图 12）[105]。社区中需要有这类令人难忘的场所，否则会产生消极的社会影响，比如疏离[106]。

街道

在讨论完社区边界和社区中心后，接下来将讨论社区内部的街道模式。街道的重要性不仅在于社区的划定，也在于人们对社区的感知或许主要基于沿着社区内道路（人行道和车行道）的运动。这种运动可能是指从入口开始，沿着内部路径移动，到达的目的地也位于社区内部。街道的客观形态带来的影响显而易见：社区街道模式决定了人们如何在空间中移动，因此也决定了人们与各类空间互动的频率。关于这种移动和互动的更广泛的含义仍然会引起一些争论[107]。

此外，街道是必不可少的公共空间，这一观点在很大程度上归功于简・雅各布斯的著作，并且与 20 世纪 20 年代及后来的邻里单元理念完全相反。对于社区来说，街道和人行道不仅是通道，也是室外空间。街道（到目前为止）构成了最大的属于公众的地理区域，并且能够体现社区意识，这种社区意识不仅基于社会同质性，也基于保证这一重要公共空间的宜人与安全的共同愿望。

街道与社区之间的关系存在一个重要的问题，不同的街道布局会形成差异很大的社区生活体验。人们通常认为，社区内部街道需要有良好的连接度，这是最重要的一点。社区可以定义为某所住宅周围的区域，但是一旦将其置于空间中并依附于街道系统，这所住宅就不再只是一个单独的单元，它成为"空间实践"（spatial practices）网络中的一部分，这一网络包括人、建筑、景观和所有与其相关的过程与活动[108]。联系必然会发生，通过街道或其他种类的通道，这就是社区被描述为"连接状态"的原因[109]。随后会产生大量的含义与行为：身份认同、归属感、社会互动、网络体系和功能性。

阻断社区的连接度往往会导致很多问题，例如：产生危险的死胡同、失去"街道眼"（eyes on the street）、使紧急车辆行动迟缓并最终造成更多的交通流量和更严重的拥堵[110]。唐纳德・阿普尔亚德（Donald Appleyard）比较了拉德伯恩市、莱维特镇和波士顿后湾区这三个地区的社区，并得出结论，后湾区是最具可意象性的社区，因为它有明确的内部通道系统（除此之外还有街道的紧凑性和差异性）[111]。内部连接度也有可能改善可达性。一项针对卡尔加里市（Calgary）社区的研究发现，街道呈网格状的社区类型总体看来具有更好的连接度，因此比扭曲的街道布局或曲线形街道布局的社区有更大面积的步行区域（walkshed）[112]。

这与芒福德的观点背道而驰，他认为曼哈顿严整的路网“很不自然，就像是为了阻止社区的出现”[113]。与芒福德同时代的人批评19世纪的无差别、投机性且基于网格的快速城市化进程，认为它以阻碍社区形成为代价，助长了资本主义的贪婪。美国规划师约翰·诺兰（John Nolen）和克拉伦斯·斯坦抨击了美国这种没有灵魂的城市形态，这种形态的特点正是由无穷无尽的网格组成（尽管诺兰似乎更感兴趣的是创造“土地细分”的方法，而不是形成实际的社区）[114]。

即使在殖民地时期，美国城市中的“方格网”也颇具规模，1785年，杰斐逊在美国未建成土地上使用网格规划，这似乎是美国城镇规划中网格文化的合理延伸[115]。但在工业城市化的控制下，土地的社会价值被忽视了，未经改善的网格成为19世纪城市扩张的基础，只关注土地投机和消费[116]。将社区意识强加于投机形成的网格中似乎很离谱，而且不符合大多数关于社区形成的历史记载。但确实有地方这样做了，这里的社区就像是“模式化荒漠中的创意绿洲”，据说社区身份和精神得到了蓬勃发展。例如位于Ladd’s Addition（1891年，俄勒冈州波特兰市）的创意街道与广场的设计，以及宾夕法尼亚州珀留波利市（Perryopolis）的放射状布局，它们都完好无损地保存至今[117]。

19世纪的城市设计师卡米洛·西特从创造视觉趣味的角度反思出街道布局和社区形态之间的关系。他在1889年出版的经典著作《根据艺术原则的城市规划》（City Planning According to Artistic Principles）中，将一个正交布局的社区方案与另一个由腓特烈·皮泽（Friedrich Pützer）设计的社区方案进行比较，为了表明对于同样的社区，曲线形街道布局为何能形成街景。迪鲁·塔塔尼（Dhiru Thadani）在这一观点的基础上（除了形成视觉多样性和街景）强调了社区街道层级结构的重要性，通过层级结构，可以自然地将穿越社区的车辆限制在部分街道上。这些街道理所应当地成为多功能场所（零售、办公室等），而对于那些需要拐弯或通向市民空间的曲折的街道，车流量自然会变小[118]。

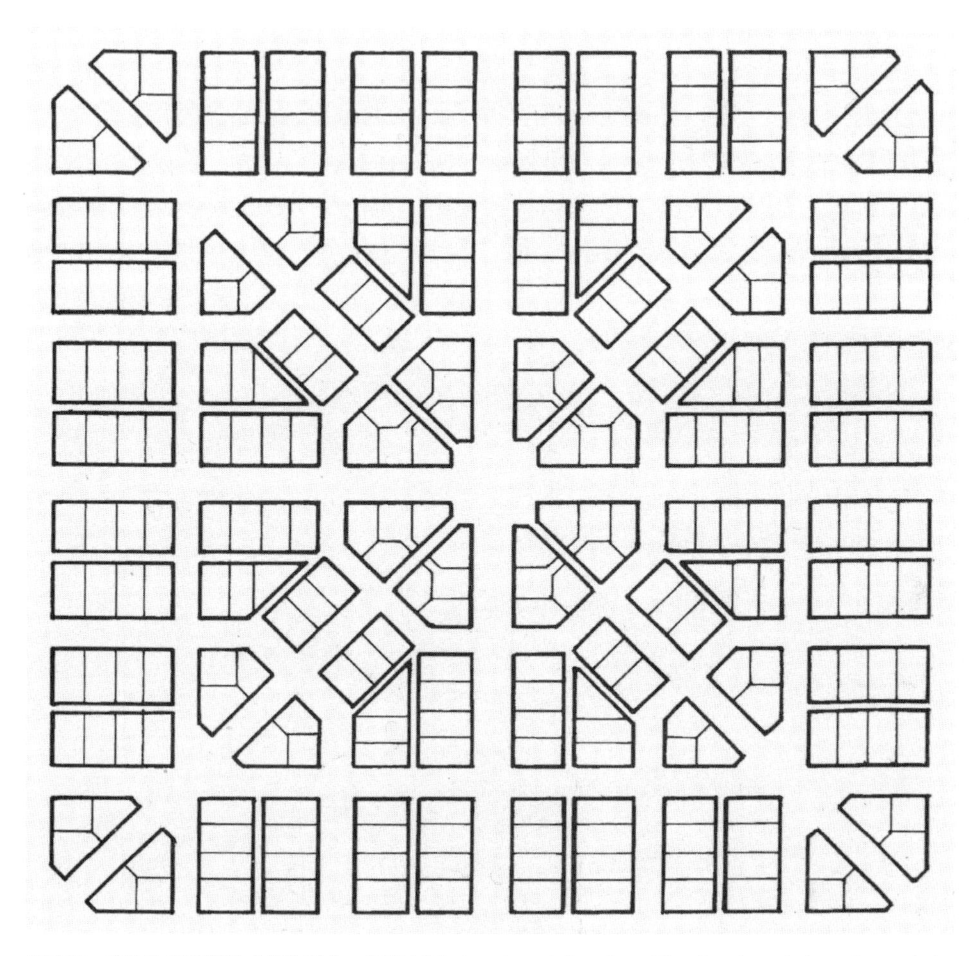

图 5.22 宾夕法尼亚州的珀留波利市。资料来源：Arendt and American Planning Association，*Crossroads*，*Hamlet*，*Village*，*Town*

交通会对社区产生影响，这一观点在 20 世纪主导了大多数邻里单元支持者的思考，无论他们是不是现代主义者。这些人对于汽车的出现感到惋惜，认为穿越居民区的汽车形成了“鸿沟”（deep channels），使居民区成为“被汹涌车流环绕的岛屿”。佩里恳求说，“我们难道不应该坚持平等的市政关怀，将行人与居民的利益放在首位吗？”邻里单元提议认为“解决这一问题刻不容缓”，并建议限制车辆穿过社区作为补救措施[119]。佩里认为，自己设计的街道布局同样能够降低成本。在邻里单元内，街道成本是每块土地 485 美元，佩里估计这一价格远远低于每块土地 856 美元的传统布局下的街道[120]。

但是，街道连接度、居民生活以及更广泛的社会与经济联系，这三者之间的关系才是长期以来悬而未决的争论。在 1912 年芝加哥俱乐部举办的社区设

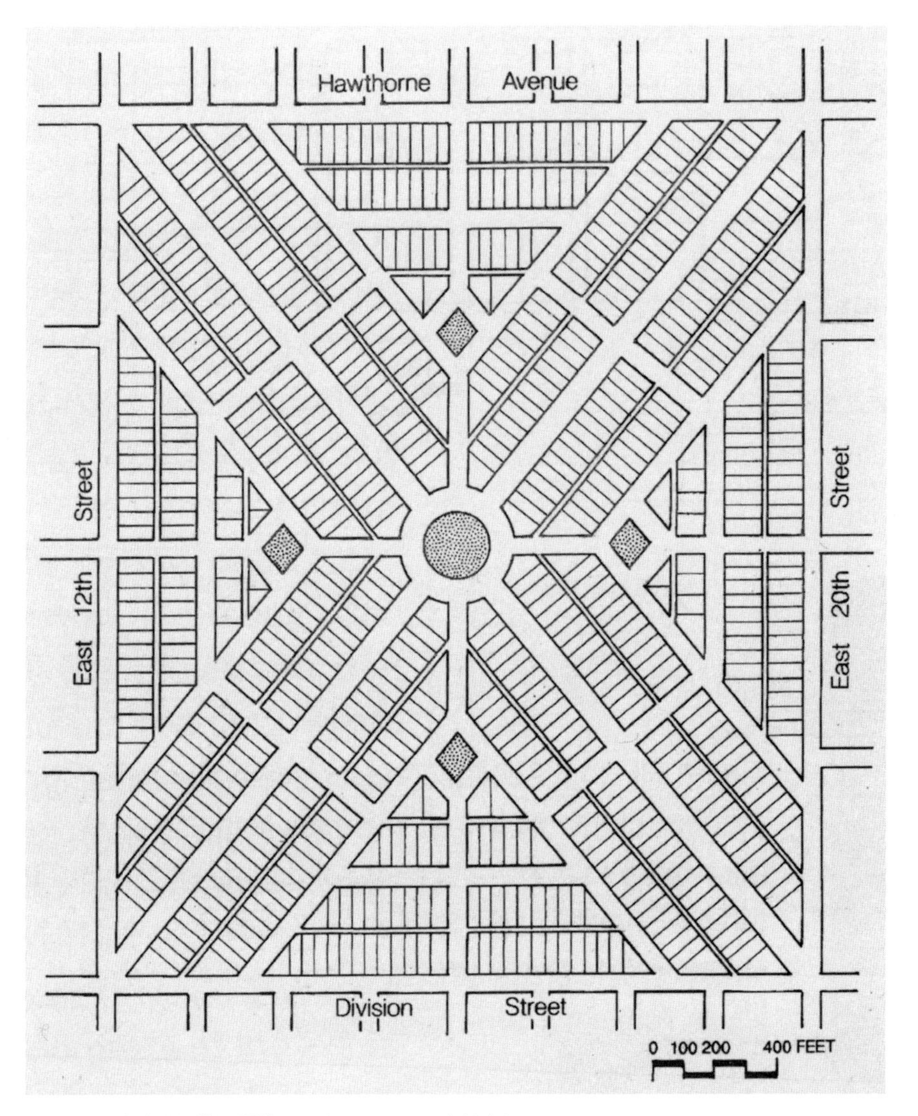

图 5.23　位于波特兰俄勒冈州的 Ladd's Addition。资料来源：Arendt and American Planning Association, *Crossroads*, *Hamlet*, *Village*, *Town*

计比赛中，为了解决这一紧张的关系，大多数参赛作品都试图形成新的符合现有芝加哥网格的街道。当时，规划师认识到需要避免社区被孤立，使社区与更大的城市空间建立联系，以体现社区与“整体”的关系[121]。

迈克尔·梅哈菲（Michael Mehaffy）、塞尔吉奥·波塔（Sergio Porta）、约丹·洛夫（Yodan Rofè）和尼科斯·萨林加罗斯（Nikos Salingaros）分析了社区中心 [他们称之为“核心”（nucleus）] 的位置与街道网络的关系。他们批评佩里邻里单元方案的中心是没有连接性、破碎且孤立的，缺少与“流动经济”

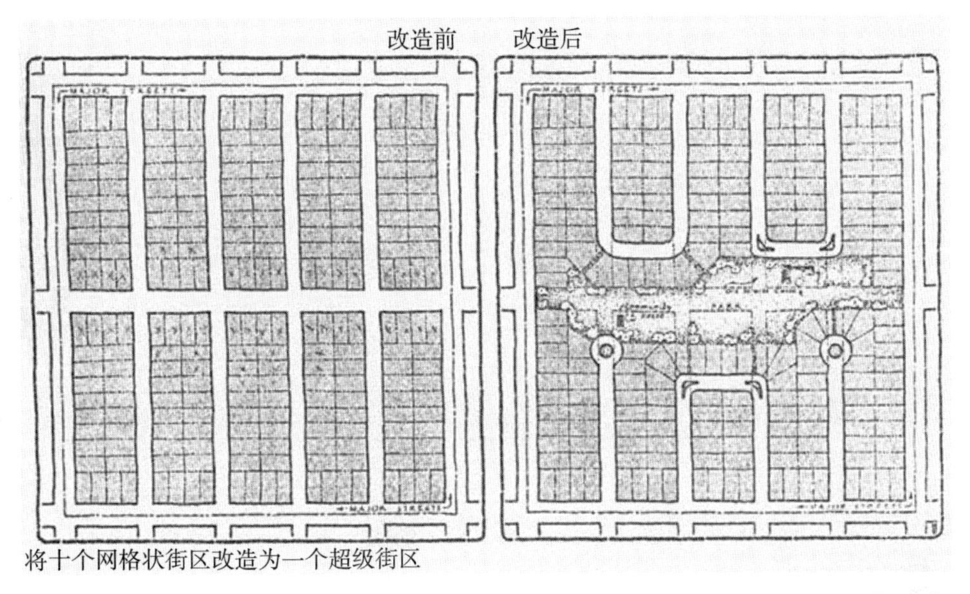

图 5.24　这是一个在 20 世纪 20 年代的社区改造对比，为了证明网格状规划不适合居民社区，因为它是“浪费、昂贵、危险和令人不快的”。资料来源：Richman and Chapin，*A Review of the Social and Physical Concepts of the Neighborhood*

（movement economy）之间的联系，流动经济指的是交通繁忙的街道。他们指出，理想的社区中心应该位于高度连接且车流量小的街道上。他们还指出，“社区”与“行人区”（pedestrian shed）之间过于含混不清。行人区通常是指某个设施或十字路口周围 5 分钟步行可达的地理范围，它可能与社区重合，也可能不重合。社区可以跨越多个行人区，那么行人区将如何构成社区？人们对这一问题也有不同的解释和观点。最好将这两者分开看：行人区与服务和社会生活有关，社区则不是这样。此外，与社区不同的是，行人区的界定有一定的规律：主街之间保持 400 米（相当于 1/4 英里或 5 分钟的步行距离）是“以行人为主体的传统城市结构一直遵循”的最大间距[122]。

随着时间的推移，在主街之间形成了“庇护区域”（sanctuary areas），这里的街道更安静且范围较小，阿普尔亚德（Appleyard）将其称为“庇护街道”。这些保护区域比社区规模更小，它们的形成基于“400 米规则”，成为城市中不可或缺的建筑街区，直到现代主义城市化使城市增长不再以人为本。无论是杰斐逊的网状格局还是邻里单元，都打破了这种尺度，而且缺乏与这种历史悠久的 400 米长的主街和中间的庇护区域的规律性联系（却被归因为所谓“自发的城市增长”），导致“完全误解了人类本性和城市社群，彻底以失败告终”[123]。

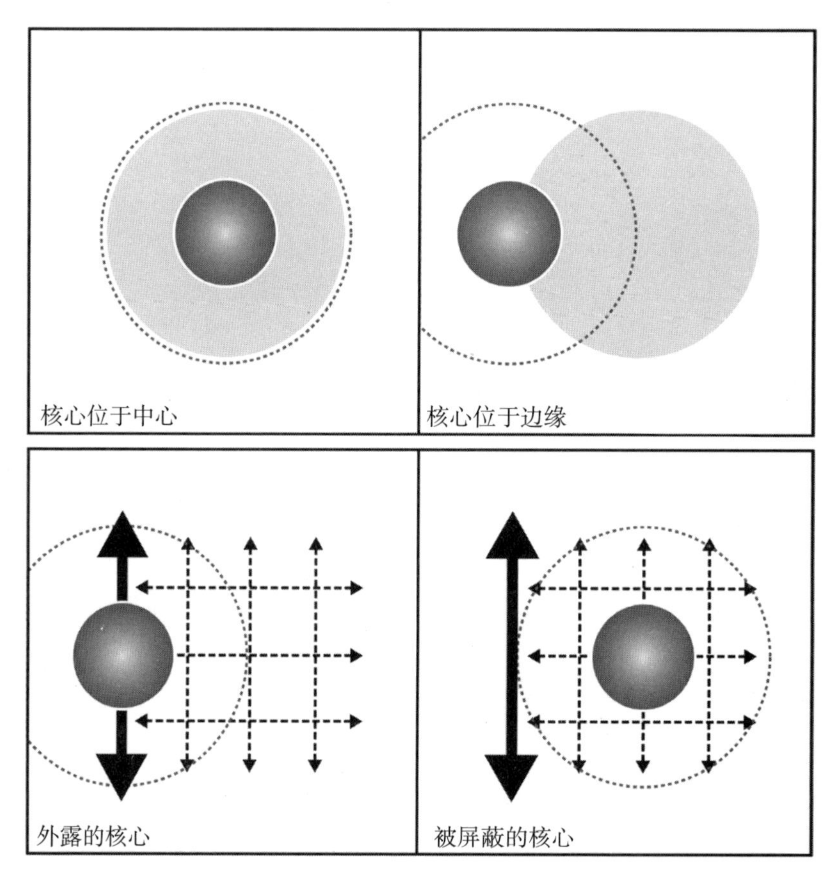

图 5.25　在梅哈菲、波塔、洛夫和萨林加罗斯的分析中，社区中心或核心的存在形式可以是“居中”（centered，位于社区中央）、“边缘”（edged，位于社区边界处）、“暴露”（exposed，位于主干道）、“屏蔽”（shielded，主干道完全不在中心范围内）或这几种形式的组合。佩里的社区中心是“居中”和“屏蔽”这两种形式的组合，这样的组合导致了社区被孤立，但更糟糕的组合是“边缘”和“屏蔽”，因为这两种情况下的社区都与主干道隔离。最好的组合是“居中”和“外露”，因为这一组合下的社区中心与主要移动路网（主干道）距离很近，且具有地理中心的功能。资料来源：Sergio Porta，published in Mehaffy et al.，“Urban Nuclei and the Geometry of Streets。”

解决方法不是力图将社区固定在某个预定的地理范围内，而是允许它们以多样的形式出现，可以是安静且与世隔绝的，也可以是集中且充满活力的，有时以学校为中心，有时围绕公园形成。另外，城市核心是固定的，因为它们基于行人规律。因此，社区是无法被设计的，但行人区可以，而在行人区应当限制城市治理和居民管理，因为这些与社区的功能相关。没有人会为了行动（proaction）、授权（empowerment）和认同感（sense of identity）而在“行人区”聚集[124]。

如果高速公路、医院以及其他大面积土地或专用土地这类干扰因素能够与更小且更细粒度的人行道网格相结合，那么就不需要将社区分隔开，并将其限

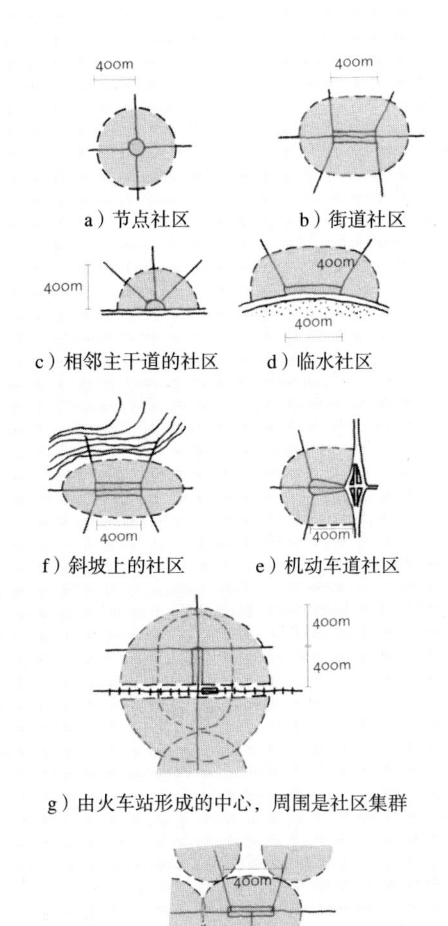

a）节点社区　b）街道社区

c）相邻主干道的社区　d）临水社区

f）斜坡上的社区　e）机动车道社区

g）由火车站形成的中心，周围是社区集群

h）由偏远的社区集群组成的城镇中心

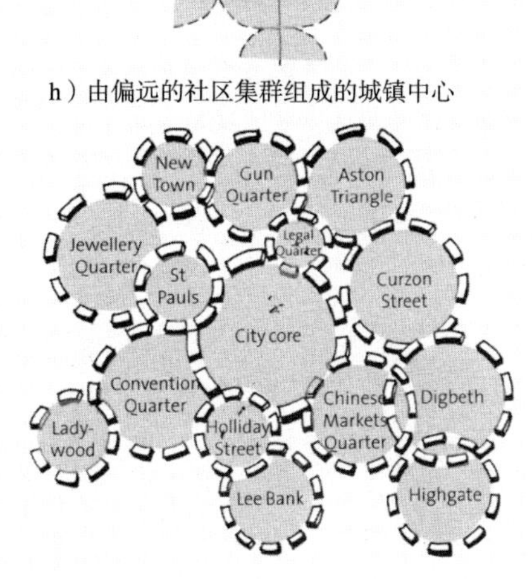

伯明翰城市设计策略：社区的确定

图 5.26　英国出版物《城市设计纲要》认为，只有基于街道、铁路和水路形成的“移动框架”时，社区才能成为真正的“组织工具”，从而避免形成“孤立的飞地”。这本纲要展示了同一社区的五种不同形式，将其作为一个边长为 400 米的多功能空间单元，至于各种交通方式形成的框架中，也展示了斜坡上的社区和围绕城镇中心形成的社区。资料来源：Llewelyn- Davies，*Urban Design Compendium*

制在受庇护的单元内。所有形式的移动都是必要的，无论是步行、车行还是公共交通，应该将它们结合以形成一个“流动和城市增长的综合框架”（用雅各布斯的话来说，即“城市的移动性和土地利用的流动性”）[125]。“自然生成的社区”可以很适合这个框架，但人为定义并划定边界的邻里单元不可以。前者实现了“更大城市领域的可达性和连续性”，这类社区都是围绕中心场地自发形成的社区[126]。

对社区街道连通性的度量是很重要的，因为像绿色社区建筑评价标准（LEED ND）这类评级系统很大程度上取决于街道连通性的度量，并将其作为可持续社区的指标。由于存在行人通道，街道也有可能受限制，因此出现了一个复杂的情况，即树状的街道布局可能连通性较好，而网状的街道布局却存在连通性较差的问题。一些度量措施被质疑不够精确，有可能“戏言”（game）了 LEED ND 中的街道连通性度量，例如，某些街道看上去连通性很高但实际上车辆无法通行。如果以交叉口密度为衡量标准，有大量短街道的社区似乎连通性更高。但是，如果这些短街道之间没有相互连接，像佩里的经典方案那样

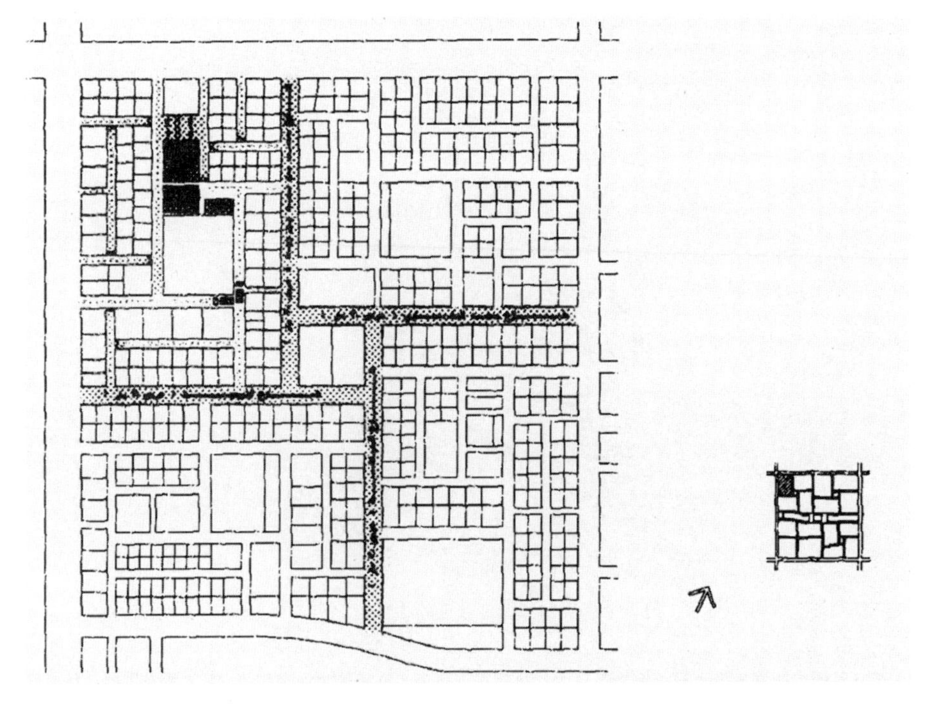

图 5.27　在沙特阿拉伯，这个现代化的网格计划由社区和子社区构成：穿过社区的街道规模最小化，但社区连通性很高。资料来源：根据 Eben Saleh，“Planning and Designing for Defense，Security and Safety in Saudi Arabian Residential Environments”重绘

被更宽的主干道包围，那么社区的连通性其实是很低的[127]。

这使我们回到了最初的社区设计争论中：将主干道作为社区边界还是作为接缝并围绕其形成社区。阿普尔亚德对“围绕街道形成社区”（雅各布斯所认同的观点）这一观点的总结很有说服力，他认为如果街道是宜居的，那么将通过合理地重新设计街道使其成为社区的保护者，而这种保护不是围绕社区形成边界。对于最需要保护的社区来说，街道的重新设计可以参考荷兰的庭院式道路（woonerf），即“生活街道”（street for living）[128]。

那些像佩里一样主张将街道作为边界的人可能会感到安慰，因为这是一种具有历史意义且跨文化的社区形式。用更大更繁忙的街道包围社区，将较小的步行街道转移到社区内部，从而使社区内部化，这就是中国社区一直以来经常采用的结构，用次干道包围社区，既能连接主干道，也能连接内部“小路”（lanes）[129]。在传统的伊斯兰社区，内部区域是安静且受到保护的，狭窄的内部通道使社区不受外界繁忙交通的影响，而社区中心的吸引力或许才是支持社区身份更强大的力量。

注释

1. “Planning with You,” 80.

2. Krier, *Houses*, *Palaces*, *Cities*, 79.

3. Stein, “Toward New Towns for America,” 224, 226.

4. National Federation of Settlements, “A Letter from Robert A. Woods.”

5. Alexander, “A City is Not a Tree.”

6. Perry, *Housing for the Machine Age*, 129.

7. Perry et al., *The Rebuilding of Blighted Areas*, 12.

8. Abercrombie and Forshaw, *The County of London Plan*, 28; Tripp, *Town Planning*; Dehaene, “Surveying and Comprehensive Planning,” 26.

9. Hoyt, “Rebuilding American Cities,” 366, 367.

10. Minneapolis City Planning Commission, “Neighborhood and Community Goals for Minneapolis Living Areas,” reproduced in Allaire, “Neighborhood Boundaries,” appendix A,

27–28.

11. A summary of neighborhood components was offered by Gulyani and Bassett, “The Living Conditions Diamond”; Spreiregen, Urban Design, 78–79.
12. Gillette, “The Evolution of Neighborhood Planning,” 439.
13. Brody, “The Neighbourhood Unit.”
14. 森林小山花园的步行与交通得分均为 90 分；参见 walkscore.com.
15. Nelson, “Architects of Europe Today.”
16. Goodman and Goodman, *Communitas*, 144.
17. Sert and International Congresses for Modern Architecture, *Can Our Cities Survive?*, 70, 234.
18. 例如，Kahn's, “Housing in the Rational City Plan” cited in Tyng, Beginnings: Louis I. Kahn's Philosophy; See also Ayad, “Louis I. Kahn and Neighborhood Design”; Rofe, “Space and Community.”
19. Neutra, “Peace Can Gain,” 601.
20. De Chiara and Koppelman, *Urban Planning and Design Criteria*.
21. Herbert, “The Neighbourhood Unit Principle.”
22. Chermayeff and Alexander, *Community and Privacy*, 191.
23. Hilberseimer, *The New City*, 104.
24. Lee and Ahn, “Is Kentlands Better Than Radburn?”
25. Talen, “Affordability in New Urbanist Development.”
26. 例如，巴西的共管公寓（condominios exclusive）强化了社会隔离，将私人社区从城市转向社区内部。参见 Carvalho et al., “Residential Satisfaction in Condominios Exclusivos.”; Snyder, Fortress America; Low, Behind the Gates.
27. 例如，Brooke, “On the Edges of the Public Sphere.”
28. Graziosi, “Urban Geospatial Digital Neighborhood Areas,” 2.
29. Thiis-Evenson and Campbell, *Archetypes of Urbanism*, 62.
30. 同上.
31. Patricios, “Urban design principles.”
32. Federal Housing Administration, “Land Planning Bulletin,” 19.
33. Moudon, “Housing and Settlement Design Series.”
34. Unwin, *Town Planning in Practice*, 154.

35. Perry, *Neighborhood and Community Planning*, 31.

36. Mumford, *The City in History*, 310.

37. Garrioch, "Sacred Neighborhoods," 410.

38. 例如，迈阿密的情况就是这样，城市规划组织（Metropolitan Planning Organization）使用人口普查区来划定社区。参见 Hallman, *The Organization and Operation of Neighborhood Councils*.

39. McKnight and Block, *The Abundant Community*, 139; Fox and Guglielmo. "Defining America's Racial Boundaries."

40. 由 Minneapolis 规划主管引用，引自 Allaire, "Neighborhood Boundaries."

41. Lewis, *Planning the Modern City*, 3. See also Saarinen, *The City*.

42. Lynch, *Image of the City*.

43. Jacobs, *Death and Life*, 8.

44. Ayad, "Louis I. Kahn and Neighborhood Design."

45. Nyden et al., "Chapter 1"; Nyden et al., "The Emergence." In a similar vein, Jan Gehl, in Life Between Buildings, refers to "soft edges" and Skjaeveland and Garling, in "Effects" refer to "interactional space."

46. Rofe, "Space and Community," 109, 120; Nyden et al., "The Emergence."

47. Greenberg, *The Poetics of Cities*, 109.

48. Mumford, "The Neighborhood and the Neighborhood Unit," 257. See also Mehaffy et al., "The 'Neighborhood Unit' on Trial"; Jacobs, The Death and Life, 115; Hillier et al., "Natural Movement"; Institute of Transportation Engineers, "Designing Walkable Urban Thoroughfares."

49. Allaire, "Neighborhood Boundaries."

50. Broden et al., "Neighborhood Identification."

51. Hipp and Boessen, "Egohoods."

52. Grigsby et al., "Residential Neighborhoods and Submarkets," 20.

53. 关于边界的含义，见 Galton, "On the Ontological Status of Geographical Boundaries." On the connection between Jane Jacobs and Rachel Carson, see Kinkela, "The Ecological Landscapes."

54. Wilson, *The Neighborhood Project*, 386, 389, 390; Rayner, "Space Cannot Be Cut."

55. Herbert, "The Neighbourhood Unit Principle."

56. 同上, 182.

57. Laguerre, *Global Neighborhoods*.

58. Buttimer, "Social Space," 424.

59. Hayden, "The Potential of Ethnic Places," 16.

60. See, for example, Feinstein, *Ethnic Groups in the City*.

61. Hall, *The Hidden Dimension*, 106.

62. Williams, *Blurred Lines*.

63. "New York."

64. Kasinitz, "The Gentrification," 178.

65. Lammers, "The Birth of the East Ender," 334.

66. Alexander, *A Pattern Language*, 78.

67. MOMA Press Release; Suttles, *The Social Order*, 4; Sell, "Territoriality," 298.

68. Gabaccia, "Sicilians in Space" see 59n32 for the source of the Sicilian proverb.

69. Herbert, "The Neighbourhood Unit Principle."

70. 关于这一点的讨论见 Larice, "Great Neighborhoods."

71. Krier, *Houses*, *Palaces*, *Cities*, 71.

72. Minnery et al., "Bounding Neighbourhoods."

73. Green, "Aerial Photographic Analysis"; Bowden, "How to Define Neighborhood," 228.

74. Abrahamson, *Urban Enclaves*.

75. Warner, *Streetcar Suburbs*, 158, 159.

76. Herbert, "The Neighbourhood Unit Principle," 184.

77. Mumford, "Planning for the Phases of Life," 12.

78. Bardet, "Social Topography," 249.

79. Chicago Commons Association, *Chicago Commons*, 8, 6, 31.

80. Allaire, "Neighborhood Boundaries," 14.

81. Gillette, "The Evolution of Neighborhood Planning."

82. Allaire, "Neighborhood Boundaries," 14.

83. Peets, "Current Town Planning," 230.

84. Ward, "Where Suffragists and Anti' s Unite," 519.

85. 同上; Perry, "The School as a Factor," 3.

86. American Public Health Association, *Planning the Neighborhood.*

87. Sanderson and Thompson, "The Social Areas of Otsego County," 27.

88. Holt, "Report," 2, 5, 7.

89. Kolb, "Rural Primary Groups," 105.

90. Williams, "A Plan for a Co-operative Neighborhood."

91. Holt, "Report," 2, 5, 7.

92. Sanchez-Jankowski, *Cracks in the Pavement.*

93. Engelhardt, "The School-Neighborhood Nucleus," 89.

94. 见 Norris, "The Neighborhood School."

95. Plater-Zyberk et al., *The Lexicon of the New Urbanism*; Farr, *Sustainable Urbanism*, 126.

96. Duany, "Chapter 25 Commentary."

97. Blommaert et al., "Polycentricity."

98. Bloem et al, "Starting Relationships," 44.

99. Funded by the Knight Foundation' s Informed and Engaged Communities challenge.

100. Osofsky, "The Impact of Violence on Children."

101. Kinney and Winter, "Places of Worship," 348.

102. Sinha et al., "Proximity Matters."

103. Hess et al., "Pathways and Artifacts."

104. 例如见 Greenbaum and Greenbaum, "Territorial Personalization Group Identity."

105. 例如见 "I Grow Chicago" in the Englewood community of Chicago.

106. Ward, *The Child in the City*; Brown et al., "Place Attachment."

107. 例如，共同的路线与目的地可能会使居民产生共同的社区意象，但增加连通性可能会减少安全感和控制感而不是增加熟悉感。参见 Hillier et al., "Creating Life," 248.

108. 例如 Weiss et al., "Defining Neighborhood Boundaries"; De Marco and De Marco, "Conceptualization and Measurement"; Santos et al., "Demarcation of Local Neighborhoods"; Chow, "Differentiating Urban Neighborhoods"; Youssoufi and Foltête, "Determining Appropriate Neighborhood Shapes and Sizes," 12.

109. Wiebe, "People Define a Neighborhood."

110. Zack, "To Connect or Not to Connect?"

111. Appleyard, "Towards an Imageable Structure."

112. Sandalack et al., "Neighbourhood Type and Walkshed Size."

113. Mumford, "The Neighborhood and the Neighborhood Unit," 258.

114. Nolen, *New Ideas*.

115. Kostof, *The City Shaped*, 116.

116. Marcuse, "The Grid as City Plan."

117. Arendt and American Planning Association, *Crossroads*, *Hamlet*, *Village*, *Town*, 20.

118. Collins et al., *Camillo Sitte*; Thadani, *The Language of Towns and Cities*, 76.

119. Perry, "City Planning for Neighborhood Life," 99.

120. Perry, "Neighborhood and Community Planning."

121. Wolfe, "Streets Regulating Neighborhood Form." See more at Wolfe, "Re-visioning Neighborhood and the City."

122. Mehaffy et al., "Urban Nuclei," 25–27.

123. 同上, 22, 33.

124. 同上.

125. Jacobs, *Death and Life*, 139.

126. Mehaffy et al., "The 'Neighborhood Unit' on Trial," 12.

127. Stangl and Guinn, "Neighborhood Design."

128. Appleyard, "Livable Streets." On the *woonerf*, see Heeger, "The Dutch Solution."

129. Jin, "The Historical Development of Chinese Urban Morphology."

第6章
规划之问

这一章回顾了曾经发生的一场争论，即社区是否应该并且能够被规划为存在。与社区的自发形成相反，有计划的社区是深思熟虑的结果，可以通过一个实际的规划，也可以作为一组精心安排的行动。此处的重点在于两种思路的对比，一个是为达到特定的最终形态，一个是仅仅将“社区发展”作为没有预定的结果，尤其在物质形态方面。一种常见的说法是，自上而下的社区规划一直以来都是有害的，例如，在城市更新时期，这样的规划方式被用来大规模地破坏现有的社区。对于批评者来说，经过规划的社区总会带来太多的控制感，很容易与更“真实”的社区形成对比，而后者是在不受约束的情况下作为城市发展的一部分。对于支持者来说，半途而废（见彩图 13a、13b 和 13c）或支离破碎（见彩图 14a、14b）的社区发展证明了社区规划的重要性，对于这些社区废墟，最好的情况是浪费精力，最坏的情况则会造成城市环境的退化。

但其他人认为，虽然存在挑战和风险，但一个在无地方性、无社会联系且由城市扩张主导的世界中，社区的形成需要预先计划。这场争论最终提出了一个两全其美的建议：不忽视自下而上形成社区的重要性，但仍对经过规划的理想社区持开放态度。

刘易斯·芒福德认为社区仅仅是“自然之实”，把社区作为“浪漫主义社会学家任性的精神产物”是“完全荒谬的”[1]。但是社区是否存在和社区是否应该存在是两个不同的问题。社区是值得鼓励的吗？如果是这样，那么有可能规划社区吗？当对社区进行刻意的规划时，谁会从中受益谁又会从中受损呢？

多年来，在一些批评人士看来，城市规划已经从纯粹的对集体精神的倡导（恩维认为“集体合作将会恢复社会秩序，这种秩序从建筑和城市规划中都可以得到表达”）变为精神控制的手段[2]。在一些人的脑海中，社区规划会让他们想起弗里茨·朗（Fritz Lang）导演的电影《大都会》（Metropolis）中噩梦般的景象，或者是二战期间发展起来的社区战争俱乐部（Neighborhood War Clubs）[3]。社会学家警告说，混乱和举止不文明会再生产出（reproduce）空间上的不平等，我们有可能调和这种不平等与人们对社区的恐惧吗[4]？

如果社区自身就能引发背叛和失落的感觉，那么刻意规划社区带来的后果将会适得其反。联邦住房管理局（Federal Housing Administration）于1940年发布的《成功的细分规划营造吸引业主、投资盈利的社区》（Successful Subdivisions Planned as Neighborhoods for Profitable Investment and Appeal to Owners）使得住宅价值的损失应当归咎于社区的解体这个观念广为流传[5]，这使部分居民对大规模的社区衰落感到有些无助。一旦社区完全衰落，"旧社区"的形象以及构成它的要素都会使曾经的居民感到不公平。例如，在洛杉矶的唐人街，为了给联合车站腾出空间，原来的中国移民社区被夷为平地，取而代之的只有一些不真实的中国城生活碎片。这个社区的破坏使在美华人经历了文化上的困境，包括文化的分裂和丢失，并最终以飞地的形式重建[6]。同样，城市更新的过程也就是社区背叛的过程。

这些不幸事件让人们觉得，真实的社区无法被规划，因此社区衰落真正的悲剧在于没有办法通过规划使过去的社区重现。社区只能自发形成，人们无法强迫它们存在。

社区规划的反例

社区规划有时会一败涂地，这在规划史上已是老生常谈。在非西方社会推行西方化的社区模式，则又产生了一些更为臭名昭著的例子。例如，20世纪20年代以及二战后，英国人在内罗毕（Nairobi）、开罗（Cairo）或桑给巴尔（Zanzibar）修建社区都仅仅是一种"框定"（enframing）行为，最终以失败告终。推行的方案不仅没有为居民带来归属感，而且在空间布局上往往极不合适。在桑给巴尔，为了便于管理，街道与房屋之间界限分明，这与当地更为开放且多变的社会习俗相冲突[7]。英国殖民统治下的社区规划方案，看起来就像在原本有机的城市生活中产生的几何畸变。

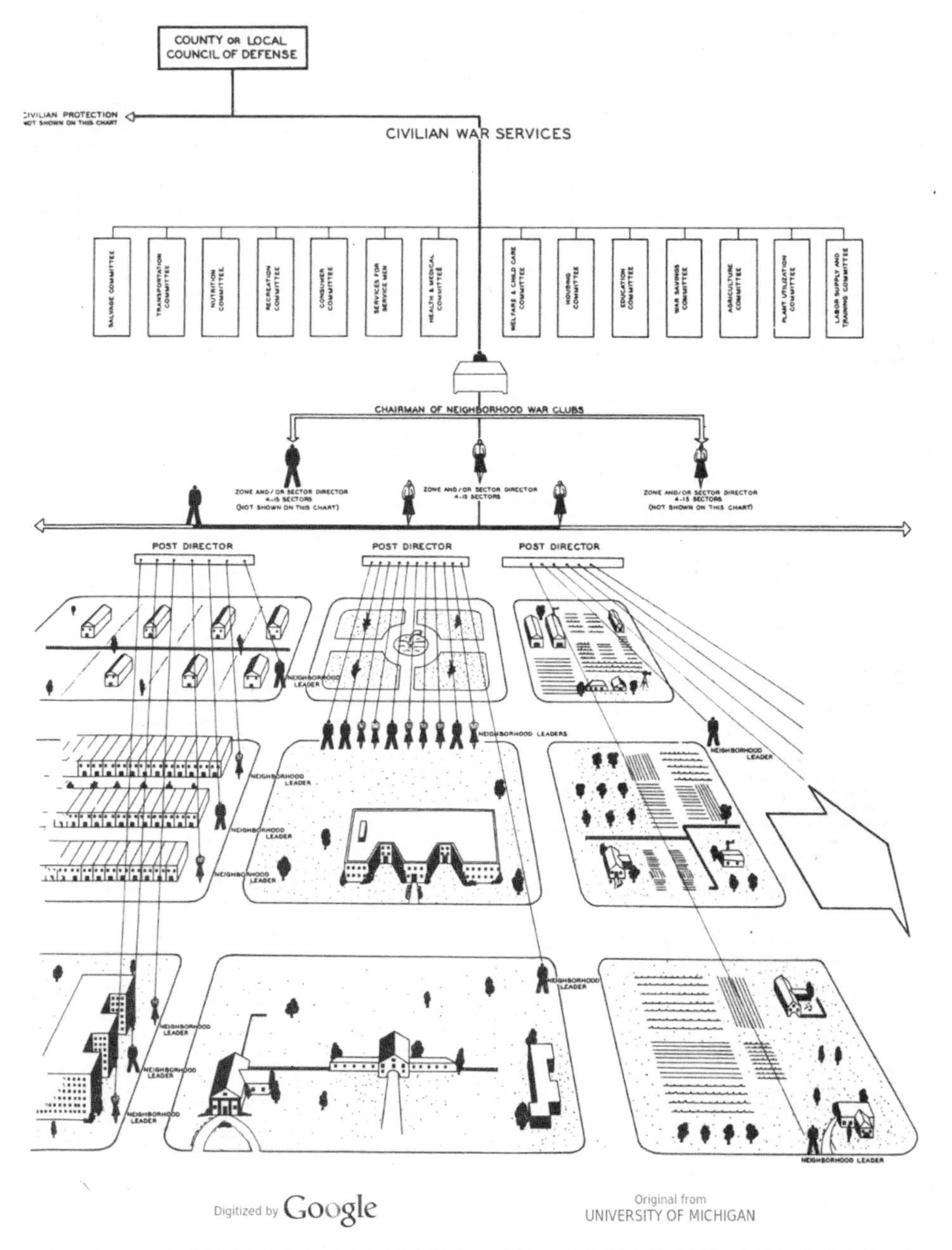

图 6.1　在 1942 年出版的这本书中可以看出被概念化的《密歇根社区战争俱乐部》。资料来源：Neighborhood War Clubs，*Michigan's Block Plan*

图 6.2　当营销人员试图创造一种“社区”的感觉时，会令人觉得不真实。在这里，Sprint（美国通信公司）引用了“社区”一词，但他们所说的社区并不真实存在。资料来源：作者

这种脱节的另一个例子是英国规划师在 1952 年制定的科威特总体规划，原计划成为中东的模范，因为面对惊人的石油资源，那里的城市都将被重构（reimagined）。但是这项规划是对科威特传统社区的重大变更，规划后的房屋单元被隔离，街道被拓宽，建筑后退尺度增大，便利设施不足。这样的邻里单元受到了严厉的批评，被认为是单调且不人道的，导致了家庭单元的分裂[8]。

邻里单元规划中存在的问题最明显地体现在现代主义社区、超级街区、高层建筑和共产主义邻里单元。在苏联，小区（mikrorayon）是社会主义城市的化身，基于阶级团结、土地公有制（不存在单独出售的地块）、计划经济和居民之间的“平等与友好”。对于被资产阶级视为墓地的贫民窟、交通拥堵、污染、噪声和热混凝土等问题，小区被认为是完美解决这些问题的出路[9]。混合住宅类型从表面上看是值得肯定的，例如 4 层公寓、2 层公寓和旅馆（可以高达 16 层），这种混合是基于家庭规模的不同而不是收入的不同，因为后者作为社会主义城市中的社区规划基础显然不合适。然而，尽管苏联式小区的设计目标是通过对住房与服务的“有机”整合来激励“集体主义生活习惯”，但它们作为一个自我管理系统还是失败了。据统计，这种小区符合所有社区必备的条件，包括由学校、操场、小型商店和公共厨房组成的社区中心，限制汽车通行，并用人行道连接住宅建筑。但是，小区的行政管理是自上而下且不透明的，公共服务设施经常短缺，并且“太过于标准化”。到了 20 世纪 80 年代，苏联式小区最初希望带来的高尚社会信念似乎已经很遥远，只留下无边无际的街区，内部是单调廉价的公寓楼，缺乏应有的服务设施[10]。这些住区没有试图在空间

上划分公共领域，与街道分离的独立建筑似乎加深了自上而下的控制感。

现代主义社区规划的失败在世界其他地方也会发生。在瑞典，邻里单元的社会含义似乎与战后的社会民主理想很好地契合，但是到了 20 世纪 60 年代和 70 年代，“零售业说客”（retail lobbyists）占据上风，人们的兴趣更多地集中在用于购物的商业单元，这种单元根据“顾客来源区”（catchment area）进行规划。社会目标被置于次要地位。随后，对其标准化的批评也随之而来，即这样的邻里单元促进了社会同质化，但因为缺少服务设施，所以产生了“卧室社区”（bedroom communities），并认为邻里单元的现代主义设计是反传统社会的（anticommunity）。到了 1980 年，瑞典的社区规划“或多或少停止了”，但最近出现了更多沿着“新传统”路线进行社区开发的例子[11]。

然而，经过规划的社区中存在的问题是超越形式的，这意味着更加面面俱到的社区规划也不一定会更好。珍妮特·阿布 - 卢格霍德（Janet Abu-Lughod）针

图 6.3 瑞典的 Vallingby 是现代主义邻里单元中一个著名的例子。在设计上，它拒绝空间定义的街道，与瑞典社区规划的早期案例有显著差异，后者更多地建立在行人尺度上。资料来源：Johan Fredriksson, “Vällingby in Western Stockholm, Sweden,” CC BY- SA 3.0, September 20, 2014, Wikimedia Commons, https://commons.wikimedia.org/wiki/File:V%C3%A4llingby, _ flygfoto_ 2014-09-20.jpg#/media/File:V%C3%A4llingby, _flygfoto_ 2014-09-20.jpg

对传统伊斯兰社区进行了热切的讨论。这类社区不是可以由规划师在现代重新生产的实体产品，它们的形成过程是多种多样的，包括将男性和女性分离、将穆斯林和非穆斯林分离的宗教活动，也包括不同的经济交流方式以及通过邻里协商来解决土地利用冲突。但不能指望重新再现这些过程以产生想要的社区形式[12]。

所有形式的社区规划都被指责为对城市不利且抛弃了城市所包含的多样性。规划历史学家克里斯·西尔弗（Chris Silver）历数了美国所有社区规划方式所体现出的反城市特性与排他性：社区福利服务之家（settlement house）的工作人员利用社区这一理念，试图将乡村生活转移到市中心，或是将工人阶级分散到郊区；社区协会追求种族排斥；邻里单元倡导社会匀质性；而致力于公路建设与大规模土地开发的团体很乐意进行社区规划，以实现强化服从、控制和增加社会排斥等邪恶（nefarious）的目标[13]。

《城市规划名人录》（who's who of urban planning dignitaries）中的知名人士纷纷对经过规划的邻里单元提出批评，认为它们落后于社会且不合时宜，并不能反映出社群生活[14]。雷金纳德·艾萨克斯（Reginald Isaacs）猛烈抨击了克拉伦斯·佩里的邻里单元，更准确地说，是邻里单元的实施，归结起来就是他否认了社区的存在这一前提。他写道，“社区的实例几乎不存在，即使存在，也只产生于乡村地区和郊区，或是在一些被忽视的城市角落和文化群体中”[15]。特里迪布·班纳吉（Tridib Banerjee）和威廉·贝尔（William Baer）在1984年出版的《超越邻里单元》（Beyond the Neighborhood Unit）一书中，同样严厉地批评了邻里单元与世界脱节。和其他人一样，他们尝试用“环境区域”（environmental area）这一更模糊的术语重新定义社区这个概念，英国规划师在1963年发布的《布坎南报告》（Buchanan Report）中曾经尝试过这样的方法，当时采用的定义是“选区”（precinct）或“环境区域”（environmental area）。

在社会学家路易斯·沃斯（Louis Wirth）的影响下，艾萨克斯在社会学领域探讨了邻里单元的失败（因为邻里单元与城市生活之间的矛盾）。当作为一个物质概念时，失败在于社区如同一种社会机构，它们的边界无法共存；当作为一个社会概念时，失败在于邻里单元为社会隔离推波助澜。艾萨克斯的解决方法是摈弃任何关于社区的固有观念，通过“社会学家、社会与政治科学家、规划师与建筑师、人类学家、物理学家、经济学家以及被规划社区内的居民”之间的密切合作来解决居住问题[16]。

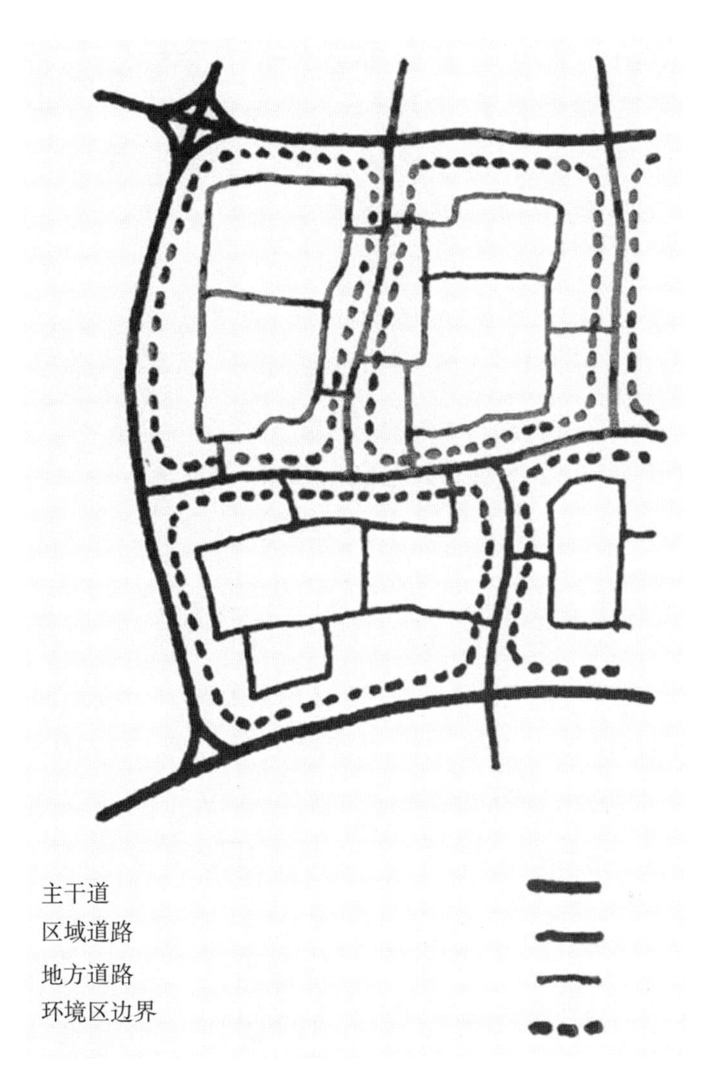

图 6.4　1963 年，在英国规划师科林 · 布坎南（Colin Buchanan）的研究（布坎南报告）中用“环境区域”代替社区。“环境区域”是根据可达性来设计的，没有任何社会意义。资料来源：根据 Appleyard，“Livable Streets 重绘”

实际上，因为艾萨克斯一直在抨击住宅对社会与政治参与很重要的观念，美国规划官员协会（American Society of Planning Officials）对此提出了反驳，认为艾萨克斯等真正批评的不是这个观念本身，而是其没有被成功执行，在执行失败之后也并没有人提出代替方案。除此之外，该协会成员还认为邻里单元对于指导郊区边缘扩张和城市更新这两个领域的发展至关重要，这意味着他们将邻里单元的命运与城市规划实践中最糟糕的两个例子永远捆绑在一起。当在郊区扩张中规划邻里单元时，人们仿佛在执行一个简单的公式，“将社区规划得井然有序，但也许过于简单”，社区之间几乎没有差异。邻里单元的模块化应用在郊区景观中创造了这样一个世界，在这里，“居民不知道自己身在何处，也许是在家中，但也许已经迷失在亚利桑那州‘沙漠社区’（Desert Mesa）中一条蜿蜒的街道上，迷失在伊利诺伊州‘草原社区’（Prairie Estates）中的超级商店里，或迷失在宾夕法尼亚州‘牧场社区’（Rolling Meadows）中心的小学里”[17]。

世界各地的规划师出于对更高原则的信仰，都愿意努力捍卫社区规划。自印度独立以来，规划师认为邻里单元的规划可以反映出印度城市中的固有特点，最著名的邻里单元形成于昌迪加尔市（Chandigarh）。虽然这个邻里单元一直以来都助长了社会隔离，但规划师的这一信念却依然存在。从字面上看，邻里单元作为一个理想形式，旨在促进社会经济的平等，印度规划者们想要依赖这一原则，发誓要让“不同收入的社会群体都居住在规整空间的环境中”（a spatially disciplined environment）（尽管他们也认识到印度的种姓制度使这一目标极具挑战性）[18]。对他们有利的是，政府的指导方针规定了目标密度和土地利用方案，这些规范意味着，有了“基本计算尺的帮助”，即使在“只有一头奶牛的印度小镇”上也可以规划邻里单元[19]。然而，印度也和其他国家一样，没有足够的政治意愿来实现邻里单元崇高的社会一体化理想。最终，在20世纪中叶的印度，管理者想尽一切办法让当地市场有利可图，社区的规模也以此为标准，在150 ~ 200英亩（大约0.5平方英里）的土地上约有800 ~ 1200户家庭[20]。

20世纪70年代，美国、英国和其他国家的研究人员发布了多篇报告，详细阐明邻里单元失败的所有原因。来自北卡罗来纳大学（University of North Carolina）的两份报告尤其尖锐，以马里兰州哥伦比亚社区为例指出了其失败的原因：社区与居民的活动方式不匹配，建造社区的目的是社会同质化，空间几乎都被用来划分民族群体以及忽视了“空间的感性概念”。其中一份报告建议完全抛弃“社区”（neighborhood）这一术语，将“居住环境”（residential environment）规划作为替代，在那时，“居住环境”已是耳熟能详的规范方法[21]。

英国的社区规划广受批评，因为社区所体现出的负面影响（为什么“公共生活”中的“狭隘、流言蜚语和不宽容”带来的负面影响会被忽视？），以及在这个移动性很强的时代，地方的社区团体是完全不切实际的。《达德利报告》（Dudley Report）是英国的一份规划文件，该报告支持邻里单元，这样看来，它提出的规范很明显也没有达到要求。例如，人均商店的数量大约是目标数字的两倍，《达德利报告》中每家商店的目标服务人数是100 ~ 150人，而实际

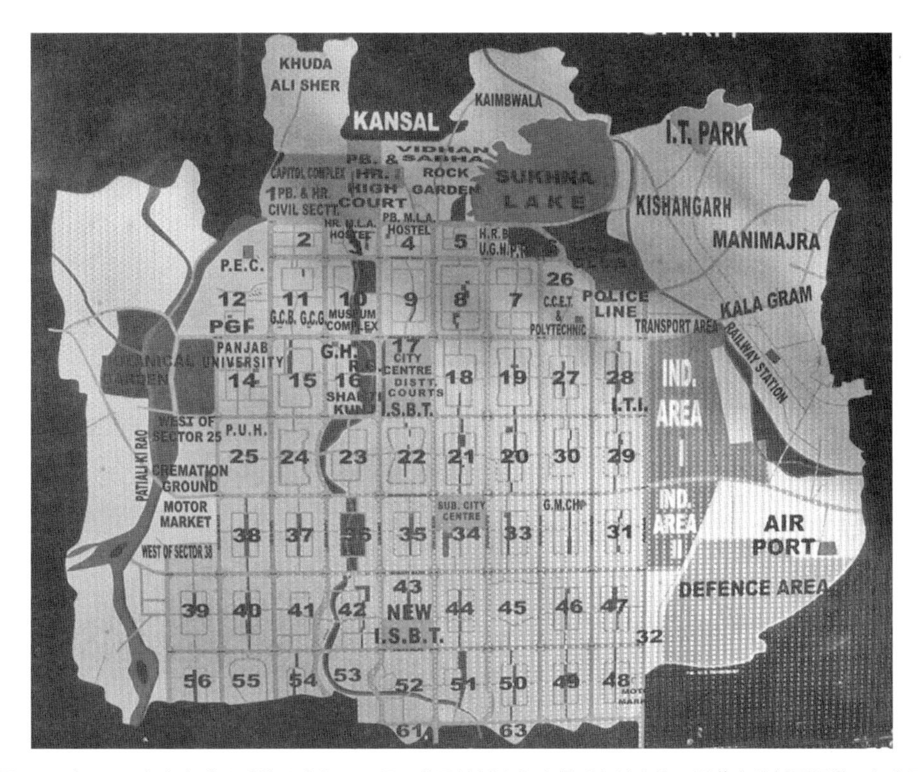

图 6.5　自 1947 年印度独立后的几十年里，邻里单元计划在印度得到广泛实施。最著名的例子是勒·柯布西耶为旁遮普（Punjab）首府昌迪加尔设计的邻里单元式规划方案，该方案在 20 世纪 50 年代分几个阶段进行。城市完全由网状道路构成，道路环绕着超级街区，每个超级街区都包含四个社区，其中一个是富人社区，另外三个是“中下阶层”社区。带状公园将社区与集市街上的购物区域连接起来，因此在社区内部不设置购物区域。虽然有人批评这种经过规划的社区会助长社会排斥，但昌迪加尔现在已经是印度最富裕的城市了。图片来源：Le Corbusier’ s Plan of Chandigarh，posted by Ajay Tallam via Wikimedia Commons，https:// commons.wikimedia.org/ wiki/ File:Le_ Corbusier_ Map.jpg

需要的人数是这个数字的两倍[22]。

20 世纪 80 年代，反对社区规划的争论达到了顶峰。有研究列出了反对的理由，例如，社区居民的满意度并没有高于非社区居民；社区居民更希望在社区边缘而不是社区中心设置公共便利设施和商店；人们怀疑邻里单元是否真的能促进社会融合；大众对“社群生活”也并没有很感兴趣；居民对于社区布局的认知与真实情况不一致[23]。班纳吉（Banerjee）和贝尔（Baer）认为，因为社区无法真正卸下社会意义上的重担，所以更好的方法是完全抛弃“社区”这个词，用一个“综合定义”（umbrella definition）作为替代，旨在体现“社区位置、环境和消费模式”的多元性，并以这个“全新的定义作为开始”[24]。

另一种认为社区规划不合理的原因是邻里单元使自治与被统治之间产生

了一种反转的关系，即认为邻里单元规划意味着受限制，不再与社会网络和经济网络形成联系。很多批评者将社区规划等同于制造“贫困飞地”（poverty enclaves），以一种对富人友好的方式形成孤立和隔离，但这对于穷人来说却是灾难。穷人需要的不是经过规划的、以内部为核心的社区，恰恰相反，他们需要在更广泛的城市环境中利用网络、分散和移动性来承载社会融合。

社会批判理论家提出了一种更基本也更坚定的批评，在这一批评中，他们通过阶级结构和阶级身份来审视社区。他们认为，社区之所以被抵制，是因为它体现并扩大了资本主义存在的矛盾和自身的不公平。代替社区的方案是开放城市，与“普世伦理”（cosmopolitan ethic）相结合，这种伦理摈弃边界和空间身份，而是以一种与社会同质性与社会多样性都无关的方式接纳城市的无序状态和复杂性。从这个角度来看，以寻求共性和追求文化多元性为基础改进社区的做法，与罗伯特·帕克（Robert Park）设计的城市马赛克中的一个“小世界”相同，都是徒劳的。更好的做法是“接受人类身份认同中的偶然性与模糊性，并对其保持宽容态度”[25]。

对社会批判理论家来说，社区涉及空间的形成与管理，从而使权力发挥影响。它们是列斐伏尔“日常生活”的一种体现，但却沦为资本主义消费的手段和形式。哈维的“空间实践网格”（Grid of Spatial Practices）以列斐伏尔《空间的生产》（The Production of Space）为基础，借鉴了社会学家杰罗姆·克莱斯（Jerome Krase）的说法，社区可以明显地体现出这一理论的各个方面：物理流与物质流（“物质空间实践”，material spatial practices），标志、规范和辨识度（“空间的外在表现”，representations of space），建成环境（“表现出的空间”，spaces of representations），“距离阻力”（“可达性与距离延伸”，accessibility and distanciation），不同社会群体对空间的占领（“空间的占用”，appropriation of space）和空间生产与组织下的群体管理（“空间的主导性”，domination of space）。每一个方面都提供了一种视角，通过这些视角，将社区作为空间形成与管理过程的一部分来揭示、分析并批判[26]。

这将社区规划的目标指向解决保障性住房，以及其他劳动者和“工人”等左翼力量发起的对抗士绅化的城市政治斗争等问题上，并为此付诸努力。对社区的关注只会导致消费高于生产，这样一来将阻碍以阶级为基础的团结一致和行动主义（activism）。解决方法是接受一个更广泛的政治认同，利用理查德·塞尼特（Richard Sennett）的复杂无序城市的概念，将城市身份定位成“融合、叠加和混合”（hybrid，overlapping，mixed up）的产物[27]，而社区的概念只会成为选区扩大的阻碍。

社区究竟为何存在这一问题是理论框架的核心：它们的存在源于资本主义的矛盾。资本主义利用了一种错误的地方主义观念，简单地将地方与社区的传统意义替换为提供“伪社区”的商业联盟。资本家已经变得善于利用人们对大公司和大政府的恐惧，同时也与跨国资本主义剥削串通一气[28]。社群（community）作为社区（neigborhood）的延伸，不仅是社会等级制度的基础，也力图掩饰资本主义对大众的剥削[29]。这就是为什么罗伯特·帕特南（Robert Putnam）对“社会资本”（social capital）的辩解被视为一种以社会连结（social bonding）为目标的保守且错误的尝试，这种连结依赖于社会等级制度和对阶级间差异与内部纠纷的抑制。一些批评人士声称，社群的字面意思被错误地传达为具有人性化的资本主义反作用力，然而实际上它对资本主义至关重要。国家试图建立社会融合的社区，掩盖资本主义造成的分裂，利用“邻里之间相亲相爱”这一虚假的口号来否认一直存在的阶级对立，这种做法只会让问题变得更严重[30]。

因此，社区主要服务于国家和有产阶级（ownership class）。对于富人来说，社区是一个可以利用的优势，为“更高级的城市”营造了“大都市氛围”[31]。富有的上流阶级利用社区的“社交外衣”寻找志同道合的朋友，并一起“继续在特定的消费形式下放纵，例如看歌剧”[32]。尽管社区可以在当地产生一种阶级意识，这种意识有时在抵制资本主义剥削时是有效的（例如，对大规模开发的抗议有时也会取得成功），但这里主要说的是，经过社区定义的分化的空间在资本积累过程中发挥了至关重要的作用[33]。像 Nextdoor.com 和 Everyblock.com 这样的邻里社交网站宣传自己对社区的热爱，但是，每天发布的帖子里都是 Yelp（美国评分网站）的评论、建筑许可证和犯罪报告，因此这些网站本质上还是为了管理消费。

保卫社区规划

有些批评将社区等同于消费，对此存在一种相反的观点。与其将建立在社区基础上的盈利策略固然看成是天性恶劣的，不如从一个更加宽厚的角度来看待社区，在城市预算极度有限的时代，社区将自身的定位与商业关联，或认为自身是经济发展的驱动力，这对于长时间地维持社区的可行性也并不是一个糟糕的方法。商品化（commodified）、规制化（regulated）的城市已成为现实，在这样的城市中，社区为了维持自身的存在而努力并找到了生存之道。这些无非就是游戏规则，如果社区想要保持重要性和可行性，那么必须遵守这些规则，这也是为了社区居民的利益。正是这样的追求导致了有针对性的营销策略，并且将以消费为目标的社区品牌推广合理化。

以商业利益为目标的大型项目和以社区建设为目标的小规模开发之间的冲突早已不是新鲜事。芝加哥的“城市美化运动的商业俱乐部”（City Beautiful era’s Commercial Club）将城市视为一个未分化的整体，以便支持中央商务区（CBD），而女性群体则支持社区内的小规模企业[34]。如今，社区建设正处在一个更大的舞台上，与全球资本流动相结合，为社区内外的居民提供更大收益（leverage profits）。毋庸置疑的是，这再也不是具有深远影响的商业利润对于社区局部领地的挤压。因为究竟哪一方与居民利益最相关并不一定是显而易见的。

保卫精心规划的社区必须从保卫社区这一理念开始。因为数千年来，有形且可识别的社区是一种机制，这种机制能帮助维持有组织的、以场所为基础的社会群体的存在，进而“防止社会瓦解”。在一个高度贫困、高死亡率且由强大的精英阶层统治的世界里，社区将为地方提供支持，因此是十分重要和有意义的。现实社会几乎不会为地方提供援助，也不会为个人的自我发展提供途径，而社区意识却能促进集体力量的联合，形成现实社会中互相帮助的源泉。这种对地方援助的需要构成了传统社会的集体与现代社会的个人之间的根本对比[35]。

19 世纪末，在穷人社区、民族社区和工人阶级社区中形成的强烈的社区意识并不一定会转化成同志情和友情，但社区内的居民通常是盟友关系，尤其当与外界对立的时候。据一本自传记载，在伦敦东区的社区内，“自然之爱与集体本能”是如此强烈，以致于居民们找到了克服贫穷、暴力、疾病和其他困难的方法。但不可否认的是，“伦敦东区的社区划分方式不计其数”，如果冒险进入不同的族裔社区，尽管只相隔几条街，但“仿佛身在另一个国家”[36]。然而，虽然基于收入的社区划分可能会在稀缺资源上引起“嫉妒与竞争”，但当“外部世界”侵入并产生威胁时，同一社区的居民就结为盟友并密切合作，这不是基于友谊，而是基于居民们共享的本地日常生活[37]。

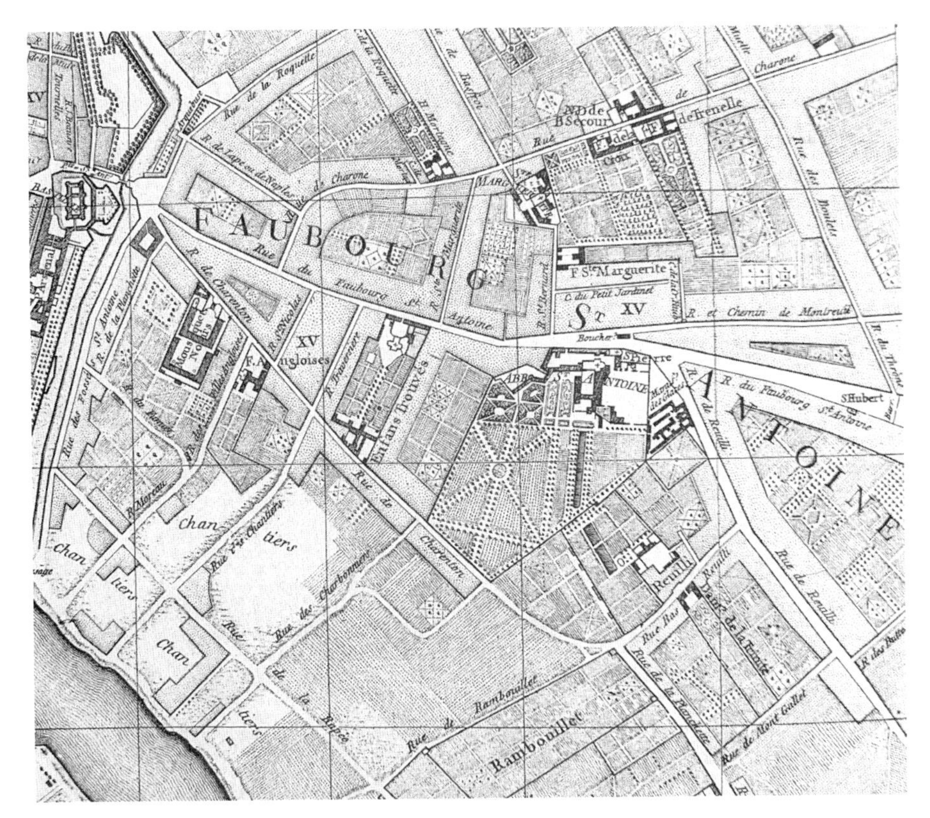

图 6.6　社区认同感在 18 世纪欧洲的政治动荡中发挥了一定的作用，在那时，抗议活动的发起人不是“无组织群众”，而是在特定社区中形成的“集体”。在袭击巴黎巴士底狱的人群中，70% 都来自同一个社区，即圣安东尼郊区（Faubourg Saint-Antoine）。资料来源：Mbzt，“Carte de Paris Vaugondy—1760 Faubourg Saint-Antoine，” CC BY-SA 3.0，Wikimedia，https:// commons.wikimedia.org/w/index.php?curid=14649831；Lis and Soly，“Neighborhood Social Change in West European Cities，” 11；Garrioch，Neighbourhood and Community in Paris，33

这些可识别且有明确物理边界的社区促进了社区的身份认同并带来幸福感，鉴于这些具有积极影响的社区联系，为什么不能尝试为它们做出规划呢？针对这些社区，可以提出几个论点。首先，社区规划（按照传统的定义）是一种物质环境规划，人们已经证明了这种有形性带来的价值。最重要的是，社区形成了一个真实可见的日常生活模式，人们可以基于这一模式理性讨论社会价值和城市形态。这种意义与社区的形式和设计无关，但与社区以非抽象的方式表现生活、价值和变化的能力有关。正是因为社区的物质环境规划是作为一个理念、一个文化基因，邻里单元才能保持自身的重要性[38]。

邻里单元的图像非常适合视觉探索，因此纽约现代艺术博物馆在 1945 年开办了一场名为“社区万象”（Look at Your Neighborhood）的巡回展，展出了

12 张 30 英寸 ×40 英寸的照片，此外还有绘画作品、图表、图形和文字（主办方制作了 200 套纪念图销往全国各地；参见彩图 15）。经过规划的社区具有了某种物质性（materiality），正是这种物质性激发了社区需要什么和目前缺少什么的对话。该博物馆采取了规范（normative）的立场，利用这次展览来传达“无计划建造”（haphazard building）的弊端以及规划带来的益处，因为后者可以提供一种“更充实的生活，使战后世界对个人、家庭和社会群体来说更加宜居”。一张具有引导性的照片让观众思考日常生活中的压力来源，包括长时间通勤、较远的日常购物距离以及对儿童交通伤害的担忧[39]。社区模式已经完全得到具体化，而且正在发挥作用。1947 年，詹姆斯・达希尔（James Dahir）对于邻里单元的“传播与接受”发表了自己的文献评述，报告了世界各地的社区建设情况、社区设计差异和对社区的支持与建议[40]。

虽然邻里单元因其公式化受到批评，但实际上它是有适应性的。苏联、中国和印度的规划师在 20 世纪中叶对邻里单元进行改造，试图找到基于本国的、非西方化的诠释，在“字面意义和象征意义”上做出修改使其更容易被接纳。中国学者认为，邻里单元的建设并不意味着盲目地重复，而是体现了它奇迹般的适应能力；一位观察者将这一过程比作沃尔特・本雅明（Walter Benjamin）所说的“变化之流中的漩涡”[41]。

社区规划提升了环境的重要性。佩里正是通过邻里单元唤起人们对住所周围环境的关注，他警告说，每个人都过于关注“自家的美丽”，而不去在意社区的环境。正如佩里引用的一个类比，“没有合适的背景，宝石亦会黯然失色”。同样的，社区也需要维护，因为保持一个良好的环境需要达到一种微妙的平衡，尤其在服务设施方面。佩里写道，邻里单元计划能够维持这种必不可少的平衡，尽管“居民希望确保自己的邻居不会是一个杂货商……但还是希望社区内可以有一家杂货店”[42]。

尤其值得注意的是，在佩里提出建设邻里单元的倡议后，关于城市发展的构想开始建立在类似细胞的结构上（cellular terms），不再仅仅基于一块块土地和街道网格，而成为几十年来城市扩张的常用方式（见彩图 16）。社区作为一种权宜之计，至少在尝试营造一个优越的环境，在这样的环境下，对居民来说一切都触手可及，集中布置的开放空间内设有公共设施，购物便利，如果设计合理，还可以在不牺牲生活质量的前提下接受必然到来的汽车时代。

经过规划的社区同样也为复杂混合住宅类型的设计提供了一个平台，这对于在社区这一层面上促进不同收入阶级的混合以及社会多样性是必不可少的。按照芒福德的说法,第一个经过规划的邻里单元（建成于公元前443年）是“基于社会隔离的原则”[43]，但在现代社会，它们成为住宅混合的典范，这表明，将成排的密集住宅和公寓楼以及独户住宅整合在一起是有可能的，甚至是一种受欢迎的形式。例如，约克希普村（Yorkship Village）（联邦政府于一战时期在新泽西州卡姆登市开发的住宅）就体现了这一点，这个社区的住宅被划分为243个不同的组，包括27种住宅形式和70种组合[44]。拉德伯恩市同样存在多种单元类型，大多是独户住宅，但也建有复式住宅、联排房和公寓楼。

在纽约市皇后区的森林小山花园社区里，人们齐心协力将住宅类型混合在一起，因此实现了阶级混合，尽管最初的想法是只在中等收入的居民（且不包括散工）内部混合。社会融合的一种策略是将高密度公寓楼和独户住宅设置在

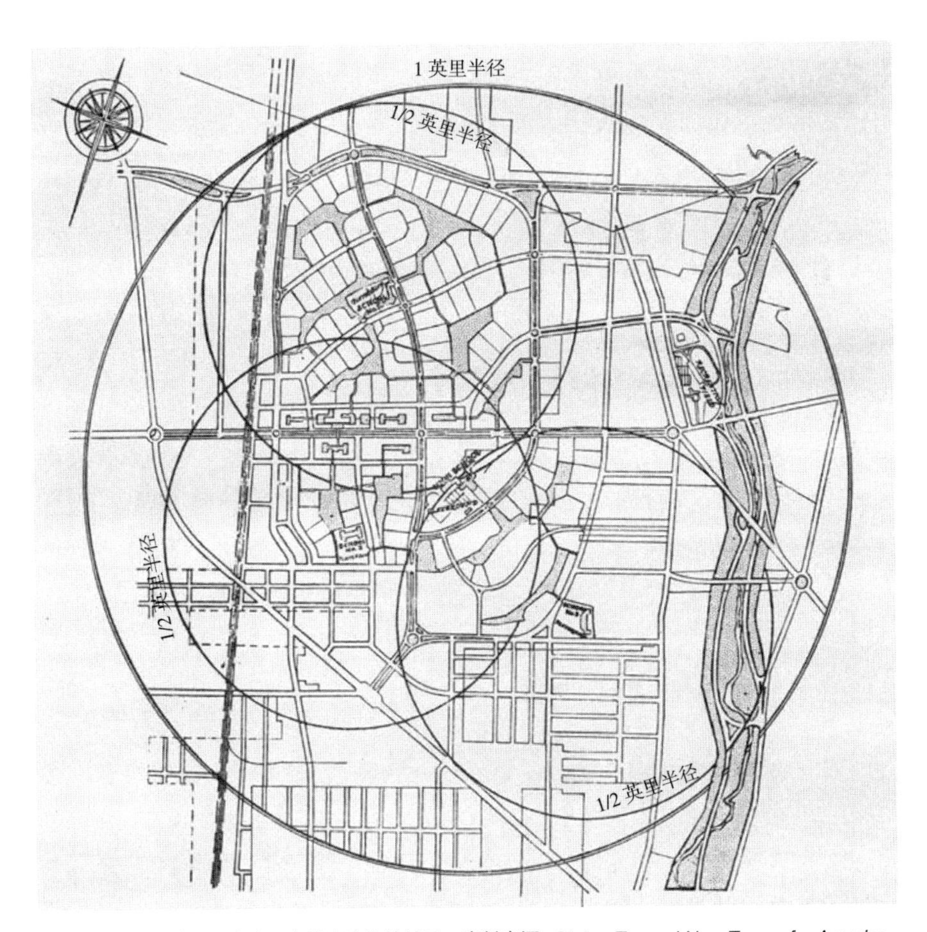

图6.7 新泽西州拉德伯恩市内三个紧密连接的社区。资料来源：Stein, *Toward New Towns for America*

相同的街道上。森林小山花园的社区结构就是如此，住房单元按照小规模组合划分，而不是按照街区划分。尽管街道是网格状的，但也保持有轻微的曲线型，这与曼哈顿形成了直接的对比。

出于社会融合的原因，皇后区的阳光花园社区（Sunnyside Gardens）也成功地混合了不同类型的住房单元。在这里，基于街区而不是单块土地来发展邻里单元，以此实现融合。尽管社区的目的是要形成一个单元，但它已被嵌入现有的城市结构中，在阳光花园社区中，独户住宅与双拼住宅和公寓楼相邻是很常见的。这种创新可能是借鉴了日光港口社区（Port Sunlight），作为19世纪英国的企业生活区，该社区利用一系列折中主义风格建造了成排的房屋，几乎无法将某一户住宅与其他住宅分开。斯坦在阳光花园社区的设计中将成排的单户住宅、两户住宅和多户住宅组合在一起，他在自己的著作《面向美国新城镇》（Toward New Towns for America）中声明，这些组合的住宅不会引起“社会难题”[45]。芒福德在阳光花园社区中居住过一段时间，并记录下这一混合社区中的生活体验，居民年收入从1200美元~12000美元不等，人们“肩并肩”一起生活，除了满足教育年轻人并促进民主以实现更崇高的社区理念，这里也是“最好的社区”[46]。

经过规划的社区不仅能为复杂混合住宅类型的设计提供平台，与此相同，它也为在社区环境中形成市民空间提供了机会。阳光花园社区成功地证明了在没有公共补贴的情况下，规划一个经济上可行且同样能为居民提供绿色开放空间的社区是有可能的。通过将住房单元围绕在一个共享的公地来完成这一目标，这正是经过规划的社区能做到的。阳光花园社区的布局借鉴了雷蒙德·恩维（Raymond Unwin）的著名原则，即“过度拥挤不会带来任何好处”，该原则表明，被称为“绿色公地”的开放空间可以在街区中心得到保护，而不需要付出任何额外的成本。同样重要的是，阳光花园社区能够证明，花园城市原则可以适应密集的城市网格。

佩里以及20世纪初的同一代人都将经济放在社区规划的优先位置，并且一心一意地研究地块与街道布局的财政影响，尤其是街道宽度和街道模式对街道所包含的地块数量的影响。但是节约成本的目的不是为了让开发商中饱私囊，而是为了在社区内部提供集体空间和公共设施。其中一项提议表明，缩小内环线意味着可以额外容纳32座小屋[47]。《纽约及周边区域规划》（Regional Plan of New York and Its Environs）的其中一个章节就是要计算出经济上的所有细节，

彩图 1　沙特阿拉伯的吉达卡德玛（Jeddah Al-Qademah）是一座历史悠久的穆斯林城市，这座城市仍然保留着 7 世纪伊斯兰教开始传播后发展起来的基本社区结构。该城市最初被划分为三个社区（mahelleh），这三个社区后来又被进一步划分为若干“子社区”，这些“子社区”内“包含所有社会生活所需要的公共机构”。当地的清真寺以及周围作为商店的房屋集群起到了社区中心的作用；这种情况现在也很常见。资料来源：Abu-Ghazzeh, “Built Form and Religion,” 54. 图片来源：谷歌地球

彩图 2　现在仍然可以将欧洲城市中有历史街区（historic quarter）作为社区来识别；例如，意大利的博洛尼亚（Bologna）被形容成基于物质环境差异的“社区系统”，几个世纪以来这种差异都存在。资料来源：Thiis-Evenson and Campbell, Archetypes of Urbanism, 152. 图片来源：谷歌地球

彩图 3　王才强（Heng Chye Kiang）用数字化技术重建并渲染的模型展示了 8 世纪的长安社区——坊。资料来源：Image courtesy of Heng Chye Kiang. 另见 Jin, “The Historical Development of Chinese Urban Morphology”

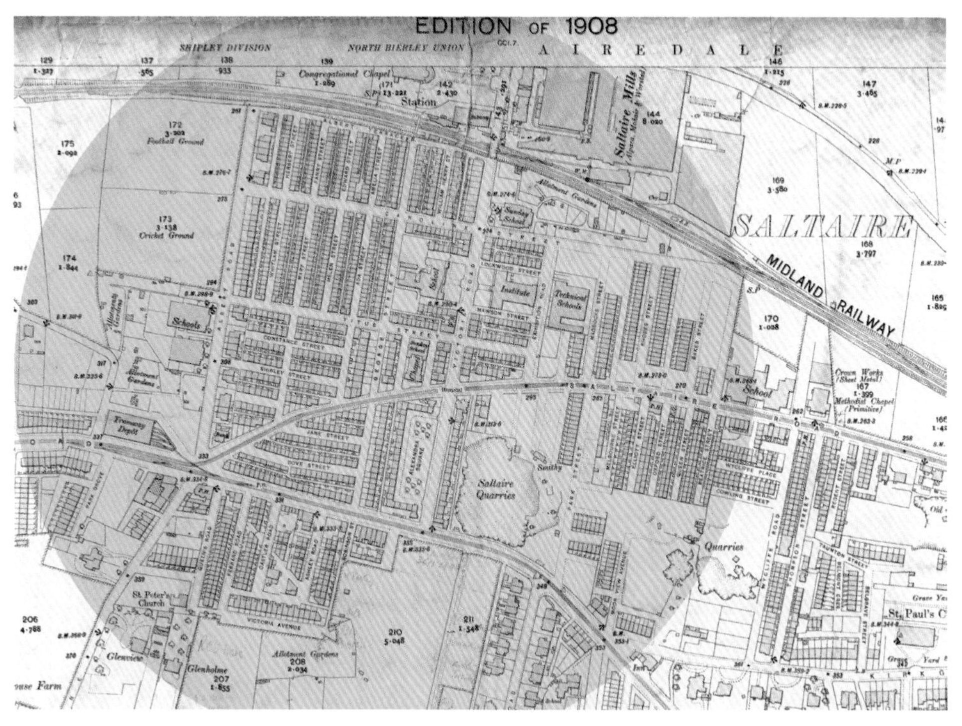

彩图 4　在城外建造的模范村庄和公司城镇由于其较小的规模成为完整且自给自足式社区的前身。索尔泰尔（Saltaire）是提图斯· 索尔特爵士（Sir Titus Salt）于 1850 年建立的英国城镇，这里原计划容纳 4356 人，人口数量少于佩里的 5000 人邻里单元。红圈是佩里的邻里单元规模，其中包含了整个村庄。这是一个完整的邻里单元，包含学校、商店、住宅、医院、公共空间以及养老院，还额外增加了一个就业来源，即索尔特纺织厂。资料来源：Old Ordnance Survey Maps of Yorkshire, “Saltaire (South), Shipley (West) in 1908-B,” Old Towns Books and Maps, http://www.oldtowns.co.uk/Mapshop_Yorkshire/Sheet-201/201-11-1908-b.htm

彩图 5　上图是位于格鲁吉亚共和国（苏联的一部分）第比利斯市的一座居住小区（mikrorayon）。这类社区容纳 4000 ~ 18000 位居民，可以分化为两种规模，一种在 6000 ~ 8000 之间，一种在 12000 ~ 14000 之间。这类社区中的建筑主要由 5 层公寓楼组成，然而这些公寓楼的体型较大。资料来源：Paata Vardanashvili from Tbilisi, Georgia (gldani) [CC BY 2.0 (https:// creativecommons.org/licenses/by/2.0)], via Wikimedia Commons; https://upload.wikimedia.org/ wikipedia/ commons/ 6/ 6a/ Gldani.jpg; Frolic, "The Soviet City"

彩图 6　位于上海市中心城区外围（外滩以西约 5 英里）的曹杨新村建于 1951 ~ 1953 年间，它的设计者汪定增（Wang Dingzeng）是一位曾在美国接受培训的规划师。村中的社区都聚集在一起，每座社区内建有自己的小学。村中的便利设施（配套商店、邮局、文化设施）位于中心位置，而较大的商业用地和就业岗位位于边缘。资料来源：Pannell, "Past and Present City Structure in China"; Fung, "Satellite Town Development in the Shanghai City Region." 图片来源：谷歌地球

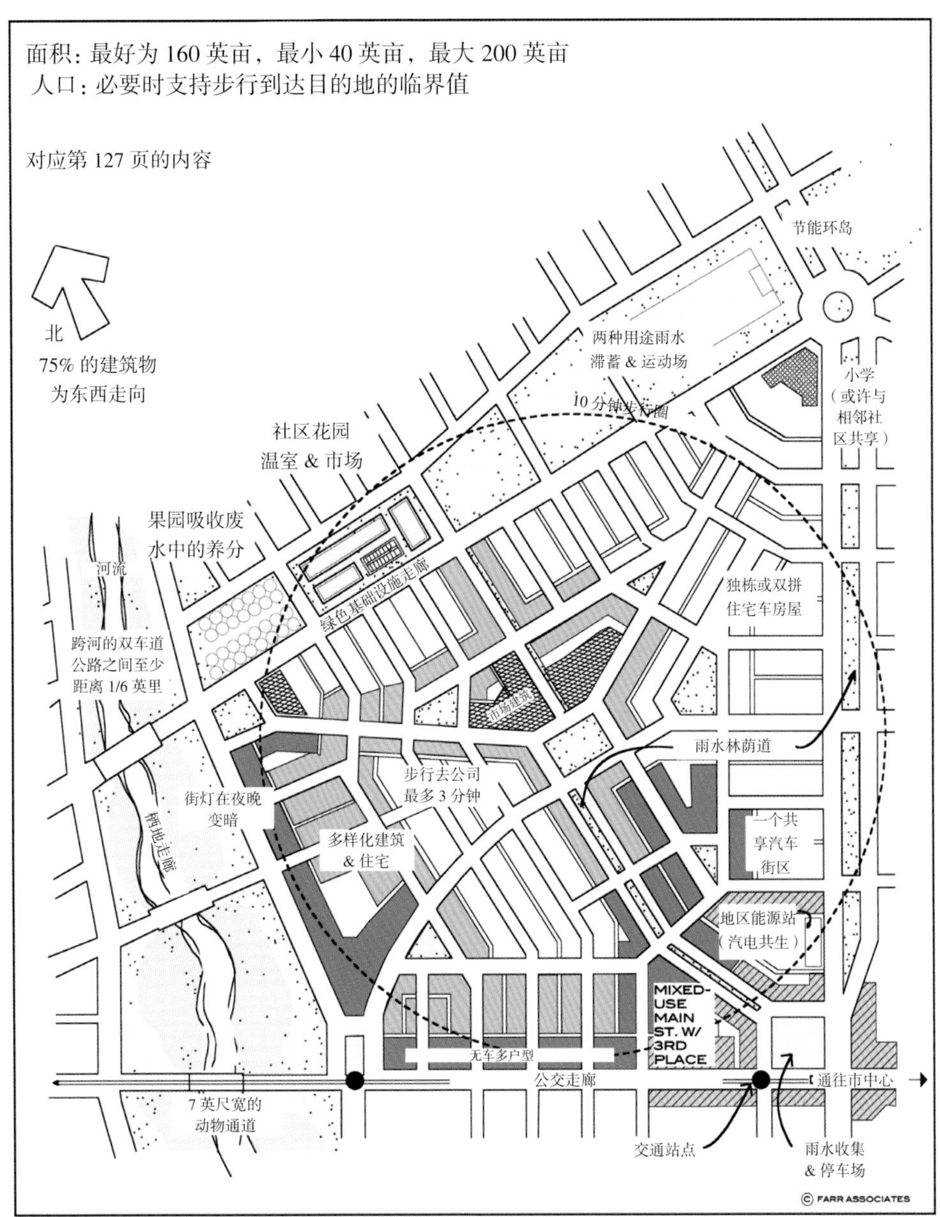

彩图 7　2007 年，道格· 法尔（Doug Farr）进一步完善了佩里的社区模型。法尔重点强调了绿色基础设施。用市政建筑取代了位于中心位置的小学。资料来源：Farr, Sustainable Urbanism

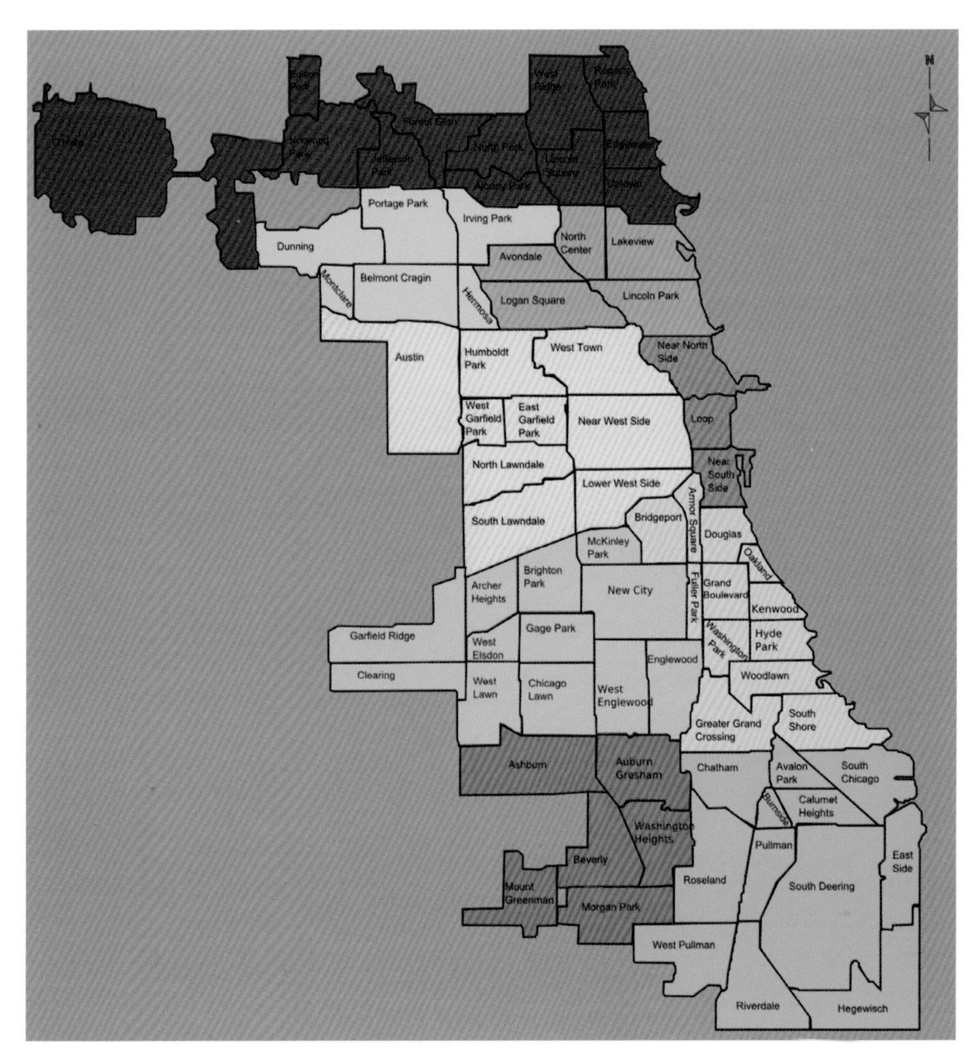

彩图 8　芝加哥的 77 个“社群区域”（通常与“社区”同义）源于 20 世纪初芝加哥学派的社会学家的研究。多年来，人们通过各种各样的努力尝试将其细分为不同社区（这些区域的平均人口规模为 35000 人）：1946 年的一项规划以小学为依据将城市划分为 514 个独立社区，每个社区的面积约为 1/4 平方英里，1978 年，根据一项居民调查确定了 178 个社区。后来，基于一项独立研究人员的研究成果，这座城市的非官方地图中包含了 228 个社区。资料来源：Herbert, “The Neighbourhood Unit Principle and Organic Theory.” 图片来源：Peter Fitzgerald（Chicago_neighborhoods_outline.svg）[Public domain], via Wikimedia Commons, https://upload.wikimedia.org/wikipedia/commons/b/b3/Chicago_ neighborhoods_ map.png

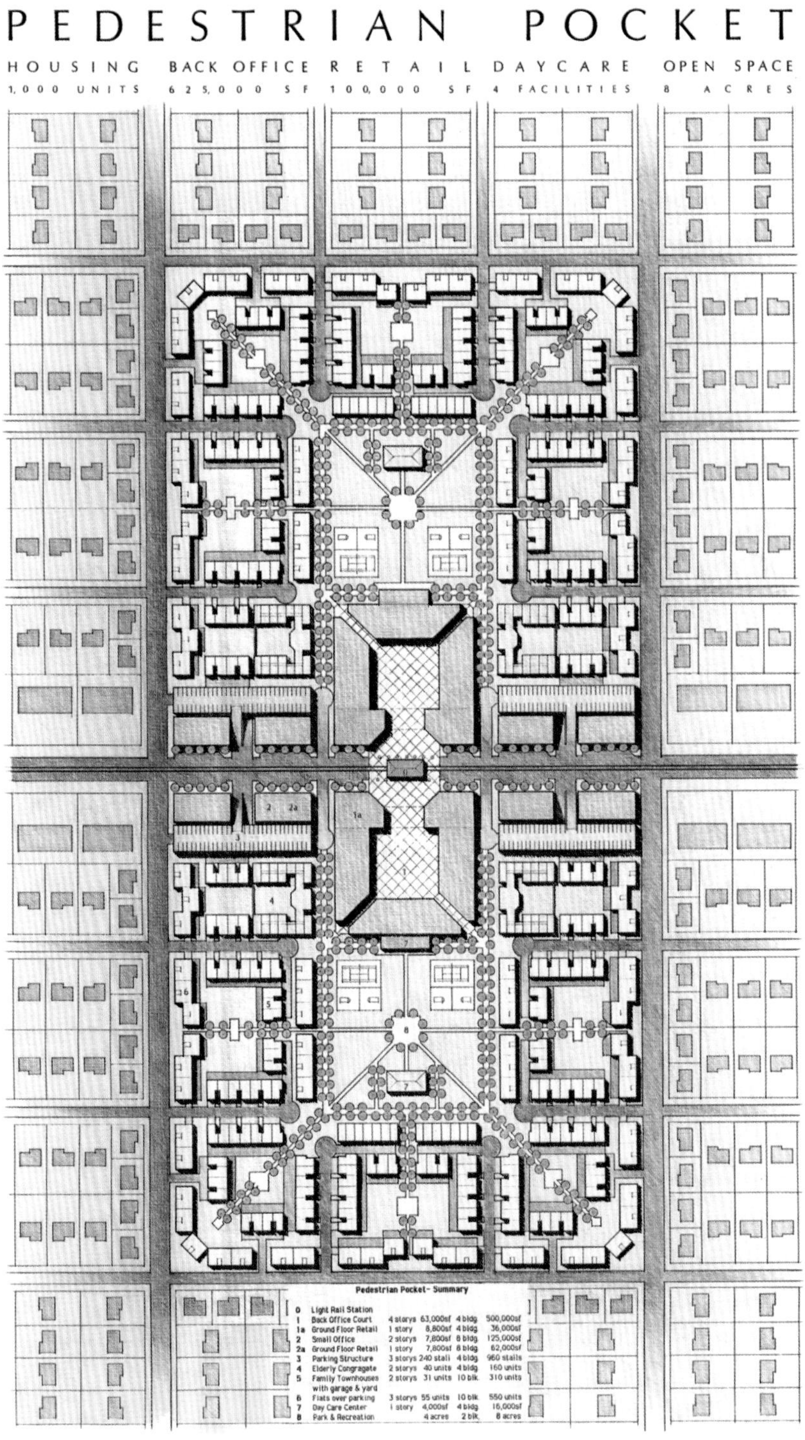

PEDESTRIAN POCKET

HOUSING 1,000 UNITS · BACK OFFICE 625,000 SF · RETAIL 100,000 SF · DAYCARE 4 FACILITIES · OPEN SPACE 8 ACRES

Pedestrian Pocket- Summary

0	Light Rail Station				
1	Back Office Court	4 storys	63,000sf	4 bldg	500,000sf
1a	Ground Floor Retail	1 story	8,800sf	4 bldg	36,000sf
2	Small Office	2 storys	7,800sf	8 bldg	125,000sf
2a	Ground Floor Retail	1 story	7,800sf	8 bldg	62,000sf
3	Parking Structure	3 storys	240 stall	4 bldg	960 stalls
4	Elderly Congragate	2 storys	40 units	4 bldg	160 units
5	Family Townhouses with garage & yard	2 storys	31 units	10 blk	310 units
6	Flats over parking	3 storys	55 units	10 blk	550 units
7	Day Care Center	1 story	4,000sf	4 bldg	16,000sf
8	Park & Recreation		4 acres	2 blk	8 acres

彩图9　彼得·卡尔索普（Peter Calthorpe）将行人口袋社区（The Pedestrian Pocket）定义为“以交通为导向的开发”，这种开发类型结合了多用途开发策略、交通策略和可步行策略。这是一个理想化的社区蓝图，也会根据当地历史、地形和环境进行调整。资料来源：Calthorpe Associates

彩图 10　英国的伯恩维尔（Bournville）位于伯明翰附近，始建于 1895 年，由巧克力制造商吉百利（Cadbury）兄弟开发。伯恩维尔是较早采用“超级街区”布局的城市，在这种布局下，房屋面对的是内部绿地而不是外部街道，这种布局形式在 36 年后拉德伯恩的社区中十分流行。拉德伯恩的规划师克拉伦斯·斯坦（Clarence Stein）声称，他的灵感来源于一些更具历史意义的事物：位于纽约的 17 世纪荷兰风格的住宅，它们是围绕街区中心花园的环绕式住宅。资料来源：Eaton, “Ideal Cities.” 图片来源：谷歌地球

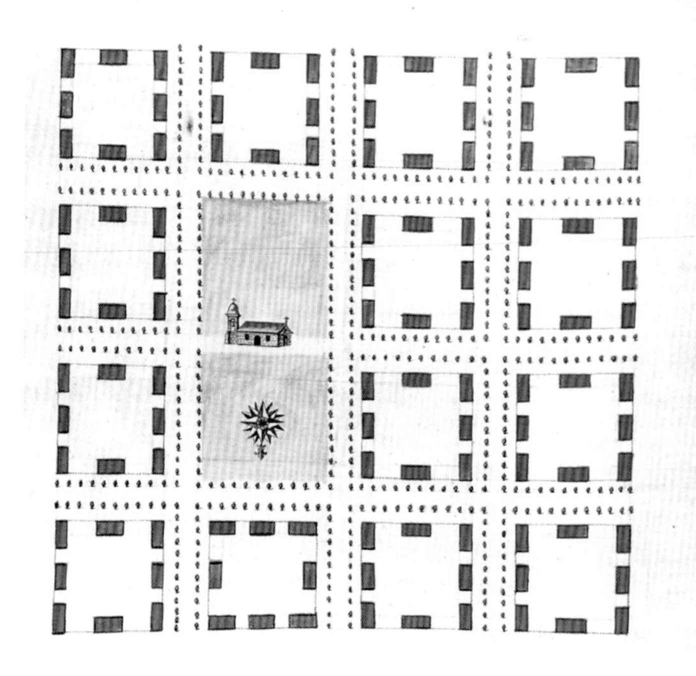

彩图 11　“印度法律”（1688）规定，住宅区必须固定在一个位于中心位置的公共开放空间。多米尼加共和国（Dominican Republic）的 112 户定居住宅（家庭）也遵循这一规定。资料来源：Car í as, La Ciudad Ordenada

彩图 12　芝加哥南部的“和平之家”（Peace House）是一个致力于技能学习和社会联系的社区中心。资料来源：https://www.igrowchicago.org/

（a）

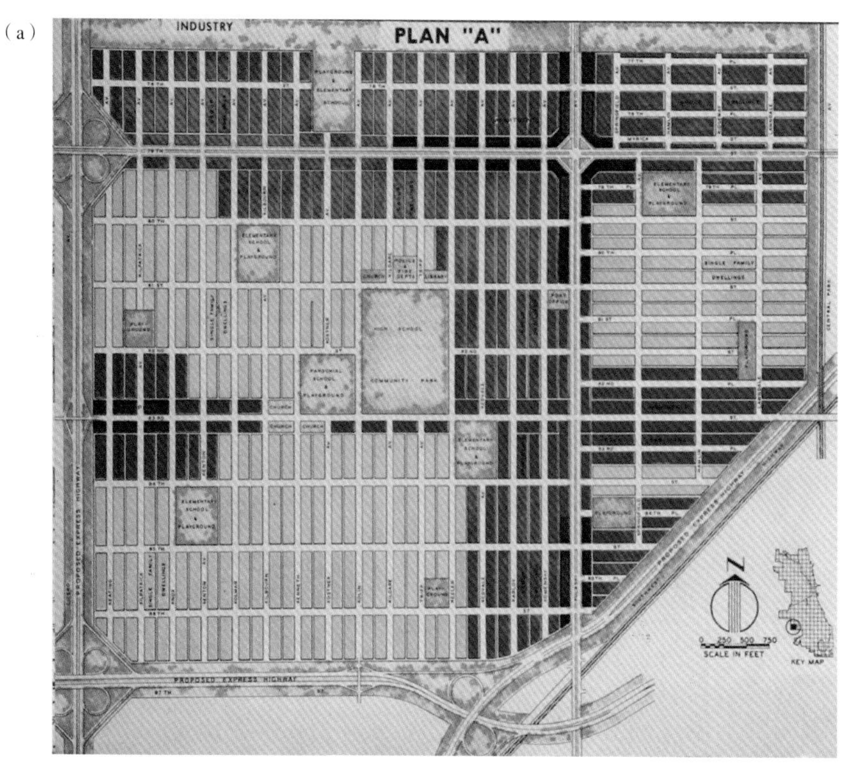

彩图 13a、13b、13c　经过规划的社区通常不能完整体现出预期的规划内容，因此，这类社区也经常因此受到人们的批判。在 1943 年的一份出版物中，芝加哥规划委员会主张对城市的一部分实施“B 计划”而不是“A 计划”。“A 计划（a）”是常规做法，无法享有社区设计的优势。“B 计划（b）”展示了一个集中且“完整”的社区集群，每个社区都有混合的住房类型以及学校、公园和商店。图（c）为该地区的实际发展状况。出现了几条曲线型街道，但却没有形成集中的社区式居民区和商业地区。资料来源：Images (a) and (b) are from Chicago Plan Commission, Building New Neighborhoods. 现状图 (c) 由作者绘制

（b）

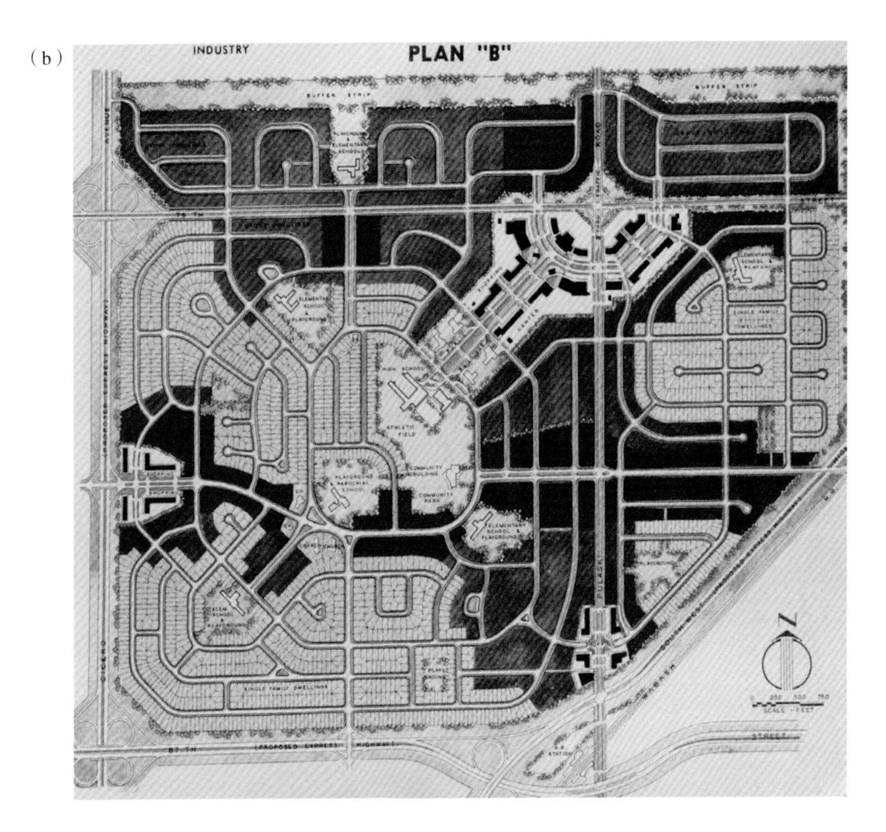

（c）

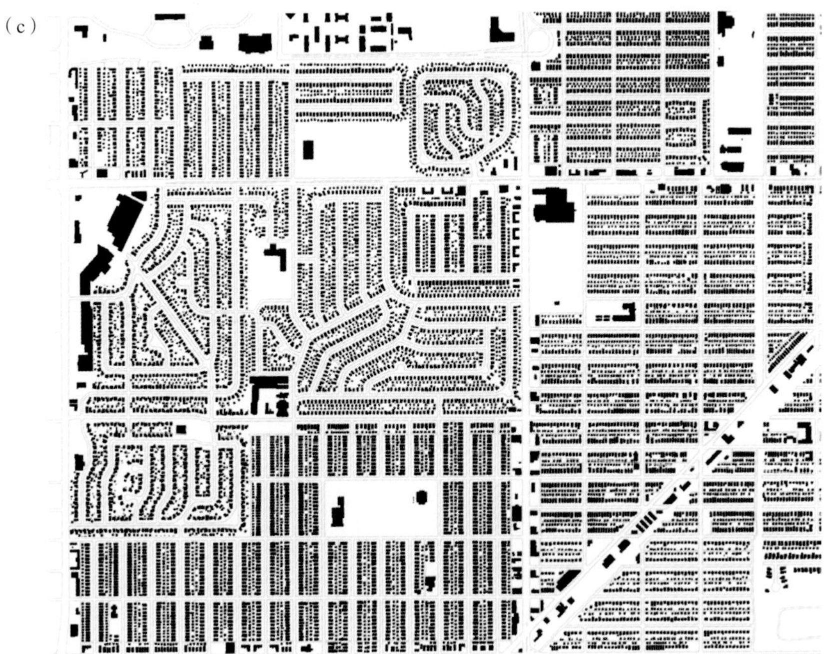

彩图 13a、13b、13c　经过规划的社区通常不能完整体现出预期的规划内容，因此，这类社区也经常因此受到人们的批判。在 1943 年的一份出版物中，芝加哥规划委员会主张对城市的一部分实施“B 计划”而不是“A 计划”。“A 计划（a）”是常规做法，无法享有社区设计的优势。“B 计划（b）”展示了一个集中且“完整”的社区集群，每个社区都有混合的住房类型以及学校、公园和商店。图（c）为该地区的实际发展状况。出现了几条曲线型街道，但却没有形成集中的社区式居民区和商业地区。资料来源：Images (a) and (b) are from Chicago Plan Commission, Building New Neighborhoods. 现状图 (c) 由作者绘制

（a）

SCHOOL STREET-MONROE STREET NEIGHBORHOOD
HABS No. NJ-1235
(Page 17)

FIRST ST
HUDSON ST
CANAL ST
MERCER ST
MONROE ST
SCHOOL ST
GEORGE ST
PUBLIC SCHOOL Nº 12
LYDIA ST
THE PANTASOTE LEATHER CO.
SCHOOL GROUNDS
LOUISA ST
QUINCY ST
MADISON ST
JEFFERSON ST
AVE
DISTRICT BOUNDARY
MILLS LAND

1916 Robinson, Wise and Ginsberg Map

0 100 200 400
APPROXIMATE SCALE IN FEET

（b）

彩图 14a、14b　随着制造业的衰退，依附于就业岗位的“完整社区”在重新开发中变得脆弱，例如这座位于新泽西州帕萨依克市（Passaic）的基于学校与工厂的社区。资料来源：14a: Historic American Building Survey (HABS) No. NJ-1235, School Street－Monroe Street Neighborhood. Source 14b: Google Earth

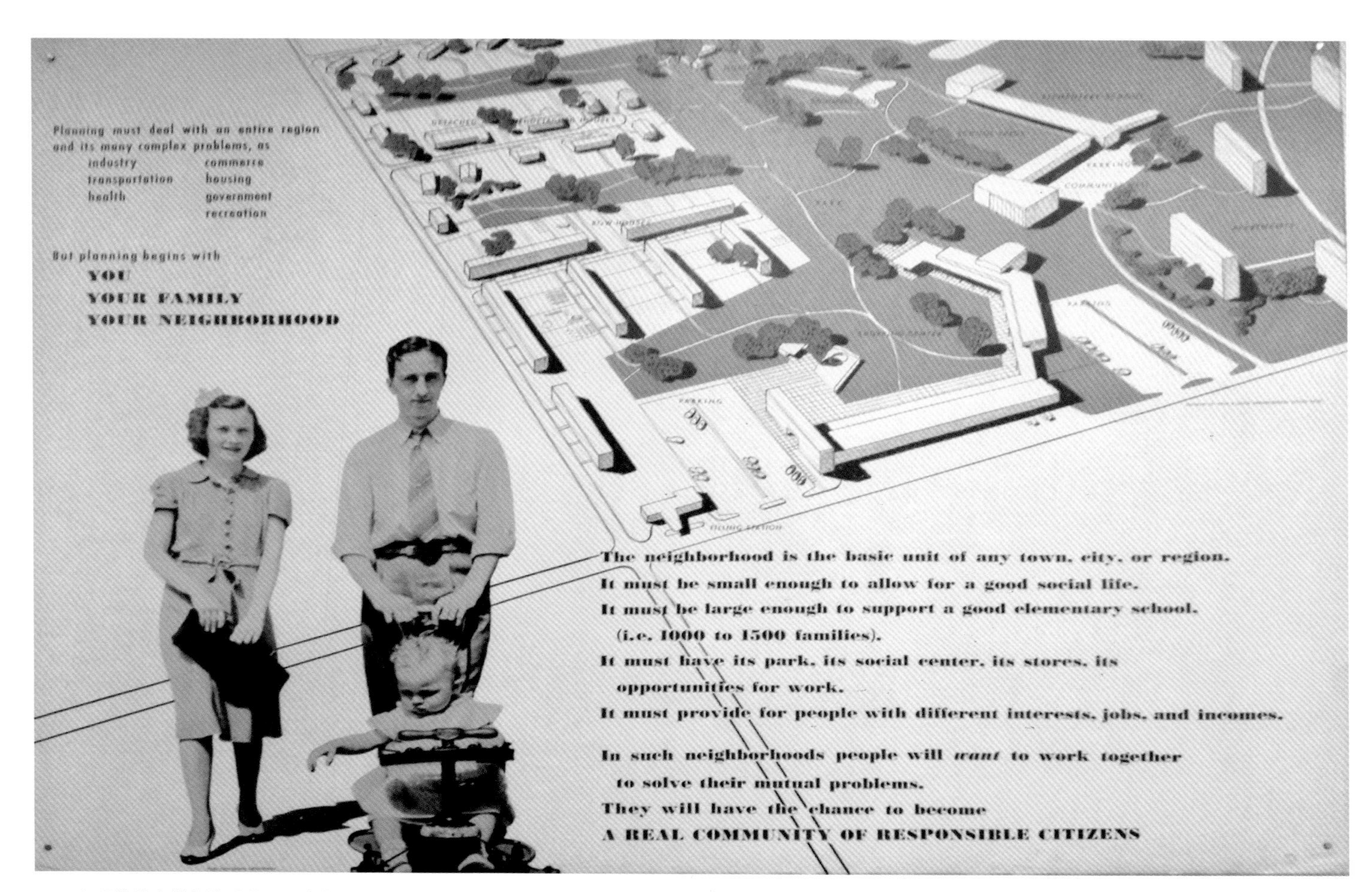

彩图 15　1945 年现代艺术博物馆“社区万象”（Look at Your Neighborhood）展览上的一块展板。资料来源：Museum of Modern Art, Look at Your Neighborhood

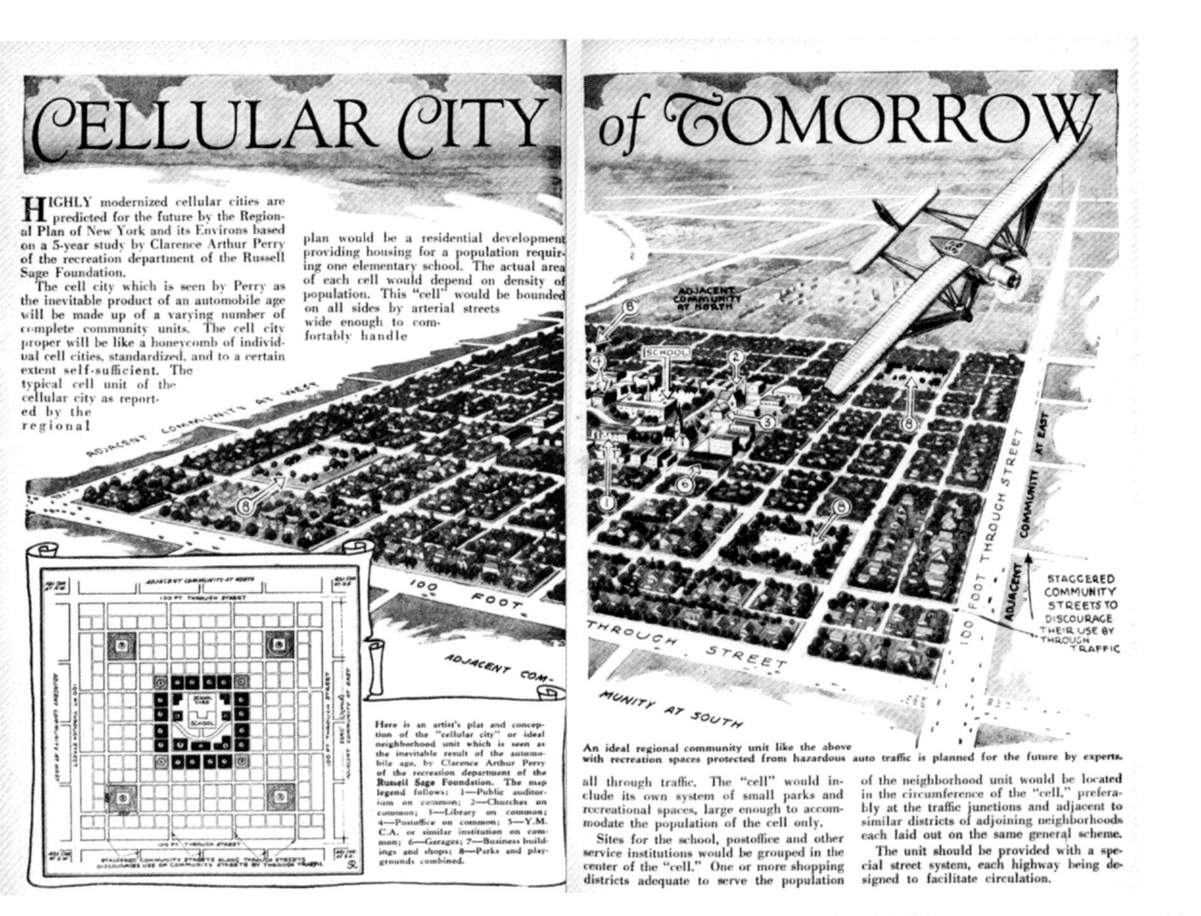

CELLULAR CITY of TOMORROW

HIGHLY modernized cellular cities are predicted for the future by the Regional Plan of New York and its Environs based on a 5-year study by Clarence Arthur Perry of the recreation department of the Russell Sage Foundation.

The cell city which is seen by Perry as the inevitable product of an automobile age will be made up of a varying number of complete community units. The cell city proper will be like a honeycomb of individual cell cities, standardized, and to a certain extent self-sufficient. The typical cell unit of the cellular city as reported by the regional plan would be a residential development providing housing for a population requiring one elementary school. The actual area of each cell would depend on density of population. This "cell" would be bounded on all sides by arterial streets wide enough to comfortably handle all through traffic. The "cell" would include its own system of small parks and recreational spaces, large enough to accommodate the population of the cell only.

Sites for the school, postoffice and other service institutions would be grouped in the center of the "cell." One or more shopping districts adequate to serve the population of the neighborhood unit would be located in the circumference of the "cell," preferably at the traffic junctions and adjacent to similar districts of adjoining neighborhoods each laid out on the same general scheme.

The unit should be provided with a special street system, each highway being designed to facilitate circulation.

Here is an artist's plat and conception of the "cellular city" or ideal neighborhood unit which is seen as the inevitable result of the automobile age, by Clarence Arthur Perry of the recreation department of the Russell Sage Foundation. The map legend follows: 1—Public auditorium on common; 2—Churches on common; 3—Library on common; 4—Postoffice on common; 5—Y.M.C.A. or similar institution on common; 6—Garages; 7—Business buildings and shops; 8—Parks and playgrounds combined.

An ideal regional community unit like the above with recreation spaces protected from hazardous auto traffic is planned for the future by experts.

彩图 16 《现代机械与发明》(Modern Mechanics and Inventions) 的编辑们在这篇 1929 年发表的文章中赞同佩里的观点。资料来源：Modern Mechanics and Inventions. "Cellular City of Tomorrow" December, 1929

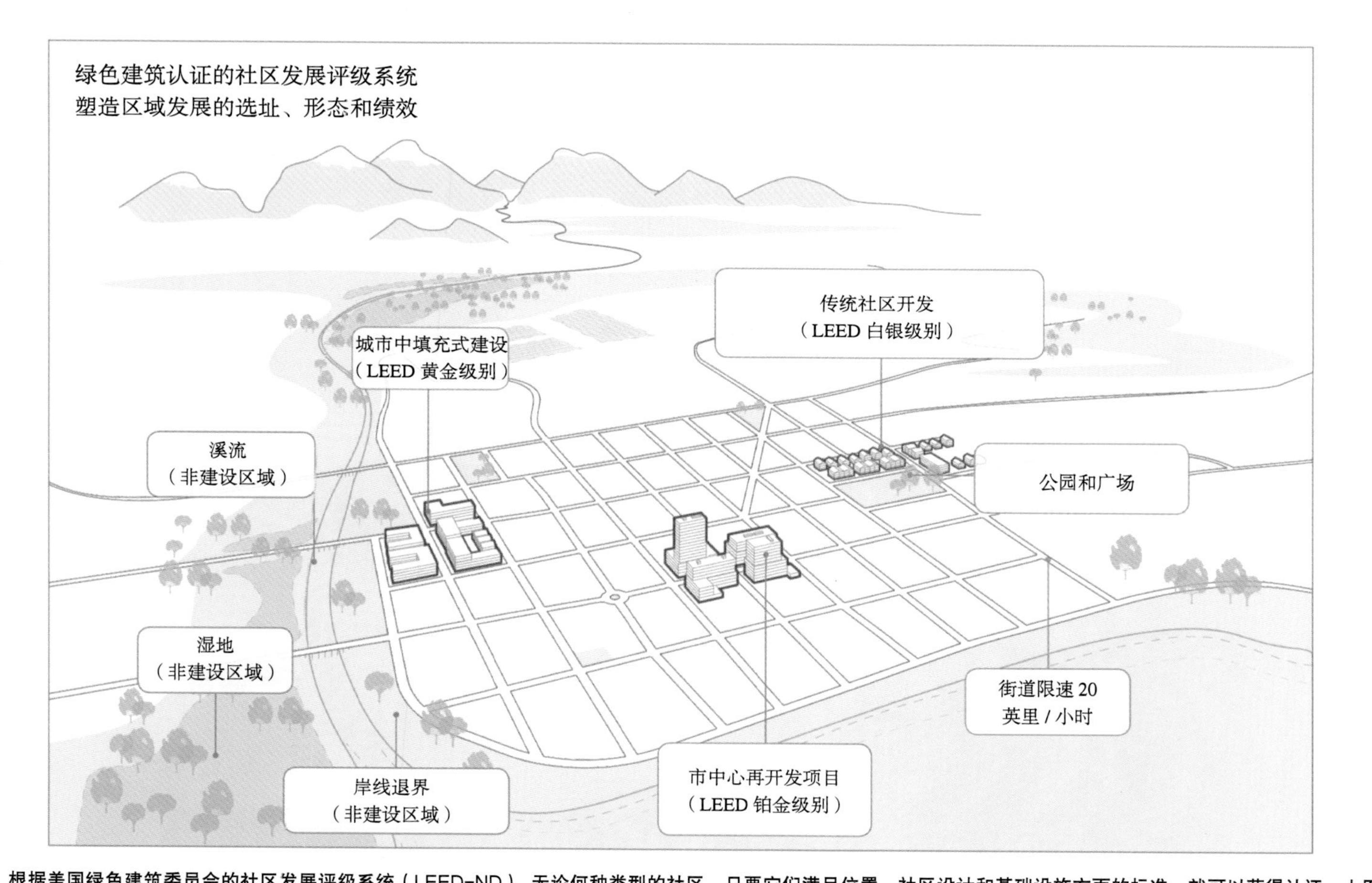

彩图 17　根据美国绿色建筑委员会的社区发展评级系统（LEED-ND），无论何种类型的社区，只要它们满足位置、社区设计和基础设施方面的标准，就可以获得认证。上图展示了三类社区，分别是白银级别、黄金级别和铂金级别。资料来源：Image by Farr Associates

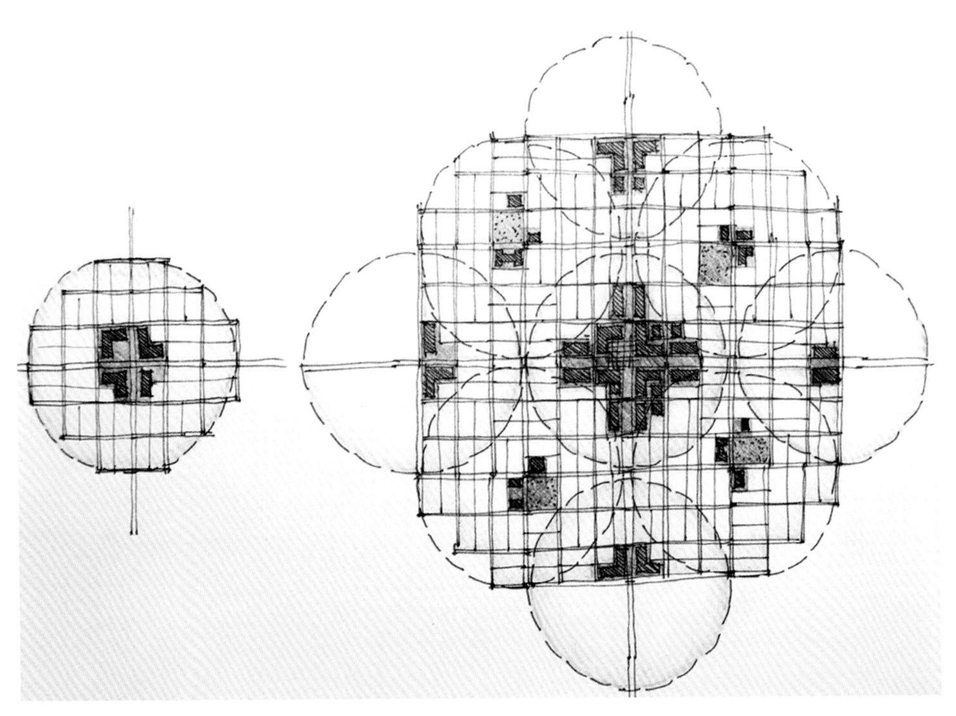

彩图 18　史蒂夫· 穆宗（Steve Mouzon）是一名建筑师和城市规划师，他在自己的博客 Original Green 上说，人们“对社区中心和边缘感到困惑”。虽然一个独立的小村庄（左）可能只有一个商业中心，但一个城市（右）中存在多个中心和商业街。繁忙的街道是社区的分界线，但以市政建筑和商业街为中心的各种用地类型“将城市编织在一起”。资料来源：Mouzon, Original Green

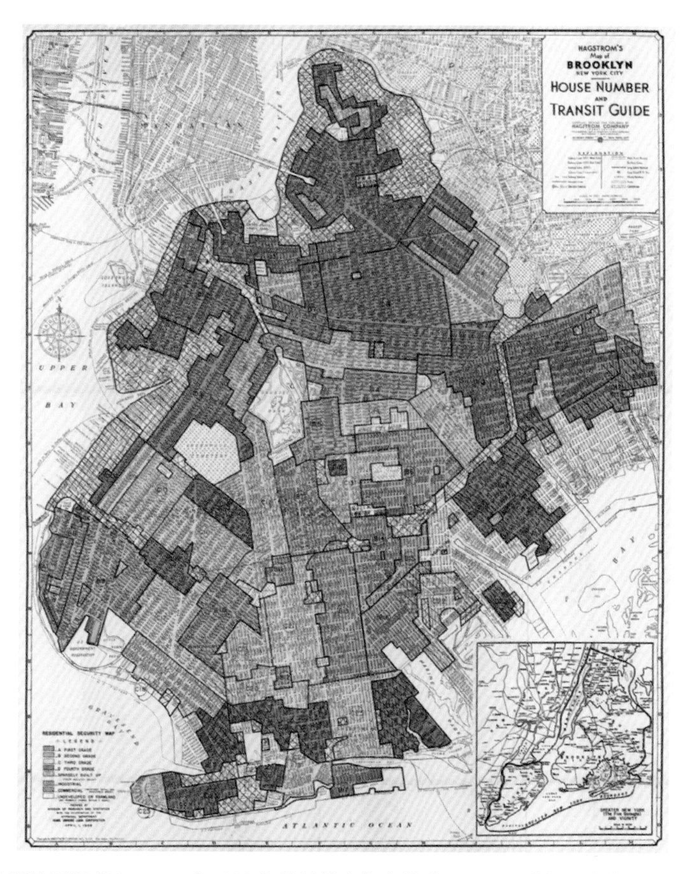

彩图 19　哈格斯特罗姆（Hagstrom）1938 年绘制的布鲁克林地图展示了联邦住房管理局（FHA）划定的红线区域。资料来源：Robert K. Nelson, LaDale Winling, Richard Marciano, Nathan Connolly, et al., “Mapping Inequality,” American Panorama, ed. Robert K. Nelson and Edward L. Ayers, accessed July 9, 2018, https:// dsl. richmond. edu/ panorama/ redlining/ #loc=9/ 41.9435/ – 87.7050&opacity=0.8&text=about&city=chicago- il

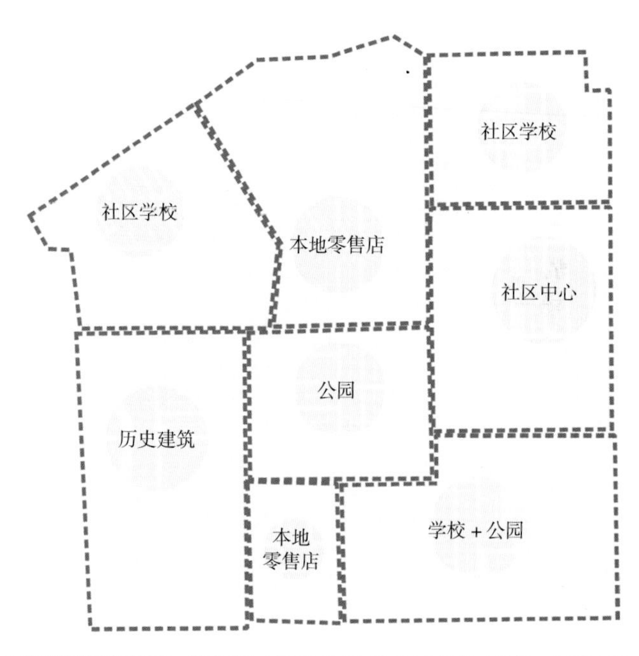

彩图 20　社区中心和它们的空间范围：针对芝加哥部分地区社区划分的初步建议。资料来源：作者自绘

图 6.8　克拉伦斯·斯坦的阳光花园社区规划，位于纽约市皇后区。资料来源：Stein, *Toward New Towns for America*, 207

例如，建造包含公共设施和中低档住宅的“完整邻里单元”需要付出多少成本，后来人们将这类邻里单元与被划分为严格矩形地块且不包含公共设施的普通居住区进行比较。大多数情况下，前者显然能够胜出。在大型街区中的独立邻里单元建造住房将会节约 15% ~ 30% 的街道和土地成本，可以用节省下来的钱在社区中心建造公园[48]。

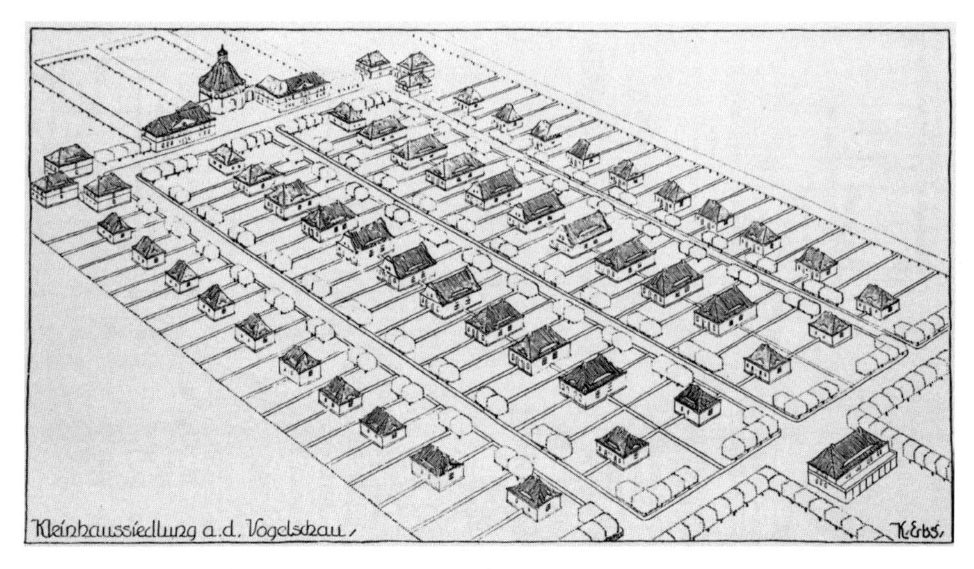

图 6.9 《美国维特鲁威》(*The American Vitruvius*) 中的一个例子展现了用另一种方法对单调的网格进行“社区化”(neighborhood-izing):住宅的两端分别是学校、教堂、墓地和带有商店的公寓。这一社区位于波兰的下西里西亚省(Lower Silesia),由两户住宅和四户住宅组成。资料来源:Hegemann and Peets,*The American Vitruvius*

没有吸取的教训

不幸的是,人们并没有从 20 世纪初的邻里单元规划中吸取教训。围绕公共空间的混合住宅类型原则被抛弃了,大多数建于 20 世纪 50 年代和 60 年代的美国社区只是具有单一用途的大面积郊区开发计划,完整社区的残次品,与佩里或斯坦的想法相去甚远。加利恩(Gallion)的《城市模式》(Urban Pattern)和唐纳德(Tunnard)的《人类之城》(The City of Man)作为 20 世纪 50 年代两部有影响力的规划教材,在书中都表达了对拉德伯恩社区规划的支持,但是,大概由于缺少对规划的关注,邻里单元的细微差别没有转化为覆盖西方城市郊区的大规模开发。

弗吉尼亚州的雷斯顿(Reston)和马里兰州的哥伦比亚是 20 世纪 60 年代的两座新城镇,它们试图形成一个新的规划方式来修正邻里单元,但是这两座城镇都是基于汽车的现代主义城镇,特点是隔离和等级划分,而不是一个更加细粒度的城市生活。这里的建筑风格朴素,看起来仿佛是同一位建筑师在同一时间建造的,商业区对行人十分不友好,以至于后来改造成面向汽车的商业街。

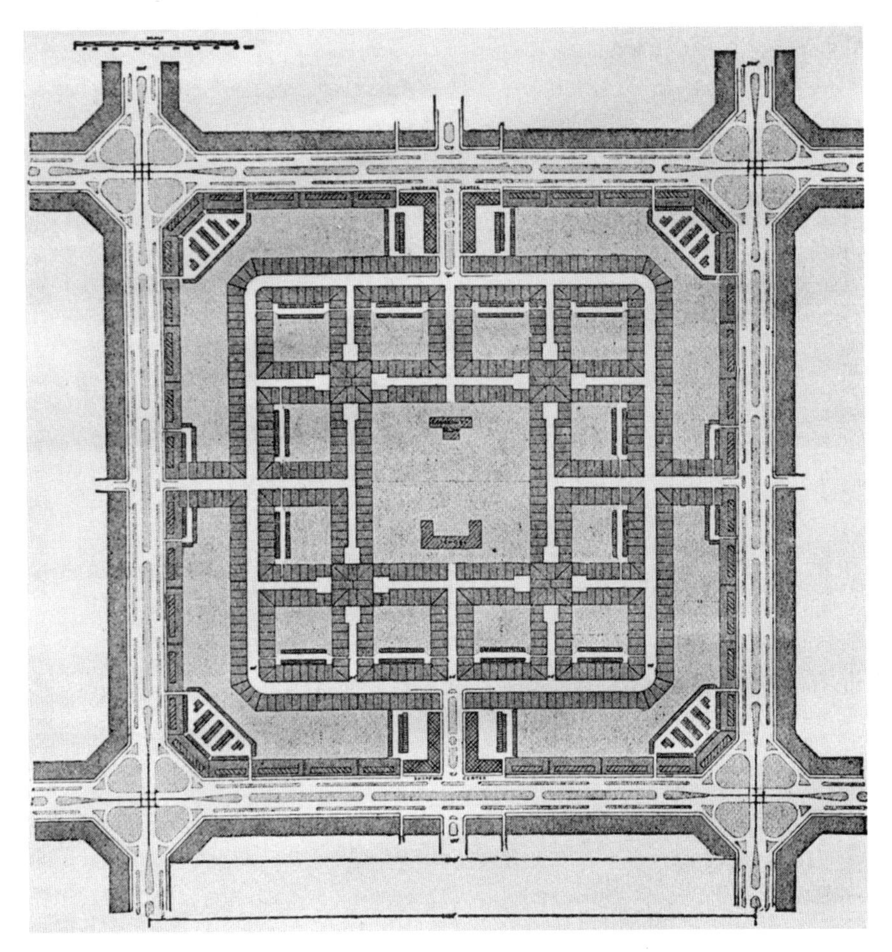

图 6.10　在 1931 年的一篇经典文章中，规划师思考街区、地块和开放空间的布局，即如何形成不同规模和不同形式的社区将会带来最大的经济效益。资料来源：Whitten and Adams，*Neighborhoods of Small Homes*

这其实是对邻里单元的负面宣传。

对社区模式的成功效仿需要关注那些政府机构鲜少规定的细节。美国政府通过联邦住房管理局（Federal Housing Administration）[在 1937 年住房法案（Housing Act of 1937）之后成立] 要求必须以社区的形式建造住宅，但是所建的社区实际上并没有达到模范社区的标准。联邦住房管理局在 1940 年发布的《土地规划公告》（Land Planning Bulletin）产生了巨大影响，将"土地细分"（subdivision）等同于"社区"，指导规划者保证地块的大小统一，以便于"区分用途"，因为小规模街区虽然对行人有益，但是"不经济"。商业用途"入侵居住区"以及"公寓和独立住宅的混合"被该公告列为房地产贬值和"社区丧失特色"的原因。公告中试图做出细微的调整：商店应该"位于可步行范围内

图 6.11　联邦住房管理局在 1940 年的公告中使用了这张照片，为了证明“位置便利、设计合理、配有路外停车场和服务小巷并且规模有限的购物中心是一个受欢迎的社区要素”。资料来源：Federal Housing Administration，“Land Planning Bulletin，” 16 [49]

以方便居民使用”，同时也应该“限制购物中心的规模”，但是开发商却没有在意这些细节，被停车场环绕的大型购物中心成为常态。

1977 年，吉米·卡特总统试图通过“全国社区委员会”（National Commission on Neighborhoods）在全国范围内推广社区，但在那个时候，社区定义已经变得模糊，对于社区究竟是什么这一问题无法取得一致的意见。这削弱了人们为社区辩护的能力。社区这一议题的根本分歧暴露无遗。自力更生的基层人民与那些追求更深层次的社会与政治制度结构改革的人形成对立。对于后者，一部分追求社区的自我保护，另一部分积极争取社区多样性与社会融合。这些矛盾加剧了与国家政治运动相关的常见问题，即：资金不足、权力冲突、目标混乱 [50]。

到了 20 世纪末，对于建立标准社区理论的建议已全部瓦解。正如简·雅各布斯所采用的方式，即相比于终极蓝图更注重社区的建设过程，但这样的社区规划方案也遭到了怀疑。人们认为美国人更喜欢的不是宁静的郊区就是高层都市风格，基于这样的假设，复兴理想社区的尝试被认为是不合理的，因为这样的社区有多样化的住宅类型、混合的土地利用形式、社区中心、社区焦点和宜步行的城市形态。雅各布斯带来的改变已沦为一次思想上的尝试。一位批评家将她的方案简化为“在一条繁忙的城市街道上，靠近工人阶级酒吧的一栋有点摇摇欲坠的老建筑物里，有一户小于平均规模的住宅位于一家糖果店上方”，这样的场景既不现实，也“不能体现流行的美国梦”[51]。

不去肯定社区现有的形式，而是思考社区应该怎样，这种行为是在抛弃规划后的社区。承认社区替代品的必要性和有效性，规划后的社区需要做到这一点，因为这是合理的，实际上也是必须的。作为替代品的新方案不仅适用于配有大门和保安的富有且排外的社区，也同样适用于贫民窟。两者都需要对社区定义新的概念：贫穷社区的形成是因为缺少资源和可达性，富裕社区的形成是因为它们违反了社会契约、囤积资源并且纵容人类自私的劣根性、逃避那些本应该公平解决的问题。

尽管对于社区应该是什么这一问题存在隐式的理解（implicit understanding），人们似乎也普遍拒绝达成一致。这一现象解释了为什么建筑师迈克尔·索尔金（Michael Sorkin）将新城市主义称为一个虚幻的“模仿计划”（mimetic project），但是又继续重申了同样的社区理想：社区是“城市的缩影”，“这里的所有日常生活必需品都在住宅的可步行范围内”，并且“为教师、咖啡师、店员、企业家、音乐家、门卫、工匠、农民、警察，以及其他所有维持社区正常运行的人提供保障性住房”[52]。这样一个历史悠久的标准社区理想是克拉伦斯·佩里本人也会接受的方案。

社区规划的批评者们认为，这种社区模型的通病就是在实践中一定会屡遭失败。但也存在一个反例：在卡特总统成立全国社区委员会之后的几年里出现的新城市主义社区。新城市主义者们没有拒绝邻里单元，也没有陷入对各种社区概念的纠结，而是踏上了完全不同的另一条道路，并提出了一个明确的模式。他们认为只存在两种类型的城市化：社区和蔓延。

社区替代品

世界范围内社区规划的失败到20世纪中叶已广为人知，对于此，人们呼吁建设社区的替代品，无论在概念还是形式上都要完全区别于社区。一些规划师描绘了如何在没有社区的情况下明确规划城市，例如，史密森（Smithsons）的“集群城市”（Cluster City）、克莱恩（Crane）的“昌迪加尔改造”（Chandigarh

Reconsidered）和布拉齐尔（Braziller）的“理想共产主义城市”（Ideal Communist City），这些城市都是由围绕着整个城市中心或核心的住宅集群构成。在20世纪50年代的巴基斯坦,“社区”这一术语完全不适用于规划居住区，因为这个词“暗含的社会学含义在这里是无效的”（取而代之的是由50 ~ 100户面向儿童游乐空间的住宅所简单构成的居住区）[53]。委内瑞拉的规划师建议将购物中心和较高密度的住宅一起放置在较低密度的住宅边缘，这样一来，居住区之间（而不是居住区内部）将会形成社会融合,从而“打破所有僵化的‘社区’概念”[54]。比利时规划师加斯顿·巴德特（Gaston Bardet）提出了“微观分组”（micro-groupings）的代替方案，这是一种“社会地形学”（social topography），包括将“个体集群”（swarming of individualities）的位置与活动在地图中表示出来，旨在展现“生命体的灵活性”[55]。

其他关于非社区（nonneighborhood）的例子包括班纳吉和贝尔对自由形式的居住环境的呼吁，在这一环境中，通过自上而下的规划方案实现公平的资源分配（不讨论基于政治偏见的设施分配问题），将会在住宅和设施之间建立“最优联系”。服务设施和便利设施位于廊道和节点处，并在其周围形成居住区[56]。乔纳森·巴内特（Jonathan Barnett）以得克萨斯州的花丘居住区（Flower

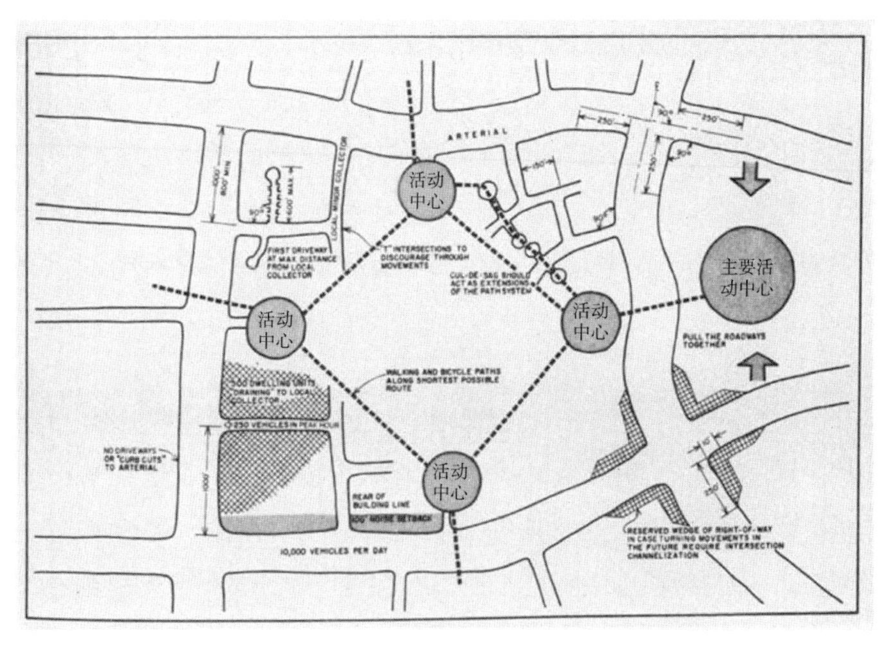

图6.12　得克萨斯州花丘居住区的规划方案展现出社区的“计算模糊性”。资料来源：Barnett，An Introduction to Urban Design，146

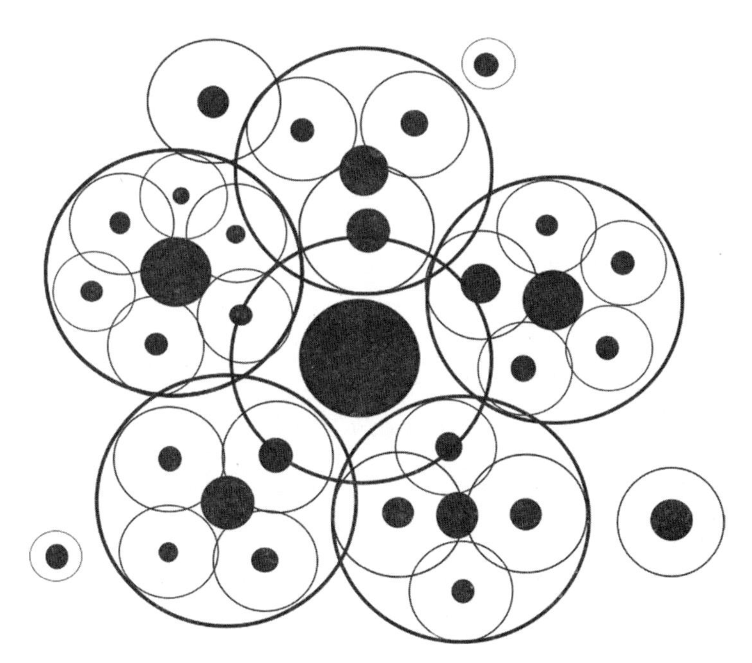

图 6.13　1963 年，吉尔伯特・赫伯特（Gilbert Herbert）简单总结了自佩里以来设计的多种邻里单元形式。其中一个差异是社区内亚单元的形成，与佩里的大面积教条主义社区理想形成了实质性的对比。亚单元计划的例子包括巴蒂特设计的 5 ~ 10 户家庭单元（上图为巴蒂特想法的概念化）、赫里设计的由 30 ~ 60 户家庭构成的亚社区（subneighborhood）、吉伯德设计的亚社区级别的"住房群组"、格罗皮乌斯设计的"超级家庭"、沙里宁设计的由 200 户家庭组成的"基本单元"以及丘吉尔（Churchill）宽泛定义下的"社会社区"。资料来源：根据 Bardet，"Social Topography."重绘

Mound）为例，这一居住区基于英国规划师理查德・卢埃林 - 戴维斯（Richard Llewelyn-Davies）的反社区规划单元理论（antineighborhood planning unit theories）。体现了"社区性质的计算模糊性，这一特性可能出现在平方英里网格内或位于主干道两侧"[57]。

重新概念化的社区可能会包含尽端路，建筑物的布局利于小群体的内部互动，在风格、密度和住房增量规划上也有所变化，这种规划方式既是持久的也是短暂的，在多样性中实现统一，因此可以使社区与城市融为一体。现代主义建筑师阿利森（Alison）和彼得・史密森（Peter Smithson）的作品被认为是这种新社区形式的典范，在"持久和短暂"之间达到了平衡，最重要的是，他们不认为社会群体有任何地理上的限制。社区规划强调移动性，通过促进各种形式的联系，同时也附着于大规模且持久的设施例如道路基础设施，以形成"范围宽泛但可理解的结构"[58]。

但是，相比对于佩里式方案的设计改造，后来出现的想法则更加激进：抬

高未经规划的社区价值，这类社区可以是自发形成的，也可以是自下而上建立起来的，都是发展的结果而不是规划的结果。“社区”的社会学定义是一致的，因为社区已经成为理解动态社会力量的一种手段：向上或向下的社会流动、接替、过滤、老龄化、生命周期的某个阶段，在这些过程中不断“搅动”人口，并因此形成了社区定义中的可变性[59]。社会地理学家认为,社区主要是一种“社会与政治的产物，是通过行动主义（activism）创造出来的”，因此关注点应该放在“社区被创造的过程”中。在这个解释下,社区定义里的模糊性将成为优势，“模糊程度与灵活程度”保持了社区的重要性。可以出于现有的任何目的来构建社区（例如，既可以为了政治也可以为了纯粹的研究）[60]。

规划师与建筑师也参与到这个问题中，因为他们正在为社区寻找一个更加“复杂的概念”，一个能将“多样的社区功能、结构和社会政治相关性”统一起来的理论，这一理论存在于不同的层次，解决方案有限且无法作出假设。这种“完全有机的城镇规划概念”可以在现代主义后期的以过程为导向的理论中找到[61]。这是在呼吁人们作出选择，其基本论点认为，一个预先决定的社区无法与自由愉悦地共处。雅各布斯的想法与此一致,她揶揄规划后的社区很适合“温顺且对社区规划没有主见”的居民[62]。

未经规划的社区似乎是美国认知的一部分，也就是说，美国人自己组织了自发形成的社区，亚历克西斯·德·托克维尔（Alexis de Tocqueville）根据他的观察提出了一个论点，即遇到问题时，“邻里之间会迅速形成一个审议团体”来解决问题（他举出了车辆堵塞道路的例子），而不是向“现有的权力机构”咨询[63]。“睦邻精神”（neighborly spirit）作为一种美国精神已经得到了见证，从 19 世纪以来，先锋品质也注入其中。但社区规划的批评者们争辩道，这种精神独立于场地也可以蓬勃发展。1914 年，宾夕法尼亚大学举办了一场演讲，主题是“伦理学与更大的社区”（Ethics and the Larger Neighborhood），这场演讲宣称，“在很久以前，社区就不再与物理上的接近度相关了；几十种科学的作用（agents）、方法和手段使其成为一个关乎时间、感受和想象力的问题，但不是一个空间问题”[64]。社区不是一个客体，而是一种情感：邻里之间和睦相处，在一个分裂且差异化的世界里意味着团结一致。这需要“拓宽”社区的概念，不可将其约束在空间规划中。

城市设计师注意到社区的这种易变性，倡导一种更加以过程为导向的社区规划方法。兰迪·海丝特（Randy Hester）对此十分满意，他赞同米尔顿·科特勒（Milton Kotler）的社区政府（Neighborhood Government）论点，即社区的政治定义“取代”了物理与社会意义上的社区[65]。这也许会导致对秩序的蓄意抵抗，形成短暂且不受管制的公共空间，这种空间旨在使自发性和“真实性”成为可能，可以不经过预先思考就形成社区[66]。那么存在一个合理的问题，以社区为基础的“公民响应”（civic response）（与“社会企业家精神”—social entrepreneurship相对）意味着人们参与、采取行动并为集体目标共同努力，而这种行为是否同样容易动员起来[67]？

动员公民响应的一个例子是注入环保理念的“生态住宅”（ecohousing），这是一个源于丹麦的“家庭友好式绿色社区”（family-friendly green neighborhood），现在已经在全世界范围内推广，尤其是加州和科罗拉多州。自20世纪90年代以来，人们已经建成了几百个这样的社区。建设过程源于自下而上的努力：一小群具有奉献精神的人汇集资源，购买地块，深度考虑公共需求，社区就这样就形成了。为满足公共需求，这样的社区内设有社区花园和公共厨房，并且提供技能交换的机会，还有为举办社会活动而建的“公共房屋”（common house）。合住社区（Cohousing neighborhoods）能满足的人类需求比佩里想象的更宽泛，从“情感”（“好朋友之间只有一分钟的步行距离”）到“创造”（“邻里之间共同设计新的景观、美学要素和庆祝活动”）。合住社区所体现的反市场的自由主义也超出了佩里认可的程度。尽管佩里会赞同合住社区传达的理念，即“建设一个更好的社会，一次只建一个社区”，但“每一位居民都是社区公民”而不是消费者这样的观点会让佩里感到犹豫[68]。

与社区建设过程同样重要的是人们对社区的感知，想要了解社区，最重要的是明白人们如何从个人角度理解社区。社区不是被设计出来的物体，它的形成是基于居民在城市领域（urban realm）中的移动规律。因此，社区的理论化应该建立在“个人主义和自由主义”（individualism and permissiveness）的基础上，强调“为车流和人流而建造的社区通道”，强调社区的“非稳态”（flux），体现出这是居民为自己而设计的“流动社区”（roving neighborhood）[69]。

这让人想起社会学家苏珊娜·凯勒（Suzanne Keller）曾经提出的邻里单元“替代方案”。首先是个人化的“社区圈”，并将其与一个更大的非个人“服务区域”结合起来（凯勒认为两者之间存在一种“反向关系”）。其次是“流动社区”

的概念，以“兴趣点”为中心而不是以住宅为中心。然后是“服务社区”，但是凯勒发现服务区域的概念很难形成（因为服务区的界限太模糊）。最后是“集体责任制”（collective responsibility）社区，这一方案更有计划性，也更符合简·雅各布斯和索尔·阿林斯基（Saul Alinsky）的观点[70]。

对一些人来说，潜在的责任是一种优势，它在一个基于感知的个人化社区中可以使社区满足任何形式：无论是单户住宅社区还是混合住宅形式的多样化社区，无论是追求更大的社区空间还是追求更好的行人区环境，这些都同样合理。汽车、独户住宅和消费品，由政府通过道路建设和税收激励提供支持，它们将社区重新塑造成个人化的场所，在这里可以自由地接触广泛的社会与经济世界。

经过地理上的解放，一个分散的社区仍然可以是“真实的”。用“乡村社区品质量表”（Rural Neighborhood Quality Scale）作为标准，研究证明了西弗吉尼亚州乡村社区的生命力与影响力；也就是说，社区意识与在校表现、家庭稳定性和安全感成正相关。一位居民解释道，“这里的社区不被外人所知晓”，但并不意味着它们不存在。乡村社区的形式不统一，它们带来的影响也各不相同，但它们不是一个“没有社会秩序、传播有害文化的环境”[71]。

个人定义的社区也同样具有吸引力，因为居民可以属于多个社区。由于社区内的居民不会拥有相同的空间感知、社交网络或日常运动模式，所以感官的社区边界能够重叠。居民不会成为某个空间群体中的一员，而是“存在于自己的社会世界中心”。一些人认为，当人们被要求描绘自己所在的社区时，他们倾向于以自己为中心来展开画面，这一现象已经得到了证实。一项研究用“自我意识”（egohood）来解释这种差异，并允许社区边界发生重叠，进而将每位居民定义成多个社区的成员。因此，不应该将社区视为离散的单元，而应该将其视为“漫流在城市表面的浪潮”[72]。

凯文·林奇和他的可识别要素（路径、边界、区域、节点、地标）在这类探索中经常被引用[73]。社区的可识别性和“在社区街道上反复移动所产生的”共享性画面，可以成为社区感官结构的基础。这种画面可以是一栋建筑、一个街区、一座公园或一个设施，由于它没有层次且相互重叠，因此可以产生一个连续的结构[74]。哈罗德·普罗夏斯基（Harold Proshansky）和他的同事证明特殊性（社区的独特程度）和连续性（个人或集体对于场地的记忆）形成了场地认同（最终也是个人认同）的基础[75]。

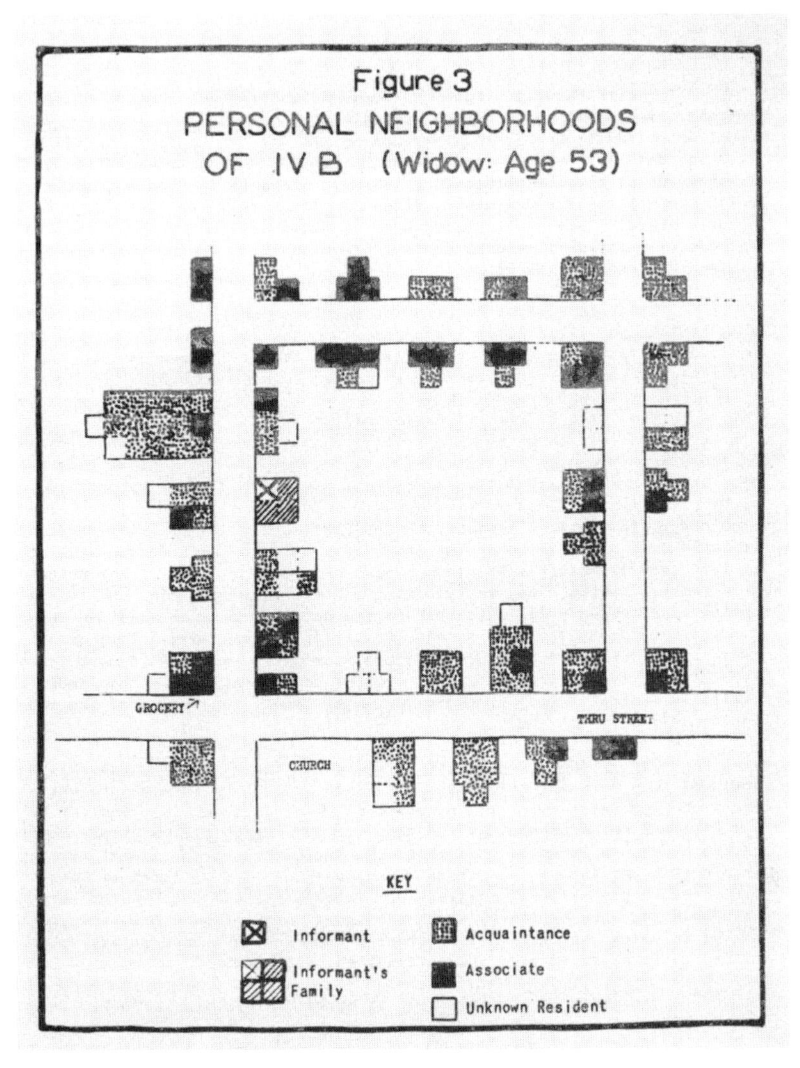

图 6.14　1941 年，在印第安纳州的布卢明顿市（Bloomington），弗兰克·斯威瑟（Frank Sweetser）对由 54 位居民个人定义的 108 个社区进行了研究，这项研究是“以自我为中心”的社区形成方式的先驱。资料来源：Sweetser，Neighborhood Acquaintance and Association

特伦斯·李（Terence Lee）是社区感知 [他自己称之为“社会空间图示”（Socio- Spatial Schema）] 的早期研究者，他让英国剑桥的家庭主妇们画出自己脑海中的社区，并记录下她们对空间组织的感知[76]。李认为，相比其他居民的社会特征，社区的划定更多地基于物理特性（虽然其他研究也有过相反的论证）。李同样感兴趣的是社区感知如何因调查对象的背景而变化。在李这项研究的十年后，一项针对底特律居民的调查得出了这样的结论，“与白人相比，社区在黑人生活中扮演更多样的角色”[77]。

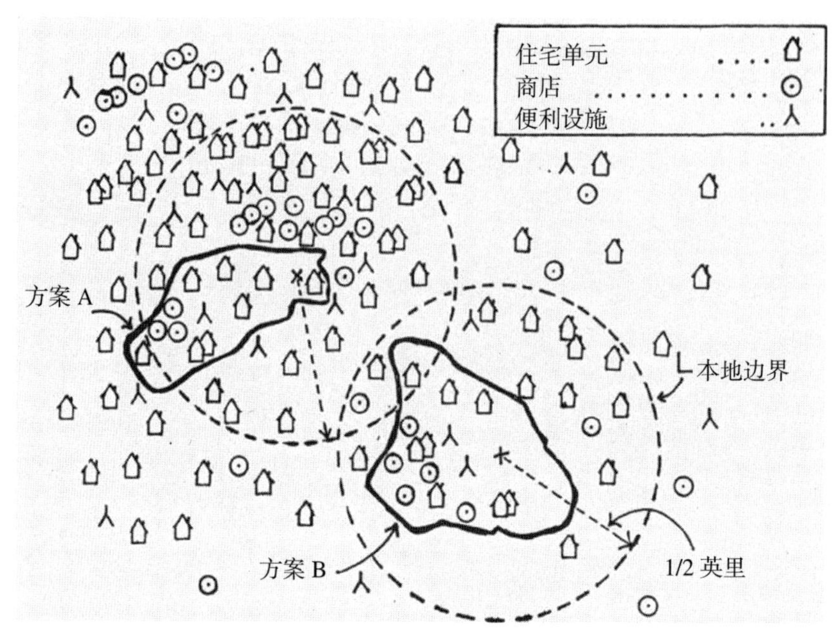

图 6.15 特伦斯·李的城市社区被构想成“社会空间图示”。资料来源：Lee，“Urban Neighbourhood as a Socio- Spatial Schema”

研究者们希望了解更多居民认知里的社区并使其有研究意义，在此过程中，最近的一个转变是针对社区边界问题集思广益。一个名为 Bostonography 的网站致力于“波士顿地区生活和土地的趣味视觉表现”，用交互式地图对居民社区进行了民意调查。一个芝加哥团体推出了一款类似的应用程序，专注于社区边界，揭示了对于南环（South Loop）和西环（West Loop）这类社区的边界存在广泛分歧，但对于“洪堡公园”（Humboldt Park）和“箭牌小镇”（Wrigleyville）这类以标志性场地或著名要素命名的社区，它们在边界问题上达成了更一致的意见[78]。

基于个人感知且由居民来共同决定范围的社区存在一个问题，这样的社区可能会变成一场只关注自身利益的随心所欲的竞争。PlaceIlive.com 这个网站就是一个例子。网站的创始人坦率地承认，“我们只是由衷地相信，如果有更多受教育的居民，社区会变得更好，收入也会更高”。同样，也存在专门为潜在买家寻找“合适”邻居的房地产公司。例如，“过于支持共和党”的邻居不适合住得太近，所以这个公司的想法是帮助潜在客户“确定他们能适应周围环境”并“了解周围的邻居是些什么人”。因为询问他人的种族、信仰、性取向、婚姻状况等都是违法的，所以对邻居的调查需要保密，一些咨询师已经把这变成了一项小范围的利基业务（niche business）[79]。郊区丛林地产集团（Suburban

Jungle Realty Group）是一家私人搬迁公司，该公司会为潜在购房者提供关于社区各方面的详细信息，因此购房者能够根据自己的喜好和生活方式找到完全适合自己的房子[80]。社区就因此被看作是拥有个性化需求和偏好的居民的集合。

这并不是说挖掘个人对社区的看法，并出于某些集体的、建设性的目的将其整合是不可能的。20 世纪 70 年代的匹兹堡地图计划（Pittsburgh Atlas Project）试图将居民认知应用于实际，结合共识映射（consensus mapping）和问卷调查，并基于居民对社区命名的高度一致性来定义社区[81]。1973 年的哥伦比亚社区定义研究（Columbus Neighborhood Definition Study）试图将“现有的社区理论”与居民调查相结合，来划定社区范围[82]。乔治・加尔斯特（George Galster）的“现实主义”社区定义映射了人们的“外部空间”（externality space），然后最大化个体之间的“一致性”，并以此为基础来定义社区[83]。

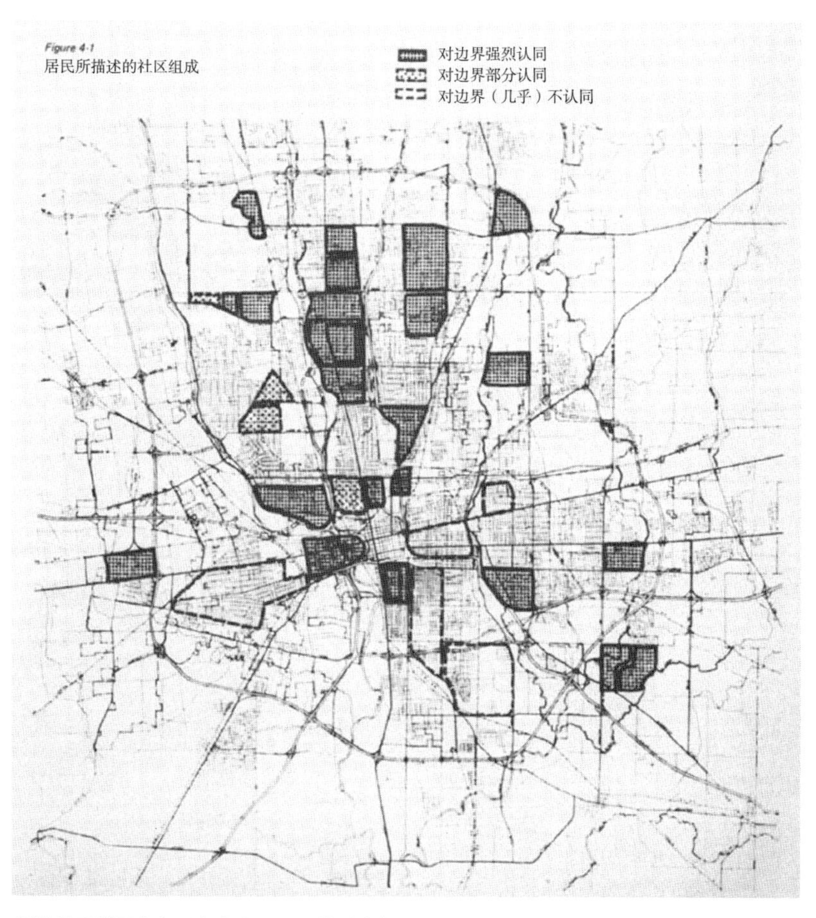

图 6.16　哥伦比亚社区定义研究发现，80% 的受访者依赖于物理性描述（房屋类型、维护水平和土地利用变化是最显著的预测因素），而只有 10% 的人给出了“社会性描述”。资料来源：Sims，Neighborhoods，2

最近，一个叫作 Common Ground 的英国组织开发了一项名为“教区地图”（parish mapping）的技术，希望鼓励人们思考是什么让当地环境变得独特。该组织的目标是预防“席卷整个英国的一致化与同质化进程”。他们的开放式方法使任何人都可以利用任何技术来制作地图，通过任何想要的方式来定义自己的社区。这项计划的重点在于交流人们的价值观和“日常事务”（daily round），和交流积极表达带来的鼓励将如何成为行动与变化的基础[84]。

感知社区的最后一个方面涉及社区的命名。尽管给社区命名可以是一个“提高意识的过程”（awareness- raising process），能够培养“业主意识”（proprietary attitude）（一项研究发现，一个人给社区命名的能力与他在当地和其他人联系的程度有关）[85]，但是也存在不那么堂皇的一面：探索感观社区的名称是探索认知中的偏见的一种方式。按照一位博主的说法，这种偏见是社区命名的结果，源于“房产中介丰富的头脑”。名称的存在是为了避免负面含义。因为“没有人会真的想要生活在叫作布希维克（Bushwick）的地方”，所以一位房产中介想出了西维克 [WeBu，西布希维克（West Bushwick）的缩写] 这个名字，但

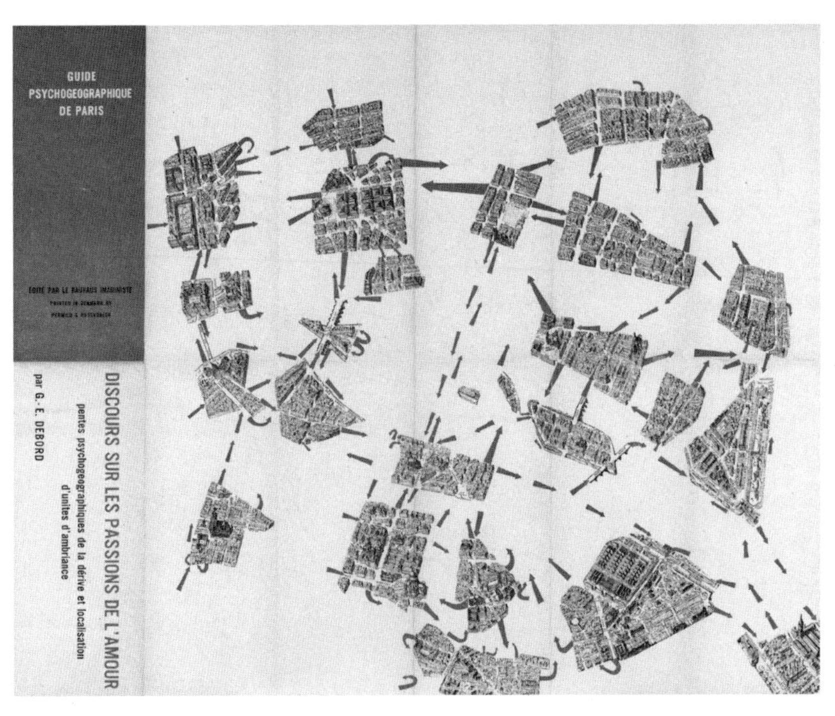

图 6.17 “心理地理学”（Psychogeography）是一门通过个体意义和个人体验来研究城市生活的学科。这张由居伊 · 德波（Guy Debord）绘制的地图虽然不是为了描绘社区，巴黎的各个片段像是一个个社区，由个体的游走将其联系起来。资料来源：Debord，Guide Psychogeographique de Paris

一些人认为这个词显得很“怯懦”（for sissies）[86]。人们认为，洛杉矶的范奈斯（Van Nuys）作为一个犯罪猖獗的城市，如果将这里的一部分改名为“山谷社区”（Valley Glen），将会提升居民的社区认同感和正面感受。在加州的其他地方，赛普尔韦达（Sepulveda）的一部分被改名为“北山区”（North Hills）；卡诺加公园（Canoga Park）的一部分被改名为“西山区”（West Hills）；北好莱坞的一部分被改名为“山谷村”（Valley Village）。注入自然元素的更名主要是由商业协会驱使的[87]。

社区命名可能成为生活方式的一种评价，而且会加深人们的刻板印象。埃里克·克拉姆（Eric Crum）和狄龙·马哈穆迪（Dillon Mahmoudi）为俄勒冈州波特兰市绘制了一张“恶棍社区”（Badassness Neighborhoods）地图，这在当时引起了轰动，因为很多居民并不赞同这种分类方式并认为这是外人眼中的文化刻板印象。绘制这张地图时，正参数包括：当地企业、弹球房、餐车、咖啡店、酒吧、啤酒厂、脱衣舞俱乐部、轻轨车站和自行车路网。土地价值被作为负参数输入（土地价值越高，得分越低）。最终社区地图上的排名从高到低依次是：“Hella Badass”、“Flannelville”、“Meh”以及得分最低的“Vancouver-ish”[88]。

德鲁·霍尔霍斯特（Drew Hoolhorst）在旧金山也做过类似的尝试，用人们对这个城市中社区的刻板印象制作了一套明信片（“如果不知道自己在做什么，这个城市就会十分奇怪”），很快因为遗漏招致批评。“事实证明，这个城市中有19429个不同的社区可以讨论……但当我写完上一句话，又诞生了398个新社区”。作者对五花八门的社区特征描述激起了一些人的愤怒，比如将坦德林社区（Tenderloin）描述（characterizing）为针尖区（Needles-Landia），将中国城描述为粉色塑料袋区（Pink plastic bag-landia），将南旧金山描述为“这咋像旧金山呢？”（How is this considered San Francisco?– landia）。[89]

城市规划师也参与了社区的命名，但通常都会引起争议。在匹兹堡，规划师为社区改名而受到批评，因为人们认为新名称过于随意且让人困惑：“奥克兰、谢迪赛德和东利伯蒂的一些居民可能会为一个名为鲍姆中心（Baum-Centre）的社区一激灵”，因为这对很多居民来说显然是陌生的。规划师回应道，社区名称的变化是相关利益者共同商议的结果，试图找到“地区认同策略”。类似的困惑也发生在西雅图，当时的规划师将一个“两个街区之间的灰色地带”命名为“热门酒吧街区”。当地居民没有意识到名称的变化，也没有人能将之辨认出来[90]。

佩里之外，还应顾及过程

很多人都在寻找具有较高灵活性的介于规划与无规划之间的最优解，它可以是埃比尼泽·霍华德式的社区，或许甚至是克拉伦斯·佩里倡导的以学校为中心的社区，但不会是自上而下的规划。一项研究以 10 个以色列社区（城市街区）为对象，这些社区的规划程度从高度规划到完全没有规划，研究发现高度规划的社区内存在明确的优势，包括：有组织的领导、定义清晰的社会边界和空间边界以及控制感。未经规划的社区缺少社会与空间边界，在这种情况下，社会管理是一种“抽象的社会习俗”，由警察和法院来执行[91]。

不幸的是，很少能做到针对不同社区的规划过程进行细微调整，使社区能从中受益。相反，社区规划几乎都是大规模的、一次性的、专家主导下的公式化进程，例如佩里的社区方案。缺少的是对社区典范的渐进式转录（transfer），就像亨利·赖特和埃尔伯特·皮茨（Elbert Peets）提议的那样，重新开发现有的场地时一次一个街区[92]。城市规划师从未形成一种语言或方法来建设一个作为物质环境结构与社会结构的理想社区，这种方法不是自上而下的，既不涉及社区规划蓝图，也不受限于社区发展过程，而是将前期规划与发展过程相结合。

在试图依赖渐进式调整作为改善社区的方法时，这种平衡的复杂性开始显现。如果不理解通过渐进式调整达到的改善将如何引导整体性的逐步建立，而且这里的整体与社区无关，那么细微的改善也许就像是无的放矢，每次都能使一个业主、一个房主、一位中产阶级化提倡者（gentrifier）受益。如果把这些催化作用放在同一个社区内，会产生更显著的效果吗？一个自上而下的规划不一定是答案，但与一个定义明确的社区建立更清晰的联系或许会使这些催化作用的效果更深更广。

前期规划与过程发展的对立揭示了集中式建设和灵活调整之间的张力，前者需要规划草案，后者的形式可以是新建的商店、大量的坐凳和新刷的人行横道。在这一关系中需要自发性，也需要公平和民主的表现[93]。或许，至少对社区及其相关的集体企业、责任和所有权这些概念有一个明确的理解可以帮助避免走向集中式规划和自己动手干预两个极端。

在巴尔的摩，由72个街区组成的Sandtown-Winchester社区的再开发问题中，缺少这样的联系可能会对结果产生一定的影响。这里是电视剧《火线》（The Wire）的拍摄点，也是弗雷迪·格雷（Freddie Gray，在被警方拘留时死亡，引发了大规模的抗议）居住的地方，因此声名远扬，这个生活了8500位居民的地区接受了社区发展补助金（Community Development Block Grants）、由洛兹公司（Rouse company）提供的私人房地产开发商基金、仁人家园（Habitat for Humanity）基金和其他基于慈善的支持。自从1989年以来，超过1.3亿美元的公共和私人投资被用于住宅升级、职业培训、产前护理和社区振兴。

但由于缺乏强烈的社区意识，同时居民在规划和发展过程中（plan and process）都缺乏实际决策权，这意味着改善不能带来实际效果。华尔街日报认为，应该给居民发放代金券让他们搬到其他地方居住，但长期在此的居民能感受到社区正在发生变化，而"持续的关注"对社区来说"比任何事情都重要"[94]。居民权力的缺乏转化为关注的缺乏，导致了几乎没有一项审计（auditing）是实际完成的。最初发起振兴工作的市长卡特·斯科默克（Kurt Schmoke）说道，重要的问题是缺少后续行动。研究者记录道，当时没有一个明智的决策，也没有关于事情如何发展、如何根据投资效果调整投资策略的反馈[95]。

一种说法是，巴尔的摩缺少真实的描述反映出脆弱的社区认同，没有社区权力意识，也没有所有权意识，简单来说，就是在规划和发展中都存在缺陷。由于居民在改善社区这一任务中没有真正的决策权，所以喷泉是干枯的，学校规划不被重视，街灯也没有打开。正是社区生活中的琐碎小事具有催化意义和催化效果，但它们需要一个社区认同作为基础，可能通过社区规划来形成这种认同感。

一直以来存在这样一种危险：与较强的社区意识结合后，小规模的努力会被夸大，因此导致房价上涨，最低引起搬迁。但经过深思熟虑后还是有一些措施可以阻止潜在的士绅化问题。布朗克斯区（Bronx）的一个社区团体想要避免居民的搬迁，由于社区清理了以前的棕地，新建了公园和高线复兴项目，这些都可能会导致搬迁。他们担心这些改变最终会迎合那些喝着咖啡的中产阶级和投机的共管公寓（condo）开发商，而不是现有的以工薪阶级为主的居民。这种方法被称为"适度改善"（just green enough），即有选择地增加便利设施，故意避免高端设施的引进。"适度改善"策略往往是小规模且分散的，最重要的是，这一策略的形成完全取决于“社区居民的关注点、需求和愿望”[96]。它需要一个规划，也需要清楚地了解社区的身份与内涵，或者明白社区想要成为什么。

这种干预不仅通过寻求作为政治正确（political nicety）的社区输入，而且也是为了在不破坏也不需居民搬迁的情况下优化社区，整个策略都基于一个理念，那就是优化的内容必须由居民自己来确定。研究证明，不伴随居民搬迁的成功优化会促使“居民团结在一起”，这种情况下，他们“发起了较小规模的抵触”，构成了“基于地方的韧性”。这种动员即组织和调动选民的能力，常常和环境不公这一问题交织在一起，但这种动员几乎总是通过参与基于社区的团体而实现的。反过来，深刻理解社区的空间含义会激发这种动员[97]。

自下而上形成真实的社区和通过规划形成的社区之间产生了分歧，围绕气候变化、可持续发展和韧性的叙述对解决这一分歧可能有潜在的帮助。社区尺度上的治理和控制对环境保护主义很重要，因为人们会以社区为基础来实践可持续发展，例如，节约用水、地下水补给、循环利用、能源效率和粮食生产。个人行为也很重要，但是很多可持续发展目标和环境复原目标需要地方协调，而协调的规模正是建立在社区尺度上。

社区发展的过程，无论是有策略的、经过授权的、自下而上的，还是以环境为基础，是否都需要一个在某种程度上经过规划且已经划定边界的社区作为前提？如果将经过设计的社区作为一个集体，认为它是对结构松散的城市生活的慎重回应，那么它是否会形成对居住区有积极意义的网络呢？在有边界的城市空间环境中，如何最低程度地限制个体的机遇和行动，使个体的可能性最大化？格奥尔格·西梅尔对于生活环境有两种设想：一种是由不断变化且没有边界的社会环境构成的个性化城市生活，另一种是必然受到限制的理想社区生活，类似于西梅尔的小镇，那么对于这两种设想应当如何兼顾[98]？自下而上式社区中所体现的未经规划的真实自发性为了变得“精明”或可持续，何时才能获得一定程度的规划[99]？社区的行动主义和自助式完善需要多少社区认同感？而这种认同感与作为物理范围的社区之间存在多大的相关性？如果社区的形式和设计需要遵循一定的原则，那么形式和设计会提升社区认同并潜在地促进公民认同和公民意识吗？同样地，一个环境恶化的社区或一个广泛散布的社区会违背社区认同和公民认同吗？

这些都是社区前期规划和后期发展之间必须达到的平衡，是社区意识和自由参与的平衡，也是所有的小规模干预和社区认同的平衡，应保证后者不带来过多的控制和秩序。好消息是，对于社区所需要的发展过程已经达成了广泛共识，这一过程可能对佩里和其他中世纪的邻里单元支持者来说是陌生的。《建设更好的社区》（Building Better Neighborhoods）和《让人停留的计划》（Planning to Stay）[100]这两本出版物对此进行了彻底的阐述。它们都针对社区规划的过程提供了详细的介绍，从数据收集到获得支持（generating support），经过政治性的发展最终产生一个关于社区未来的愿景，即社区规划。这两本教程都举出了高度图形化的易于理解的案例来描述社区的物理特性。

《让人停留的计划》全篇贯穿了5种类型的物理要素（"社区资源"）：住宅和花园、公共街道、社区隙地（neighborhood niches）、社区机构（anchoring institutions）和公共园林。书中的大部分内容都在指导居民如何培养对这些要素的感觉。这本书还提供了5种组织性主题来帮助居民解决相关问题：位置（邻里之间、大门前、拐角处、显眼的位置、公共场所），尺度（视觉韵律、比例、对比与协调、视觉可达性）、混合（住房类型、功能平衡、混合服务、共享空间、兼容性）、时间（可转换空间、日间/夜间活动、周期性市场、传统、全年活动）和移动（起始点、改良的通道、接近度、方向、娱乐）。能够"看到"这些要素后就可以回答问题：什么样的场地会吸引我们过来？如何改进这个场地以吸引我们停留？规划的步骤很直接：在社区居民同意会面后开始收集数据（关于5种物理要素），形成一个未来的愿景（利用5种物理要素和相关的组织性主题作为指导），分别做一些公共和私人的实地测试，制定方案并实施，最终使这一方案具有持续性，也就是说，想办法维护和管理方案的成果。

这本书也额外提供了两种方法以形成特殊的社区形式，相比终极蓝图，这种形式更多地关注过程发展。首先，理想社区可以通过城市管理来实现，即城市的区域划分，这是早期的邻里单元积极推动者（例如佩里）不会特别关心的。现在，一个重要的兴趣点是为了配合社区发展而进行的区划法规改革，例如，将分区规则和社区"特征"结合起来。纽约州布法罗市（Buffalo）的新区划法规列出了12个社区分区，从区域中心到多功能中心和单户住宅组成的中心。每个社区分区都有一组配套的建筑和临街建筑类型，旨在反映并加强每个社区的独特品质。

其次，现在的社区规划可能被灌输了一种环保理念，这是早期规划方案所缺失的，这种理念可以转化成社区层面的明确性能指标。例如，生态社区（EcoDistricts）、绿色建筑认证的社区部分（LEED-ND，见彩图 17）、社区评估评级持续性方法（STAR），这些都是包含社区级别可持续发展的评估框架。它们以假定的理想社区作为标准，这种理想社区的选择将基于绩效，而不是特定的形式。例如，在可持续能源方面正在进行一场将电力、水资源供给和废物处理分散化的运动，从大型市级工厂转移到小型、网络化、基于社区的公共设施区域[101]。与公共设施规模有关的经济正在逐渐被逆转，在这种情况下，规模更小的公共设施被认为更高效、更有适应力以及更灵活。这种方法能保证效率最大化并减少传输损耗，有助于将单独产生的能源（例如，屋顶上的太阳能电池板）纳入整体，也会鼓励创新，例如将堆肥转化为能源。这种能源本地化的尝试需要一个明确的社区概念。

注释

1. Mumford, “The Neighborhood and the Neighborhood Unit,” 256.
2. Unwin, *Town Planning in Practice*, 383-84.
3. Blumenfeld, “‘Neighborhood’ Concept Is Submitted to Questioning,” 299.
4. Arguments summarized here, for example: Sampson, “Notes on Neighborhood Inequality and Urban Design.”
5. Federal Housing Administration, “Land Planning Bulletin,” v.
6. Ward, “Dreams of Oriental Romance.”
7. Myers, “Designing Power.”
8. Macfarlane, “Planning an Arab Town”; Shiber, *The Kuwait Urbanization*.
9. Frolic, “The Soviet City,” 302.
10. 同上, 285, 292.
11. Marcus, “Social Housing and Segregation in Sweden”; Nyström and Lundström, “Sweden,” 49.
12. Abu- Lughod, “The Islamic City.”
13. Silver, “Neighborhood Planning in Historical Perspective.”

14. In addition to Jane Jacobs, there were Reginald Isaacs, Herbert Gans, Christopher Alexander, and Peter Hall.

15. Isaacs, "Are Urban Neighborhoods Possible?," 177; Bowden, "How to Define Neighborhood," 227.

16. Adams et al., "Panel I," 69, 71, 78.

17. Allaire, "Neighborhood Boundaries," 8.

18. Koenigsberger, "New Towns in India," 105, 109.

19. Vidyarthi, "Inappropriately Appropriated or Innovatively Indigenized?," 260, 264.

20. Koenigsberger, "New Towns in India," 105, 109.

21. Slidell, "The Shape of Things to Come?" Richman and Chapin, *A Review of the Social and Physical Concepts of the Neighborhood*, 32.

22. Collison, "Town Planning and the Neighbourhood Unit Concept," 465. See also Goss, "Neighbourhood Units in British New Towns."

23. Patricios, "The Neighborhood Concept," 70-90.

24. Banerjee and Baer, *Beyond the Neighborhood Unit*, 33.

25. Tajbakhsh, *The Promise of the City*, xv.

26. Krase, "Italian American Urban Landscapes," 23; Harvey, *The Urban Experience*, 261-64.

27. Tajbakhsh, *The Promise of the City*, xiii; Sennett, *The Uses of Disorder*.

28. Cox and Mair, "Locality and Community in the Politics of Local Economic Development."

29. Joseph, *Against the Romance of Community*.

30. Davidson, "Love Thy Neighbour?"

31. Webber, "The Metropolitan Habitus," 184.

32. Webber, "The Metropolitan Habitus," 184, 206.

33. Whitehead, "Love Thy Neighbourhood," 280. See also Harvey, *Social Justice and the City and The Urban Experience*.

34. Belanger, "The Neighborhood Ideal."

35. Schlumbohm, " 'Traditional' Collectivity and 'Modern' Individuality."

36. Cited in Lammers, "The Birth of the East Ender," 336.

37. 同上, 331, 334.

38. Brody, "Constructing Professional Knowledge."

39. MOMA, "Press Release," 2.

40. Dahir, *The Neighborhood Unit Plan.*

41. Cody, "American Planning in Republican China," 370.

42. Perry, "The Rehabilitation of the Local Community," 559.

43. Miller, "Legal Neighborhoods"; Mumford, *The City in History*, 193. Mumford was referring to the ancient Greek city of Thurium, laid out in 443 b.c.

44. Ackerman, "Houses and Ships"; Stern and Massengale, *Anglo-American Suburb.*

45. Stein, *Toward New Towns for America*, 35.

46. Mumford, "The Neighborhood and the Neighborhood Unit," 267.

47. Quote from Barry Parker's 1928 article "Economy in Estate Development," in Adams, *Recent Advances in Town Planning*, 297.

48. Whitten, "A Research into the Economics of Land Subdivision," 1.

49. Federal Housing Administration, "Land Planning Bulletin," 11, 12, 16.

50. 对 1970s 社区规划的看法，请参考 Goering, "The National Neighborhood Movement"; Silver, "Neighborhood Planning in Historical Perspective."

51. Teaford, "Jane Jacobs and the Cosmopolitan Metropolis," 886.

52. Sorkin, "Love Thy Neighbor（hood）."

53. Newcombe, "A Town Extension Scheme," 229.

54. Turner and Smulian, "New Cities in Venezuela" 20. See also Healey, "Urban Planning in a Venezuelan City."

55. Bardet, "Social Topography," 247.

56. 对这些没有社区的城市，请见 Banerjee and Baer. *Beyond the Neighborhood Unit*, 187.

57. Barnett, *An Introduction to Urban Design*, 146 中的评论 .

58. Herbert, "The Neighbourhood Unit Principle," 198, 200, 202, 203.

59. Bailey, "How Spatial Segregation Changes over Time."

60. Martin, "Enacting Neighborhood," 361.

61. Herbert, "The Neighbourhood Unit Principle," 198, 200, 202, 203.

62. Jacobs, *The Death and Life of Great American Cities*, 17.

63. Tocqueville, *Democracy in America*, 187.

64. Mabie, "Ethics and the Larger Neighborhood," 15.

65. Hester, *Planning Neighborhood Space with People*, 13.

66. 例如见 Wolfe, Urbanism without Effort. See also Fontenot, "Notes toward a History of Non-Planning."

67. McBride and Mlyn, "Innovation Alone Won' t Fix Social Problems."

68. Wann, "Neighborhoods on Purpose."

69. Banerjee and Baer. *Beyond the Neighborhood Unit*, 196.

70. Keller, *The Urban Neighborhood*, 136-46.

71. Bickel et al., "Poor, Rural Neighborhoods and Early School Achievement," 106.

72. Hipp and Boessen, "Egohoods as Waves Washing across the City," 289, 290.

73. Lynch, *The Image of the City.*

74. Rofe, "Space and Community," 118.

75. Proshansky et al., "Place Identity"; Mannarini et al., "Image of Neighborhood, Self-Image and Sense of Community." 此外，见 Uzzell et al., "Place Identification, Social Cohesion, and Environmental Sustainability."

76. Lee, "Urban Neighbourhood as a Socio- Spatial Schema."

77. Warren, "The Functional Diversity of Urban Neighborhoods," 171.

78. Woodruff, "Crowdsourced Neighborhood Boundaries"; Ali, "This Is Where Chicagoans Say the Borders of Their Neighborhoods Are."

79. Misra, "The Tricky Task of Rating Neighborhoods on 'Livability' "; Kaufman, "Researching Your Future Neighbors."

80. Prevost, "Using Data to Find a New York Suburb That Fits."

81. Cunningham et al., "The Pittsburgh Atlas Program."

82. Sims, *Neighborhoods*, 2.

83. Galster, "What Is Neighbourhood?," 259.

84. Common Ground, "Parish Maps." See also King, "Mapping Your Roots."

85. Taylor et al., "Neighborhood Naming as an Index of Attachment to Place."

86. "Curbed NY."

87. Manzano, "Community," 2.

88. Crum and Mahmoudi, "Badass-ness Map."

89. Hoolhorst, "Moving to San Francisco."

90. Jones, "Boundaries Blur in Many City Neighborhoods." See also Vinh, "Frelard or Balmont?"

91. Deshen, "Social Control in Israeli Urban Quarters," 166.

92. Walker and Wright, *Urban Blight and Slums*.

93. Lydon et al., *Tactical Urbanism*.

94. Wenger, "Saving Sandtown-Winchester."

95. 同上.

96. Curran and Hamilton, "Just Green Enough"; Wolch et al., "Urban Green Space, Public Health, and Environmental Justice," 242.

97. Pearsall, "Moving Out or Moving In?," 1014, 1024. See also Curran and Hamilton. "Just Green Enough."

98. Simmel, "The Metropolis and Mental Life."

99. Gopnik, "The Secret Lives of Cities."

100. Greater Minnesota Housing Fund, *Building Better Neighborhoods*; Morrish and Brown, *Planning to Stay*.

101. "Little Grids."

第7章
自治的社区

这一章将继续上一章的内容，更具体地关注社区自治问题。上一章讨论了居民赋权在社区规划中的重要性，这一自下而上的过程与社区规划的有形性（tangibility）和前瞻性结合。但是应该如何理解社区的持续管理和治理？社区是否将会完全由当地居民管理和控制？

本章讨论的是居民自治（self-determination）和地方控制之间的利弊。在居民掌握自己命运实现自我提升的故事中，很适合出现一个强大且能自我调节的社区。但正如争论所揭示的那样，这种社区的缺点是会导致权力的丧失且有可能形成孤立（insularity），而孤立又会进一步削弱权力。同时，高层当局往往不愿意放弃控制权，使得社区的自我管理将面临更大的压力。需要再次说明的是，薄弱的社区认同会加剧这个问题，而缺少社区认同部分是由于没有清楚地理解社区实际上是什么、在哪里。如果有了更强的社区意识，那么就可以与更大的政治网络形成更紧密的联系，以及用更创新的思维编制预算和治理社区，这种治理方法已经存在，但是没有得到广泛应用，这样一来争论的问题将会以迎刃而解。因此，要解决关于居民自治的争论，需要利用现有的程序、规则和管理权，这些已经存在于社区层面，但由于人们没有清楚地理解社区，所以无法充分利用。

自治和自我管理的社区掌握着自己的命运。从理论上来说，这可以提供4种优势：高效性（源于权力下放和辅助性原则）、问责制（提高管理透明度，因为当地居民对问题更熟悉）、熟悉度（在落实计划上促进居民互动并提高工作效率）和便捷度（使社区之间保持相关性）。但一直存在一些需要权衡的因素和反事实的问题，例如，众所周知，社区治理对解决社区结构发展不公平的问题毫无帮助[1]。

为了平衡城市生活的差异，人们常常呼吁社区赋权和地方控制。长期以

图 7.1　1920 年出版的《社区发展下的美国》(America via the Neighborhood) 一书中展示了一张“移民社区集会”的照片。照片的标题是“超过 2000 名波希米亚新移民聚集在芝加哥的哈里森技校，参观一场娱乐活动，并考虑当地的改善问题”。资料来源：Daniels，America via the Neighborhood.

来，这被认为是大城市机器政治（machine politics）的解毒剂，开始于玛丽·帕克·福莱特（Mary Parker Follett）在 1918 年出版的《新国家：作为大众政府解决方案的集体组织》(The New State: Group Organization，the Solution of Popular Government)，在这本书中，她认为社区层面的公民活动应该成为美国公民参与的基础。诺曼·梅勒（Norman Mailer）在 1969 年市长竞选中提出的“社区权力”（Power to the Neighborhood）是这一传统的延续。但这是一把双刃剑，如果社区能掌握自己的命运，它们也同样是自身问题的来源。

理想村庄

在美国，社区自治最早的迹象源于 19 世纪传统的“乡村改善”（village improvement）协会，其中很多出现于内战后的国内中小型城市。它们都是社区协会的前身，这一具有强烈社区意识的志愿工作通常专注于保护工作。安德鲁·杰克逊·唐宁（Andrew Jackson Downing）是该协会的早期拥护者，而他的追随者纳撒尼尔·希勒尔·埃格斯顿（Nathaniel Hillyer Egleston），在 1853

年出版的《乡村与乡村生活：改善的提示》（Villages and Village Life: Hints for Their Improvement）一书中呼吁集体组织的社区改善运动。不久之后，马萨诸塞州斯托克布里奇（Stockbridge）的月桂山协会（Laurel Hill Association）成立了。这一运动迅速蔓延，尤其在新英格兰地区，到 19 世纪 90 年代，全国各地成立了数百个主要由女性领导的乡村改善协会。

虽然理想村庄是社区认同和公民意识的源泉，但乡村生活作为理想村庄的基础，却是一个神话般的概念。历史学家指出，19 世纪的浪漫主义者和精英们创造出了乡村模式，但他们混淆了"情感与定居"（sentiment with settlement），形成了一种美学意识形态，即"共同建设的景观"。这主要是一种土地细分体系，而不是以居民为核心且实行自治的聚居理想。兰德尔·阿伦特（Randall Arendt）从城市设计的角度回顾了有关新英格兰村庄的小说，他认为，相比于被形容成一个围绕广场整齐排列的社区，"村庄"更像是"四散的农舍之集群"（buckshot pattern of farmhouses）[2]。

无论是否有村庄理想主义，乡村居民们都有兴趣提高社区意识，因为它符合杰斐逊提倡的独立与自治。这在北方乡村有着实际意义。农民们一起制定"自己社区"的道路维护策略，他们的社区是根据地方道路维护区域来界定的。在乡村，人们对社区的理解源于杰斐逊 1785 年颁布的《土地法》（Land Ordinance）（将全国范围内的土地划分为类似社区的区域，再进一步细分），这种理解在 20 世纪依然盛行，并被用来促进自治[3]。

20 世纪初，一系列政府支持的研究希望在美国乡村建立社区认同，旨在激发"社区居民对当地社区问题的责任感"。在北卡罗来纳乡村进行的一项社区"普查"（reconnaissance survey）鉴别出 40 个"相当不同的社区"，在这里，由"溪流和山脉"导致的地理隔离被认为可以产生"高度的地方忠诚度"。这项调查试图衡量男性村民和女性村民的社区意识，郡里的员工负责寻找"社区农民领袖"。（但是，忠诚和领导力不太可能超越种族的影响。这份报告对每一个经过鉴别的社区进行了调查，注意到某些区域的"黑人人口过多"，因此这些地区"无法被并入白人社区"）[4]。

北美的乡村社区不仅仅是一个偶尔举办社会活动的农场。在一些地方，它可以作为自组织经济活动和日常生活的场所。一位历史学家描述了作为社区"结构秩序与认知秩序"基础的"勤劳村民"（判断标准为是否致力于照顾孩子、

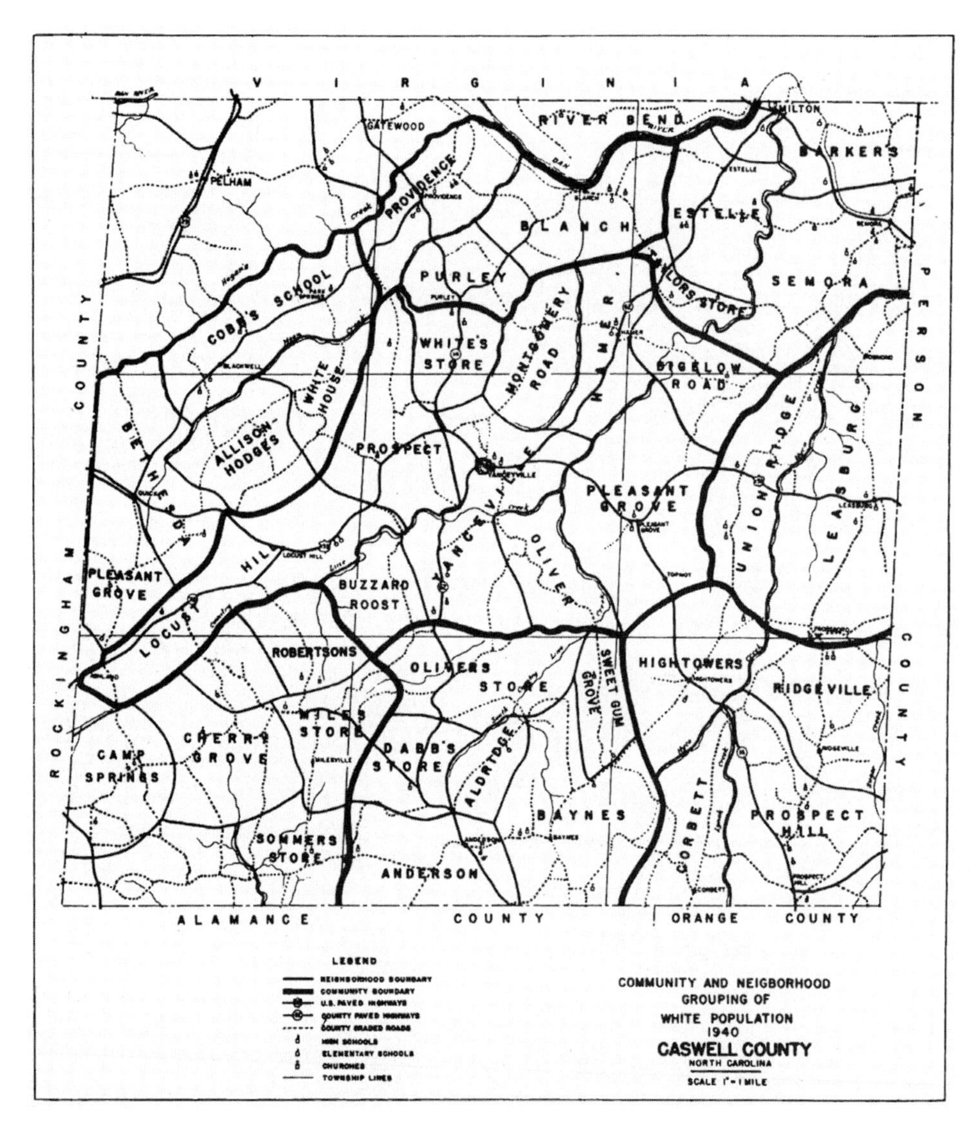

图 7.2 1940 年的北卡罗来纳州卡斯威尔县的乡村社区。资料来源：Holt，“Report of a Reconnaissance Survey of Neighborhoods and Communities of Caswell County，North Carolina with Recommendations”

干农活、打扫社区或做家务）是如何发挥作用的。但是这里的社区没有像工业城市或郊区飞地中的社区那样具有物质形态，而物质形态确实能成功地将社区居民和非社区居民区分开，并对其有控制作用[5]。

正是由于缺少对居民的控制，这些没有实际形态的社区，也可以称之为企业生活区（company town），它们存在一个严重的缺点。位于伊利诺伊州的普尔曼镇（Pullman）将住宅、工厂、商店和娱乐设施结合在一个标准的工业环境中，旨在为工人带来便利，提高生产力，当然也是为了增加公司的利润。但在 1893

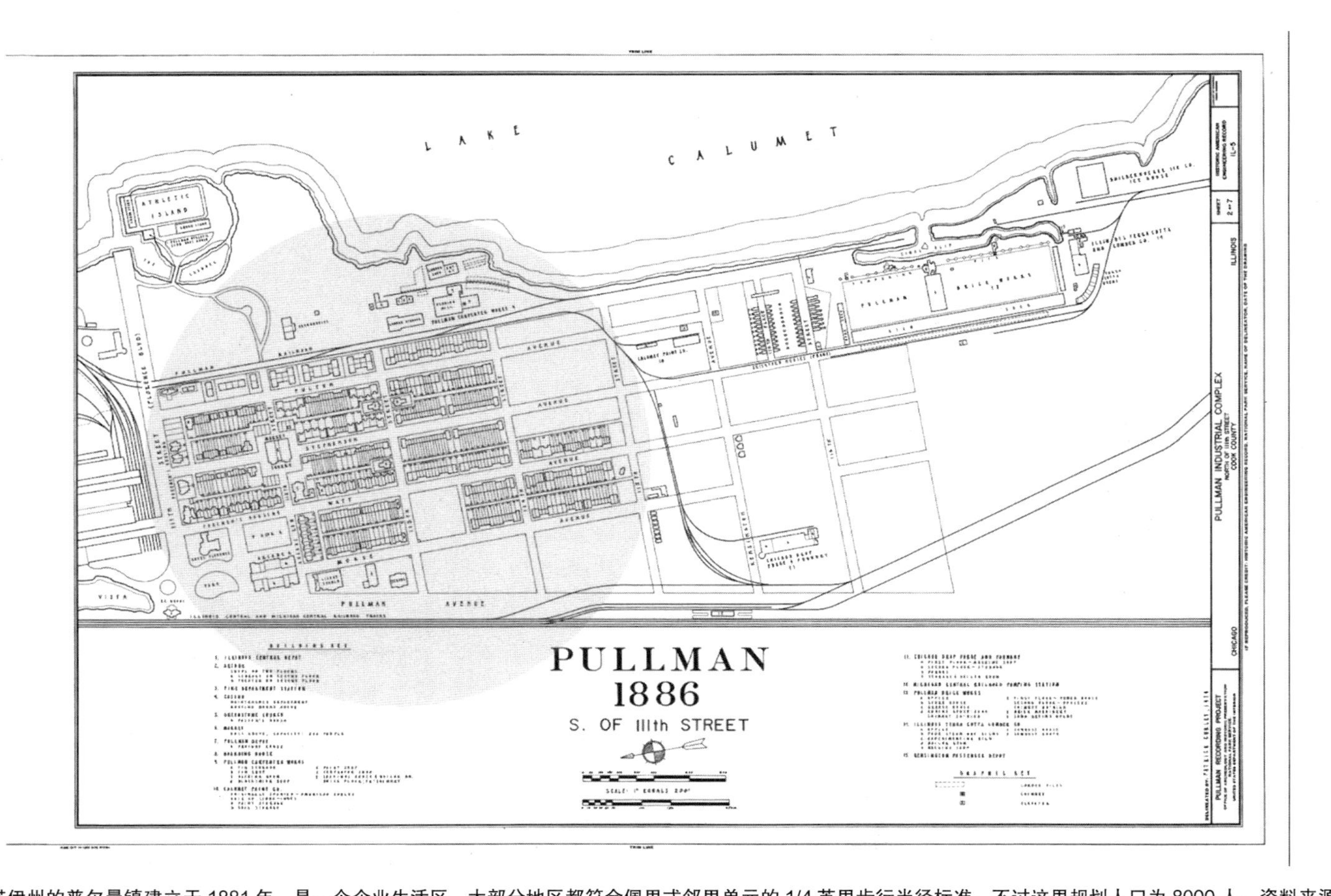

图 7.3　伊利诺伊州的普尔曼镇建立于 1881 年，是一个企业生活区，大部分地区都符合佩里式邻里单元的 1/4 英里步行半径标准，不过这里规划人口为 8000 人。资料来源："Pullman 1886，" Blogspot，http:// 4.bp.blogspot.com/ - - 6ggnglDdac/ Ull83aJF37I/ AAAAAAAAA5Y/ 8ENomj1pXkg/ s1600/ Pullman- town- 1886- 02.jpg

年经济大萧条后，普尔曼公司裁员减薪，却未能降低租金和服务成本。简·亚当斯（Jane Adams）认为，这证明模范村庄比不上定居式住宅，因为在村庄中缺少共同的努力，而这种努力也许会更符合工人的需求。她把普尔曼镇的悲剧比作李尔王的命运[6]。就像常见的一次性建成的社区（或村庄）那样，控制感（即公司所有制）让社区似乎不像一个真实的场所，更像一个纯粹的统治实践。

威斯康星州的科勒镇（Kohler）建于1913年，由被称为城市艺术家的维尔纳·赫格曼（Werner Hegemann）和艾尔伯特·皮茨（Elbert Peets）设计，在该地区方圆1/4英里范围内（不包括科勒工厂），生活了2000位居民。相比普尔曼镇有所改进的地方在于，这个村庄是由居民而不是公司组织管理的。到了20世纪20年代，类似的“村庄”不断地出现以满足工厂工人的需求，到目前为止，福特主义生产技术使工人的数量激增。福特本人也参与到“工业村庄”的建设中，打算将工厂与农业劳动者联合起来。其中很多村庄的建设都考虑到汽车的通行，这不仅表明资本家希望创造一个汽车主导的社会，同时也表明他们更深刻地认识到美国工人对独立与个性的需求[7]。

协会与俱乐部

在20世纪初，社区变得更加正式和前瞻。到了1906年，美国已经有2400个社区协会[8]。其中一些是为市政府提供咨询服务而设立的，这种做法使其自主性（和自治程度）显得可疑。来自俄勒冈州波特兰市的记录显示，为了给城市规划委员会提出分区规划方面的建议，社区协会精心划定了社区边界，成立领导层，安排会议，然后形成一个新的先进改革理念[9]。其他的协会更多地致力于小规模物质环境调整，设置垃圾箱、装饰性灯柱、行道树和喷泉，鼓励人们清理垃圾、减少噪声和烟尘以及美化闲置地产。正如玛丽·辛克诺维奇（Mary Simkhovitch）所写，社区是一个“可控制的微观世界”[10]。在整个进步时代（Progressive Era），人们有一种强烈的集体责任感，在社区尺度上改善城市环境，历史学家达芙妮·斯佩恩（Daphne Spain）将这种进取心称为“自发的乡土情怀”（voluntary vernacular）。她用织布来类比社区改进者和城市美化运动中“全新城市”（White City）的不同之处：“当丹尼尔·伯纳姆（Daniel Burnham）忙于织造全新的城市之锦，女性志愿者们却强调现有的城市肌理，她们不关注商业和大型公共空间，而是关注日常生活和社区”[11]。

睦邻运动（settlement house movement）认可社区自治，尽管它带有一种同化的意味。这一运动的主要倡导者罗伯特·伍兹（Robert A. Woods）宣称，“只有当所有人都学会欣赏社区小团体的友谊并建立这种友谊，民主才会真正到来”[12]。伍兹甚至写道，社区是“比家庭更古老且根本的基本组织”（causative institution），没有任何其他能与社区（不是家庭、城市或国家）的“尊严”和“社会自觉性”相匹敌。社区在“精确规范”（precise specifications）上的缺乏（“一种悲剧式的疏忽”）令伍兹感到遗憾，但是，他相信人们对社区越来越浓厚的兴趣在很大程度上是由 400 个正在运行的社区住宅所激起的，人们需要对其有更好的了解。这样一来，“社区的集体力量将会得到极大的激励与发展”[13]。

这些思想被传达给美国的年轻人。20 世纪早期，在一本名为《公民课程》（A Course on Citizenship）的教科书中，试图利用社区向孩子们灌输公民责任。书中将社区定义为“儿童的城市范围”，并在社区的尺度上传授乐于助人的思想，这被认为是儿童全面认识公民身份的起步（stepping stone）。乐于助人包括维护公共财产：“捡起地上的废纸，不在围墙和建筑上乱涂乱画”。通过与各种各样的邻居接触，完成各种各样的任务，老师们向儿童展示出“社区的真实生活”，并“打破了偏见的坚硬外壳”[14]。

社区自治可以带来社区竞争力。斗争发生在马里兰州巴尔的摩市，那里有很古老的社区协会传统。这座城市的第一个社区协会是卡顿斯维尔社区改进协会（Catonsville Neighborhood Improvement Association，实际上是一个村庄，通过马车与城市连接），开始于 1880 年。到了 1900 年，巴尔的摩已经有 30 个这样的组织。其中有很多是商人组织，它们的成立是为自己所在的社区与其他社区竞争利益，也就是获取政府资源。社区协会之间的紧张关系以及社区协会与市政厅之间的紧张关系是众所周知的。社区协会“只是加剧了市议会内部的对抗，阻碍了对妥协的寻求”。在 1907 ~ 1908 年的匹兹堡调查（Pittsburgh Survey）中，由著名的赛奇基金会（Sage Foundation）资助的社会学研究记录了这个问题，研究揭示了在强大的社区团体带来的过度影响下，一些人将如何通过激进的策略来为自己铺路，而更紧迫的城市需求却被忽视了[15]。

为了争夺资源，自治社区陷入了对地方政治权力的追逐。人们认为，围绕社区目标团结起来是一种发挥影响力的有力途径。这种追逐既来自右派也来自左派。社区协会旨在保护财产权和剔除不需要的用途，社区团体追求政治权力、社会公平或服务配送，两者都对自下而上的地方控制感兴趣。然而，往往是右派对政治权力的追求与经过规划的社区产生联系。具有象征意义的是，拉德伯恩的社区协会不是由居民选举诞生的，而协会管理层可以通过投票新增成员（这是当地居民提出诉讼的起因，但他们的要求被驳回了）。

在应该由谁来“治理”社区的问题上，社会改革家玛丽·辛克诺维奇（Mary Simkhovitch）认为，“社区权力”依赖于那些日复一日为社区服务的人：“医生、教师、牧师……面包师、熟食店老板、游泳馆经营者”。她写道，社区治理是一种“相互影响的关系，这种关系体现在对居民习惯的改变与适应上”。相比于社区治理，正式的政府是让人们表达反对意见的，除非发生了某个具体的骚乱，否则人们对它不感兴趣[16]。

社会与公民中心运动的领导人对社区公民俱乐部寄予厚望，这些俱乐部将负责地方管理。它们的总部设立在当地学校或其他聚集地点；俱乐部都是“无党派、无宗派、无排他性的”；致力于“公共问题的陈述与讨论”。一位热心人士写道，“如果没有亲眼所见，就不会理解在这些社区俱乐部强烈的公民与社区氛围中，党性、阶级意识甚至是种族精神是如何消退的”。这种感觉“潜伏”在每个人的身上；只需要“一个适当的刺激来唤醒它”。由于政府没有发展出面向社区的机构，因此需要社区俱乐部来刺激并唤醒公民意识[17]。

辛辛那提市（Cincinnati）因社区俱乐部的一种变体而闻名，这种变体的名字很古怪，叫作“社会单元计划”（Social Unit Plan），从 1917 ~ 1920 年一直在运作。该计划是一个由社区内定居住宅和社区中心组成的系统，通过这个系统，居民“将对彼此的健康、安全和幸福生活负责”[18]。它会成为一种参与性民主形式，且建立在街区等级上，将社区作为自我实现和地方控制的单元。但事实证明，维持地方性的控制非常困难。从 20 世纪 20 年代开始，定居住宅数量下降的一个因素是，它们往往由外部拥护者而不是本地居民管理[19]。

这些 20 世纪早期社区管理策略的衰退演变为一种理想主义，认为社区价值是美国文明和道德立场的象征。本雅明·路克（Benjamin Looker）在《社区之国》（A Nation of Neighborhoods）中说明了二战中的社区如何成为表达美国民族自豪感、热心、友爱和道德感的渠道（conduit）。长期以来，美国儿童通过社区接受“公民教育”，这些课程在社区的背景下将警察、消防员、健康中心和学校的价值概念化，并在社区的背景下讨论这些价值。一本社区K-3课程指南认为社区是“一个有目标的场所”，也是一扇大门，应当通过这扇大门来传授“社群”（community）的价值[20]。

二战期间，艺术家们被招募来用社区的概念传达美国最优秀的品质：包容、地方关怀和公民理想主义。公民身份与和谐世界等抽象概念通过社区得以实现。在战争时期，呼吁美国在反法西斯和打击其他邪恶势力中发挥独特作用，门廊与街头联系着宏大的公共事务：战争与和平，法西斯与民主，种族冲突与国家多元化。因此，美国人民正是通过社区理解了更广义的政治经济学，并认识到美国在其中发挥的作用[21]。

密歇根成立了社区战争俱乐部，因为有人认为，人民对战争的参与需要以街区为单位进行组织[22]。通过社区战争俱乐部，每位公民都有机会“尽自己的一份力量”，可以参与的活动包括抢救、儿童看护、劳动培训、汽车共享和信息调查（例如，调查可供备战工作者使用的空余房间数量）等。最重要的是，这是一种鼓舞士气的方法，是对战争中公民责任的“讨论与共识”，也是“对战时服务合作中睦邻精神的发展”。这种做法试图引起自下而上的社区行动主义，在某种程度上是矛盾的，但为社区的划分带来军事行动般的精确度。俱乐部遵循防空管理员系统（air raid warden system）的划分，按照职位级别进行编号，然后再细分为“邻里单元”。另一方面，这种自上而下的做法还可以鼓励社区内部的多样性：社区战争俱乐部的构成必须是“一个社区的所有居民，无论其种族、肤色或信仰”[23]。

社区治理的缺陷

在20世纪40年代的美国，人们认为“一个提供优质服务的社区必须使内部居民参与社区规划”，这一观点被融合在对社区的理解中。只需要“对民主有足够的信念”就能改善社区品质[24]。但也有人认为通过社区而实现的民主是脆弱的。国家社区中心协会（National Community Center Association）的主席杰西·斯坦纳（Jesse Steiner）写道，在社区这一层面上处理城市问题是不合理的；

社会问题应该在区域尺度上解决。汉斯·布鲁曼费德（Hans Blumenfeld）对“社区概念”不屑一顾，因为它几乎没有实质性的作用：“很难指望社区能拯救城市、国家和世界于水火之中”[25]。

在20世纪，由于实行全市选举、城市管理形式的政府和地方主义，基于社区的政治权力被削弱[26]。早在几个世纪以前，社区就已经成为进入更广泛的政治网络的入口，无论是在文艺复兴时期的佛罗伦萨，还是20世纪初的芝加哥和洛杉矶，这一现象都在戏剧性地上演。亚历山大·冯·霍夫曼（Alexander Von Hoffman）追溯了社区治理变化对19世纪波士顿的意义，当时的政治代表从以社区为基础变得更加中央集权。这被认为是迈向更高平等的进步之举，但实际上带来的是政治权力的丧失。在这个过程中，社区被剥夺了团结多种社会身份的居民的能力，这些居民曾经通过当地的共同事业联系在一起[27]。

的确，快速发展的大都市在某种程度上让社区变得无力。20世纪初，社区支持者指责大城市潜在地破坏了地方政治活动。社会学家哈维·佐尔鲍（Harvey Zorbaugh），也是1929年出版的社区经典著作《黄金海岸与贫民窟》（The Gold Coast and the Slum）的作者，他认为正是社会的移动性使基于社区的组织变得脆弱。政治组织需要稳定性，而不断扩张的世界主义削弱了它的稳定性。扩大社会网络不一定能缓解这个问题。纽约市一项社区社会网络的研究使用了1937年的数据，表明社会网络无法消除纽约社区内“由不良社会经济环境带来的负面影响”[28]。

一些进步时代的改革者认为，无论如何，以社区为基础的权力应该保持在一个更高的等级。乔治·胡克（George Hooker）在1917年版的《国家市政评论》（National Municipal Review）中提出了这个观点。他写道，“真正的城市社区”需要一个“联邦计划”（federal scheme），将“有限的城市社区治理”与“深思熟虑的规划”结合起来[29]。但这会带来一项挑战，当社区被塞进大城市政治中，相当于被困在基层组织策略和官僚主义策略之间，为此社区需要同时擅长这两方面。这两种策略之间通常会发生冲突。有些城市自古以来会形成受到认可的社区组织，即使在这些城市中，社区可能会得到合理利用，但出于效率的原因最终会被忽视[30]。

最初，美国城市的“机器政治”（machine politics）与密集且集中的民族社区密切相关。但后来，当这些选举街区（voting blocks）被分散后，以社区为基础的选举区（voting district）被更大的选区（electoral map）所取代，社区的政治权力通过更广泛的社区组织得到传递。这样的组织被称为“应对组织”（reactive），常常针对社区边界之外的问题制定应对措施，例如校车问题。社区团体也许会聚集，但当他们这样做时，与社区的联系就有了不同的意味。一些人赞成社区团体的聚集，例如阿尔伯特·亨特（Albert Hunter）。正如他所见，影响社区的决策是“纵向层级的”，因此“社区政治变成了国家政治”[31]。

亨特认为，“社区联盟”（federation of neighborhoods）是一股强大的力量，“一种新的城市民粹主义”，按照他的说法，社区规模的扩大和大众传播将会推动社区事业的发展，这是自相矛盾的。集结力量将有助于社区积极分子联合起来，扩大基础，创建“联邦国家协会”（federated national associations），这一协会可能对实现真正的变革带来好运。但亨利没有考虑到，这些扩大的联盟会使社区应该是什么这一问题的意义和物质环境根源（physical rootedness）变得更加抽象。

到了 20 世纪 60 年代，社区被重新塑造成一个没有特定物质环境形态的组织的过程已经完成，并且这一过程伴随着社区的物质环境规划（参见第 6 章，“社区替代品”）。索尔·阿林斯基式（Saul Alinsky）的行动主义是围绕着工作

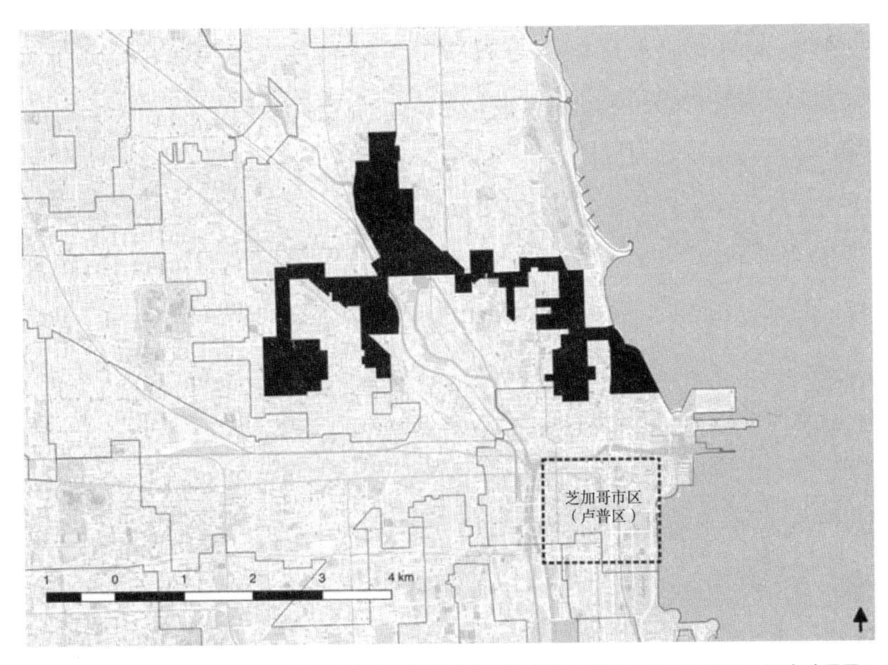

图 7.4　芝加哥的选区边界被重新划分，这与基于场地的社区没有什么关系，如上图所示，这张地图展示了 2 号选区的边界。按照简·雅各布斯的说法，人们可以认为芝加哥选区作为“区域”社区是合理的，更小规模且基于街道的社区是与之连接而形成的。资料来源：作者

场所或民族团体组织起来的，不一定是由政府根据地理位置划定的社区。实际上，阿林斯基根本不赞同将社区作为一个特殊的空间场所、物理场所或功能场所，因为这样的划分几乎没有政治优势。他的想法更接近于迪尔凯姆(Durkheim)和韦伯（Weber）的传统思想，他们认为对场地的感性观念和对集体利益的理性思考是对立的。按照这种思路，社区的存在不是为了促进以社区为基础的政治行动主义，而是为了分散权力，帮助企业和政客逃避行动和责任。更广泛的联盟，而不是小规模的社区，在形成政治力量上更为有效[32]。

这种批评在欧洲尤为常见，例如法国和丹麦，尤其是英国，这些国家的政府将社区作为社会政策的基础，这类社会政策最初更有补救性（解决贫困问题），但后来变得更有战略性（刺激投资）。在英国，这些政策被称为ABIs，即基于区域的倡议（area-based initiatives）。学术界对这种"新地方主义"（new localism）提出批评，认为它仅仅分散了责任而不是权力。它以长期的可持续政策为代价，转变为短期的渐进式政策和行动。最终，基于社区的规划和治理似乎是一种政治掩护，在这种情况下提供以社区为基础的服务，使"主流服务的全面改革"成为可能。但这样的计划也更容易被否决[33]。

进步主义者认为，为了帮助贫困居民摆脱困境，尤其需要在社区之外的地方，以不受空间约束的形式组织社区。这就是为什么在1988年费城举办的一次名为"教堂与城市"（Church and City）的会议上，工业区基金会[Industrial Areas Foundation，该组织在20世纪40年代由阿林斯基（Alinsky）建立]的执行理事宣布"社区作为一种组织机制已经死亡"。在社区的基础上提供服务以及其他源于空间和场所接近度的论题都隶属于更广泛的联盟和城市群体。将集体行动主义从社区的约束中解放出来，这导致它将关注点直接放在住房"项目"上[34]。

执着于理想社区的组织通过扩大自身范围来对此作出回应。这通常意味着模糊了"社区"（neighborhood）和"社群"（community）之间的区别。乔治·希勒里（George Hillery）在1968年对当地协会的研究中声称，在他发现的94个社群范围中，有很多与社区存在重叠[35]，这一观点可能被很多组织认为是不言自明的。国家社区协会（National Association of Neighborhoods）是最古老（成立于1975年）也是规模最大（2500位成员）的组织，即所谓的"全国社群的核心：美国社区"，为了最大限度地增加吸引力，该组织对社区的定义是完全开放的。在有界场所内提倡团结时不考虑任何空间概念，例如场地、接近度、集中性或有界性。同样成立于 1975 年的国家非营利组织“美国社区”（Neighborhoods USA，或称为 NUSA）也有类似的追求，即“建立更强大的社群”，对社区的基于场所的定义没有特殊要求[36]。

然而，可能有人会认为，社区不是社群，也不是“基于场所的社群”（place-based community）。社区作为场所、作为社会网络、作为城市整体的一部分或作为具有“概念性认同”（conceptual identity）的场地，社区的这些身份之间都是有差异的[37]。当结合了“社区”和“社群”形成“社区集体”（neighborhood community），它的定义相当狭窄：“参与公共社会活动的紧密联系的家庭网络”，或是“包含完整社会系统或其中大部分要素的区域”[38]。这可能导致一个结论，即没有与“社群”结合的社区在某种程度上是“有缺陷、功能失调且注定要失败的”[39]。在弄清楚社群与社区的区别之前，“社群建设的失败”（community lost）这一常用说法可能会延展成“社区建设的失败”（neighborhood lost）。其结果是，在路易斯・沃斯（Louis Wirth）所说的异化“大众社会”的重压下，社区很可能会像“社群”一样瓦解，而补救措施是发展世界主义，并与整个世界产生联系，但这可能会潜在地破坏社区作为物质环境场所的概念。

从相反的角度看，有一种观点认为社区不应该等同于“社群”，因为社区的排他策略（exclusionary tactics）或许会渗透到社群建设的更合理的关注点中。社区可能会因为在生活中意义不大，或者因为自身的局限性和排他性而被批评为“卧室社区”（bedroom communities），但是一个不基于固定场所的抽象社群概念有能力不受这些缺点的影响[40]。

社会交往的技术基础，尤其是互联网基础，使社区在作为被界定的场所时，与社区治理之间的联系逐渐削弱，这带来了额外的负担。从积极的方面看，技术可能会更普遍地扩大社会交往。例如，近期“Appmycity!”大赛的获胜者创造了一个有空间限制的物物交换系统，名为“Peerby”。这款应用程序为邻居之间的借贷提供便利。用户输入他们需要的信息，搜索就会连续展开，首先在方圆几百英尺的范围内，再逐渐向外扩展，在地图上绘制出每位贷款者的位置[41]。这在一定程度上实现了自主，但这种方法用一种技术与感知的方式定义“社区”，可能与实际上基于位置的社区治理存在冲突。

类似的二分法将“智慧城市”和“大数据”与地方治理的传统形式进行对比。一些人认为数据科学是赋权与公平化的方法，但另一些人认为它是专制的[42]。

数据科学似乎与社区自治的目标相冲突，因为它依赖于中央控制室（centralized control-room）系统，也因为它表面上体现不出政治意义。从社会的角度看，社区更多是关于日常生活的规划，而不是考虑严格意义上的效率。这样一来，智慧城市运动可以被批评为掩饰了关于社区生活的重要问题，即社区生活需要政治反馈和集体回应[43]。那么，对于“智慧”城市（或称为“可持续”城市）所表现出的非人性化，社区是一个很好的解决方法。

另一种观点是，社区的不确定性（indeterminacy）可以被用作赋权的方法。在这一方法中，社区的本质是由自身所引起的形式上的分歧：关于边界如何嵌套、重叠、模糊和变化的对立观点，尤其是关于对社区的个性化理解。为了积极主动，应该完全避免使用“社区”这一具有多种含义的术语，而是用“场所框架”（place-frames）作为替代。这样仍然可以建立认同、围绕着共同目标团结居民、淡化分歧以及利用场所来宣传地方行动主义，这种行动主义包含在宏观政治经济中，但在自己的领域内运作。“领地范围”（territorial sphere）可以被赋予生命力,成为一个“合理且有意义的活动地点”。尽管可能会破坏“全球活动议程”（global activist agendas），但场所框架会使居民理解日常生活的意义[44]。

以上方法表明，社区规划与社区治理的关系已经发生了较大的偏离。为了避免社区成为政治上的弱势群体，正确的方向不是建立身份认同，也不是做出具体形式的规划，而是恰恰相反：扩大社区定义、用更大的样本量进行数据分析或接受社区的不确定性。巴里・切考威（Barry Checkoway）在 20 世纪 80 年代警告说，“社区规划的准备是社区组织所开展的最没用的活动之一”，部分原因是“这类规划与日常问题关系不大”[45]。典型的美国城市“总体规划”很大程度上体现了这一点。它们起源于 20 世纪 50 年代，但如今仍然有人使用这种规划方式，这类规划认为城市功能是离散的，因此城市被分为“土地利用要素”、“流通要素”和“娱乐要素”。这样一来，城市规划中缺少了社区层面的规划，尤其是没有在社区层面赋予真正的权力即自治权。

社区并不能通过社区规划来掌握自己的命运。切考威警告说，社区规划实际上只是“经过伪装的分区规划”（subarea planning）。分区规划是针对设施的自上而下的权力下放，也是满足公民参与要求的权宜之计，这一要求是由联邦机构或综合规划法规提出的；它不是居民所希望的规划，因为在居民理想的规划中，社区被赋予真正的决策权[46]。人们试图利用社区来更有效地管理服务，但这不是杰斐逊所说的自下而上的民主精神和自治权；这只能体现出控制精神。讽刺的是，将社区作为权力下放的设施单元会增加需要管理的单元数量，这会形成更多官僚机构并提高了成本。然而，社区自治的支持者们无法顺着这个思路进一步思考。在这个信息时代，相比基于社区的城市管理，使用“精细而复杂的工具”管理城市会更加优越，因此社区治理很容易被质疑为低效和落后的[47]。

社区自治似乎在不断地寻找真实性。实际上，它应该允许当地居民评议（review）提案、规划或作为城市总体规划一部分的新的开发方案，也包括评议社区改善活动的方案（即清洁活动或住房改善项目）。但这种类型的参与都需要时间和精力，很少有社区居民能够真正实践。填补这一空缺的是“专家意见”和其他形式的家长作风，演变成雪莉·阿恩斯坦（Sherry Arnstein）所说的“表面文章”（tokenism）[48]。即使在社区层面的治理存在更一致的努力，但也可能不具有代表性。一项对洛杉矶86个社区委员会的分析发现，人们对西班牙裔代表抱有“严重的种族偏见”，使社区委员会的合理性“存在风险”[49]。

还有一种观点认为，正式的社区参与并没有比日常的非正式互动更有益。一项针对俄亥俄州阿克伦市（Akron）中等收入社区的研究发现，相比于通过自愿成立或政府支持的社区协会的正式参与，非正式的社会参与，例如经常光顾社区商店，更有可能产生对社区的正面感受。因此，作者总结道，“正式参与对一个人如何感受社区这个问题不会产生任何重要影响”[50]。一个显而易见的解释是，正式社区团体中的参与度非常低，这种形式的参与只有在社区受到威胁或处于危机时才会有吸引力。

未来展望

当社区对自己的命运缺乏控制时，居民的社区理想与政府强加的社区内容会存在严重脱节，与这样的现实相对照，会发现这些否定是相当黑暗的。对简·雅各布斯来说，答案是让社区成为互相联系的政治权利框架的一部分，使小规模的社区融入广泛的政治。她观察到，小巷社区对实现社区自治十分重要，但缺少掌握自己命运的权力（这些社区中微弱的反抗是“无足轻重的”）；它们需要的是与政治上更重要的地区（在她看来，是格林威治村）建立更紧密的联系[51]。最佳的社区规模取决于要解决的问题，社区规模可以是一条街道组成的街区，也可以是包含3万～10万或更多人口的地区，甚至是一整个城市，这取决于哪种规模最能有效解决特定类型的居民问题（值得注意的是，来昂纳多·达·芬奇和埃比尼泽·霍华德都认为一个最佳自治地区的人口为3万人）。

这些政治上的规模从概念上讲是有趣的，但却受到了批评，因为它们之间的联系尚不明确。例如，没有考虑到城市街道的总体布局，这种布局是将街道社区与区域社区连接起来所必需的[52]；也因为人们认为区域社区的规模太大以至于无法发挥作用。在英国，基于社区的治理被作为方案执行的必要条件，如果社区人口超过2万就会被认为过于庞大[53]。

雅各布斯的方法似乎还基于这样的假设，即社区是被划定的已知范围。理解社区的内容与位置，了解社区的边界以及社区所包含的地区和人口，这可能会对社区自治带来优势。在雅各布斯的建议中，街道社区是政治结构的第一层，建立在对健康街道社区构成的清楚理解上，例如，街道眼、足够宽且具有多种用途的人行道（可提供“街头芭蕾”）、小规模日常生活形成的网络。这种类型的社区定义通常不那么直观。

一些城市已经克服困难解决了有关社区定义的问题，制定了社区级别上的治理，尤其是阿尔伯克基市（Albuquerque）、明尼阿波利斯市、洛杉矶和波特兰市[54]。通常，可以落实（operationalized）的社区定义介于雅各布斯的街道社区和区域社区之间。在社区领导人要求参与每一个和社区需求相关的项目后，费城曾经召集了45个社区团体，建立了一个包含6个项目的社区议程。这既是一项治理策略，也是对资金的争取，因为这6个项目是：社区工作银行、闲置房产收购、节约能源、预防犯罪和教育计划，都涉及社区团体的直接决策（后来同样由于权力斗争，这个议程被废除了）[55]。

在过去的几十年里，社区行动主义倾向于成为穷人社区和富人社区的发展策略。一方面，高犯罪率和投资缩减的社区是社区改善和社区振兴的主要关注点。例如，加利福尼亚州圣何塞市（San Jose）的建设更强调社区的“强大”，将社区领导召集起来，想出了一个让社区“更整洁、更安全以及更有参与感”的计划。社区被列为投资目标的评价标准包括是否有涉黑事件、违法行为、失业和丧失抵押品赎回权[56]。在芝加哥的南部，伍德兰组织（The Woodlawn Organization，简称T.W.O.）采取了索尔·阿林斯基式的赋权方式。如今，该组织本质上是一家社会服务机构和低收入住宅开发商。

1964 年，“经济机会法案”（Economic Opportunity Act）中的“社区行动计划”，以及随后的 1966 年“模范城市计划”（正式名称为“示范城市和都市发展法案”—Demonstration Cities and Metropolitan Development Act）先后得以颁布，上文所描述的社区建设方面的努力正是这些计划的概念产物。这两项法案都是林登·约翰逊（Lyndon Johnson）总统“向贫困宣战”的一部分。这些计划的某些特点依然存在 [例如领先优势（Head Start）]，但关于社区组织与赋权的倡议在 20 世纪 70 年代逐渐消失。1979 年，吉米·卡特总统的全国社区委员会对社区问题进行了研究，并总结道，社区应该被赋予权力，但联邦政府不再发挥主导作用[57]。

对于富人社区来说，社区规划往往根植于邻避主义（NIMBYism，“Not In My Backyard”）。西雅图的社区规划项目被指责出于这一动机，因为这个项目开始于居民对一项提案的抱怨，这项提案由西雅图首任黑人市长诺曼·赖斯（Norman Rice）提出，要求改变分区，允许开发面向行人的高密度“城中村”[58]。有充分的证据表明，当社区感受到自身面临威胁，即处于社会经济变化的危险中，在这个时候，社区协会就会突然活跃起来。与穷人社区形成直接对比的是，富人社区的首要目标是阻止变革[59]。

幸运的是，不是所有的社区协会都建立在维持现状并阻止变革的基础上。一个例子是社区互助组织（Neighbors Assisting Neighbors），简称 NAN，这是一个由 450 户家庭组成的组织，位于马里兰州贝塞斯达（Bethesda）的班诺克本社区（Bannockburn neighborhood）。早些时候，该组织进行了一项调查，以评估志愿者的需求和意愿。街区协调员被分派到 15 个家庭，确保“没有人被遗漏”；并组织了社区活动与计划，例如智慧长者项目（Wise Elder project），请年长者为高中生口述历史。当然，资金压力一直存在，因为“村庄模式”（village model）依赖于会费，也就是需要向低收入社区征收更多的税金[60]。

有时候，艺术被作为社区赋权机制。西斯特·盖茨（Theaster Gates）的多尔切斯特项目（Dorchester Projects）位于芝加哥南部一组翻新的房屋中，这里提供了艺术家空间，吸引来参加艺术活动的人、出售当地出产的艺术品并将买卖收益和活动收益再次投资于社区 [符合吕克·博尔坦斯基（Luc Boltanski）和夏娃·西娅佩洛（Eve Chiapello）的新资本主义精神][61]。这些可以被解释为社区营造和参与的体现——虽然就像在对基于过程的社区理想中所评价的那样，这些活动群体松散，他们与更大社区（或群体的目标）常常是模糊不清的。

以慈善事业为目标的社区赋权活动已经取得了一些成功。纽约市公民委员会（Citizens Committee of New York City：www. citizensnyc.org）就是一个例子，该委员会成立于20世纪70年代，旨在为社区内的活动、公园清理项目、烹饪书汇编和营养课程提供小额资助。资金会分配给街区协会（street block associations）、社区委员会、花园俱乐部和街道联盟。将遍布垃圾的场所变为社区花园是这笔资金的共同目标。

这种情况下，提高社区的生产能力也是一个目标，让社区成为幸福生活的创造者，因此，不断有人呼吁集中力量加强社区制度。约翰·麦克奈特（John McKnight）和史蒂夫·克雷茨曼（Steve Kretzmann）的“基于资产的社区开发”（ABCD: Asset-Based Community Development）方法试图整合社区中的各组织，以形成一个“高级协会”（association of associations），共同成为“统一的社区力量”[62]。同样地，社会学家罗伯特·桑普森（Robert Sampson）强调了“组织性基础设施”（organizational infrastructure）的重要性，即非营利组织和集体企业的多样性，当社区存在这一多样性，就更有可能打破衰退的循环。制度的多样性很重要，因为过度依赖于某一个制度（例如教堂）并不一定是好事，甚至会成为一个问题[63]。这些社区组织和制度必须得到信任，这在高度贫困且奉行“道德与法律犬儒主义”（moral and legal cynicism）的社区里是一项特殊的挑战。社区“制度基础”的重要性也延伸到不同的社区；这对于在混合收入地区建立“强有力的跨界及联系”尤其重要[64]。

每十年都会产生新的策略，都是为了帮助社区掌握自己的空间和命运。越来越多的人支持让居民参与编制预算，决定如何使用公共资金，尽管这一举动与定义明确的社区之间的联系还未充分发展[65]。在法律方面，斯蒂芬·米勒（Stephen Miller）关于“法律社区”的文献综述表明，已经存在“几十种”可用的法律手段；人们只需要发现这些方法并将其作为社区策略来利用。米勒认为，“因为社区在居民心中是一个能引起共鸣的场所”，不仅如此，“社区也是政客们乐于为之服务的选民，不为社区提供法律手段，最好的情况下也会错失机会，或许甚至会带来危险”。可以叠加使用的社区法律手段包括商业改善区的征税权、法规的实施、社区服务中心、学校、社区委员会和分区制。米勒认为，这些由众多社区级别的法律手段形成的综合力量还未得到利用。在小规模社区内运作的法律体系很少相互联系；相反，它们赋予同一社区不同的选民权力：企业老板、承租人、父母。法律社区与其鼓励这些群体之间的斗争，还不如将社区的前景放在首位："构想社区前景的居民越多，他们就越关心自己生活的场所"。然后，社区法律手段就可以专注于"仲裁和谈判"，而不是诉讼[66]。

或许更强的社区意识会激励居民更积极地参与制定预算（这一过程非常依赖居民参与），也会为法律社区建立更坚实的基础。想要形成社区级别的法律手段和制定预算权的联系与重合，首先需要知道社区是什么，以及社区在哪里。更重要的是，在物理上界定的社区平衡了自治与社会同质性之间的传统联系。麦肯齐（R. D. McKenzie）曾写道，让地方治理"尽可能符合自然形成的社区群体是极其重要的"[67]。基于空间共享的自治更有说服力。

注释

1. Bailey and Pill, "The Continuing Popularity of the Neighbourhood." See also Durose and Lowndes, "Neighbourhood Governance"; Lowndes and Sullivan, "How Low Can You Go?"
2. Wood, "'Build, Therefore, Your Own World,'" 32, 48; Arendt and American Planning Association, *Crossroads, Hamlet, Village, Town*, 13.
3. Barron, "And the Crooked Shall Be Made Straight."
4. Holt, "Report of a Reconnaissance Survey," 2, 5, 7.
5. Wilson, "Reciprocal Work Bees and the Meaning of Neighbourhood."
6. Addams, "A Modern Lear."
7. Mullin, "Henry Ford"; Stilgoe, *Borderland.*
8. Robinson, "The Remaking of Our Cities."
9. City Planning Commission of Portland, Oregon. "Portland City Planning Commission."
10. S imkhovitch, *Here is God's Plenty.*
11. Spain, *How Women Saved the City*, 60.
12. National Federation of Settlements, "A Letter from Robert A. Woods," 1.
13. Woods, "The Neighborhood in Social Reconstruction," 577, 579, 589.

14. Cabot et al., *A Course in Citizenship.*
15. Arnold, "The Neighborhood and City Hall"; Kellogg, *Pittsburgh Survey.*
16. Simkhovitch, *The Settlement Primer*, 12.
17. University of Washington, University Extension Division, "The Social and Civic Center," 7.
18. Bliss, "Forgotten History." See also Mooney- Melvin, "Before the Neighborhood Organization Revolution."
19. Bliss, "Forgotten History." See also Mooney-Melvin, "Before the Neighborhood Organization Revolution."
20. Saginaw (MI) Public Schools, *Elementary Social Studies Curriculum Guide*; Providence Public Schools and Rhode Island College, *Neighborhoods*, 6.
21. Looker, "Microcosms of Democracy," 351.
22. In 1942 the Michigan Council of Defense, Civilian War Service Division published the manual N*eighborhood War Clubs.*
23. Michigan Council of Defense, Civilian War Service Division, *Neighborhood War Clubs*, 10, 14, 16.
24. MOMA, "Look at Your Neighborhood," 3.
25. Steiner, "Is the Neighborhood a Safe Unit for Community Planning?"
26. Miller, "The Role and Concept of Neighborhood in American Cities"; Campleman, Gordon. "Some Sociological Aspects of Mixed- Class Neighbourhood Planning," 200.
27. Eckstein, "Addressing Wealth in Renaissance Florence"; Garb, "Drawing the 'Color Line' "; Von Hoffman, *Local Attachments.*
28. Kadushin and Jones, "Social Networks and Urban Neighborhoods in New York City," 58.
29. Hooker, "City Planning and Political Areas."
30. Jezierski, "Neighborhoods and Public-Private Partnerships in Pittsburgh."
31. Hunter, "The Urban Neighborhood," 281, 285.
32. McCann, "Framing Space and Time in the City."
33. Bailey and Pill, "The Continuing Popularity of the Neighbourhood," 928.
34. Woods, "Neighborhood Innovations," 474; Simkhovitch, *Neighborhood*, 293.
35. Hillery, *Communal Organizations.*
36.NUSA—Neighborhoods U.S.A., http://www.nusa.org/.

37. Meegan and Mitchell. "'It's Not Community Round Here, It's Neighbourhood.'" 另见 Davies and Herbert, *Communities within Cities*.
38. Social Geographies, "Neighbourhoods and Communities."
39. Garrioch and Peel, "Introduction," 665.
40. Agnew, "The Danger of a Neighborhood Definition of Community."
41. Peerby's website is https://peerby.com/.
42. Greenfield, *Against the Smart City*.
43. Graziosi, "Urban Geospatial Digital Neighborhood Areas," 2. 另见 "Civic Tech," 在 Patel et al., "The Emergence of Civic Tech." 中的描述。
44. Martin, "'Place-Framing' as Place-Making," 747.
45. Checkoway, "Two Types of Planning in Neighborhoods," 106.
46. 同上, 102.
47. Madanipour, "How Relevant Is 'Planning by Neighbourhoods' Today?," 180.
48. Arnstein, "A Ladder of Citizen Participation."
49. Jun and Musso, "Explaining Minority Representation in Place-Based Associations," 54.
50. Roach and O'Brien, "The Impact of Different Kinds of Neighborhood Involvement on Residents' Overall Evaluations of Their Neighborhoods," 389.
51. Jacobs, *Death and Life*.
52. Rofe, "Space and Community."
53. Bailey and Pill, "The Continuing Popularity of the Neighbourhood."
54. Miller, "Legal Neighborhoods."
55. Schwartz and Institute for the Study of Civic Values, *The Neighborhood Agenda*. 后来对这个项目批评见 McGovern, "Philadelphia's Neighborhood Transformation Initiative."
56. "San Jose Strong Neighborhoods."
57. Fisher, *Let the People Decide*.
58. https://shelterforce.org/1999/11/01/seattle-neighborhood-planning/.
59. 一些例子在 Hojnacki, "What Is a Neighborhood?" 中有评论。
60. Baker, *With a Little Help from Our Friends*, 29, 35. See also Scharlach, "Creating Aging-Friendly Communities in the United States."
61. Boltanski and Chiapello, *The New Spirit of Capitalism*. See also Reinhardt, "Theaster Gates's

Dorchester Projects in Chicago."

62. "A Basic Guide to ABCD Community Organizing," 2, 17.

63. Sampson, *Great American City*.

64. McKnight, "Neighborhood Necessities," 23; Rose, "Social Disorganization"; Clampet-Lundquist, "HOPE VI," 443.

65. Weber et al., "The Civics of Community Development."

66. Miller, "Legal Neighborhoods," 141-142, 165.

67. McKenzie, "The Neighborhood: Concluded," 785, 799.

第8章
社会混乱

本章重点讨论了一个存在已久的争论，即通过社区实现社会关系的目标。在20世纪早期，社区支持者经常将社会局面（social outcomes）归因于社区，他们认为，只要社区符合某个特定的形式，就可以逐步建立起社会联系，有时还能形成某种一致性。问题在于，虽然形式不是无关紧要的，但形式不一定会产生特定种类的社会关系。人们曾认为社区可以灌输而形成社区归属感和集体观念等社会局面，然而在20世纪后期，通信与交通技术进一步打击了这一想法。关于社区形式具有的社会疗效（social prescriptions）的观点已经受到质疑很久了，而且似乎仍然在继续，这加剧了对社区规划的批评。为了解决这一根深蒂固的问题，最有希望的方法是完全不考虑与社会关系相关的要求，重新关注社区功能性，例如服务、设施和公共机构，并积极接受任何可能由社区功能带来的正面社会效益。

逾越社会目标

一个世纪之前，查尔斯·霍顿·库利（Charles Horton Cooley）受到德国社会学家费迪南德·托尼斯（Ferdinand Tonnies，此人认为城市社会的环境十分恶劣）的启发，向公众灌输了这样的观点，即面对面的当地社区就是一切。库利证明，社区与家庭一样都是社会化的前沿，因此从根本上来说社区是很重要的。库利于1912年写道，家庭和社区“在开放且可塑性强的童年时代占据优势地位”，这意味着在成年后，它们“具有无与伦比的影响力”[1]。

按照刘易斯·芒福德的说法，在19世纪末，社区几乎已经消失，但在库利等社会思想家、社会改革家和新型郊区规划师的努力下，社区又被重新发现[2]。在库利的影响下，早期的社区支持者误解并夸大了社区的社会影响，最终对精心规划的理想社区造成了破坏。在 20 世纪初克拉伦斯・佩里首次推出邻里单元计划后，反作用（reaction）很快就开始了。过去一直未能清楚阐明社区能达到与不能达到的社会效应，这是导致社区作为一个规定的物理场所迅速解体的最重要因素之一。

人们不约而同地认为，邻里单元应该像村庄一样独立。约翰・拉斯金（John Ruskin）设计出了一种这样的社区，后来威廉・德拉蒙德（William Drummond）和克拉伦斯・佩里将其改造成更适合美国的社区。村庄式城市社区充满了田园气息与集体意识，而这里原本只能被称为"市区"。城市没有个性特征且充斥着冷漠；人们认为村庄式社区会中和这一负面影响，并产生亲密感与归属感。如果城市社区具有村庄的功能，它们就可以在一个更大的法理社会（Gesellschaft）中加强托尼斯所说的礼俗社会（Gemeinschaft）之间的联系。这种改革思想存在先例：人类学家认为，村民通过建立社区在城市中重现村庄生活是古代城市的一个特点[3]。

问题在于，早期人们定义社区是基于社会关系而不仅仅是社会或物理联系。埃米尔・迪尔凯姆（Emil Durkheim）写道，如果社会的凝聚力较低，那么社区一定是脆弱且支离破碎的（尽管迪尔凯姆猜测，太强的凝聚力也不是一件好事）。建立在迪尔凯姆和托尼斯的基础上，20 世纪 20 年代和 30 年代的社会学家似乎痴迷于非个人城市的概念 [到 1951 年，社会学家赖特・米尔斯（C. Wright Mills）写的一些论文像《现代城市：无趣、无人情味、毫无意义》（The Modern City: Anomic, Impersonal, Meaningless）]。在这时，社区将成为重新建立（reclaim）社会关系的一剂良药。

但这类做法（claims）会逾越（overstep）而造成混乱。麦肯齐于 1921 年和 1922 年在《美国社会学杂志》（American Journal of Sociology）上发表的《社区》系列文章分为四个部分，首先给出了一个基于三项标准的社区定义：空间接近度、物理或文化差异以及居民之间的"亲密关系"。尽管社区内部也会像家庭一样存在敌意，但它们普遍是"孕育人类基本理想的场所"，这些理想包括"忠诚、真诚、服务和友善"[4]。但这样的特征描述最终是有害的，因为如果这些社会品质被认为是脆弱或不存在的，那么它将严重扰乱政策响应。缺乏社会亲密感的社区被认为是功能失调。

社区的社会特征描述造成了理想社群精神与真实城市生活的不一致，这可能会产生一种对立的体验，关于逃避、排斥和孤立。由于和社区认同联系紧密的是人们的感受和交往，而不是日常生活中的实际功能和环境，后来，社区所肩负的社会任务被郊区的社会适应性（social flexibility）所取代。在旧城区的多语种社区或一些农庄中，社会关系能够起作用；但在低密度且以消费者为导向的郊区中，起支配作用的是家庭，社会互动可有可无。

明确将物质理想和社会理想结合起来的尝试最早出现在 20 世纪初的两场运动中：定居住宅运动和社群中心运动（settlement house and the community center movements），都被称为"社会中心运动"（social center movements）。支持者很在意库利的面对面社群学说，并将这一概念实体化，以地方集会场所或社区中心的形式表达出来。社区中心有助于使社区公共生活的结构具体化，很多著名的规划师和社会改革家（爱德华·沃德、雅各布·里斯，当然还有克拉伦斯·佩里）对集中的社区设施所发挥的积极作用很重视。社区以及社区中心具有深刻的社会意义，因为它们在没有人情味且混乱的城市中起到增加了可达性并减少了疏远，强化了社会联系和社群意识。

为了用更科学的态度对待这些可能的影响，在 1925 年美国社会学学会的一次会议上，芝加哥学派的社会学家们与城市规划师会面，试图"揭示"社区物理规划的"社会意义"。社会学家则会更谨慎地对待社区物理形式及其再现村庄生活、团体意识、社会控制和基本联系的能力。芝加哥学派的罗伯特·帕克（Robert E. Park）及其同事哈维·佐尔博（Harvey Zorbaugh）（《黄金海岸与贫民窟》的作者）等提醒规划师,尽管必须将城市中的"自然区域"视为城市增长的明确单位，但这里有"注定存在的"（predestined）贫民窟居民、唐人街、黄金海岸以及其他各种各样的地区，因此这些地方不一定是可控的。然而，规划师们利用佩里的邻里单元方案，力图寻找"法理社会规则下形成的共同体"，这意味着他们想要通过政府规划、政府监管和官僚主义来重建村庄（以及社会控制的方式和个性化的基础联系）。一些人认为，应当警惕这一逐渐发展起来的"社会控制科学"，它将芝加哥学派对社会秩序的追求和规划师对经济效益的追求合为一体[5]。

随之出现了一种脱节现象，社会学家开始发现社区内部的物理接近度会造成社会距离的增加，然而规划师们似乎提出了相反的假设。格里尔（Greer）和

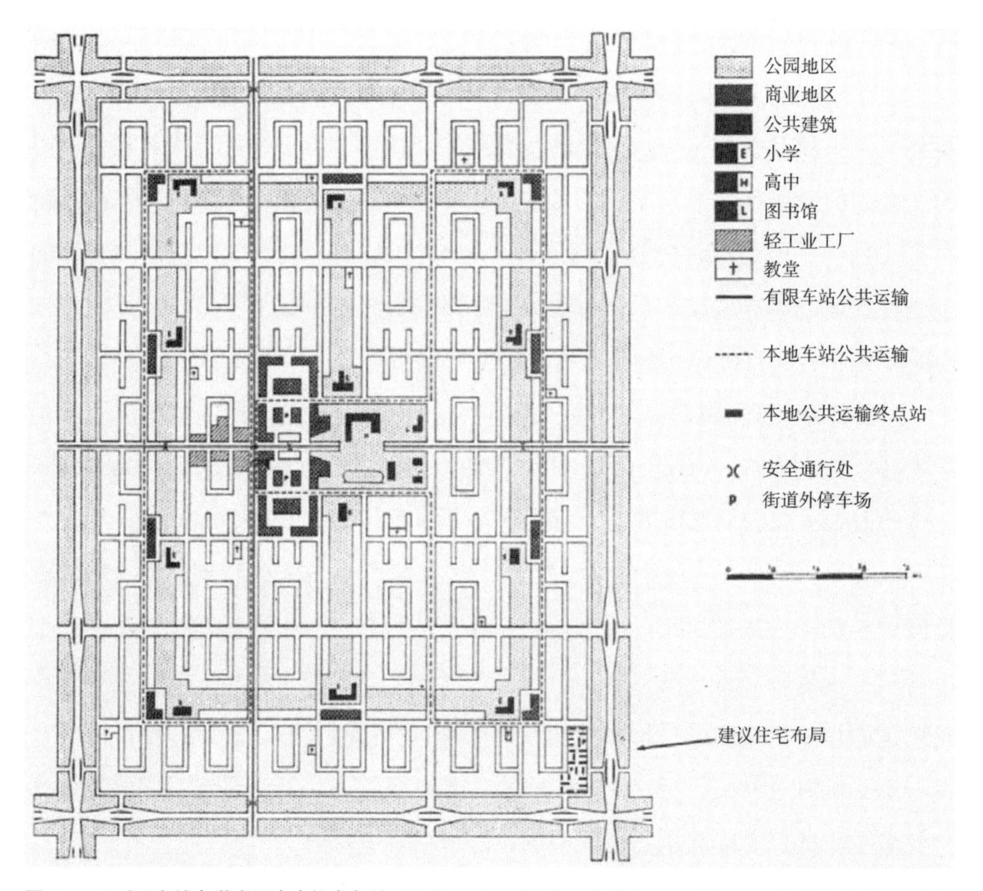

图 8.1　几乎没有社会学家愿意直接参与社区规划，除了路易斯 · 沃斯（Louis Wirth）。他帮助制定了一个详细的芝加哥规划，包括 70 个自治社群（每个社群有 50000 居民），总体被划分为 7 ~ 14 个超级街区，每个超级街区的面积为 1/4 平方英里，居民人数为 3500 ~ 6500 人。每一个“社区或超级街区”都建有购物区和小学。绿色空间将社区与路边停车、小巷分离，并取消限制性条款。资料来源：Grunsfeld and Wirth，“A Plan for Metropolitan Chicago”

库贝（Kube）总结道，“随着城市化的发展，邻里关系（neighboring）被削弱，内部的（domestic）社会参与度也会下降”。社会学家认为，城市居民“缺少共同利益，也没有为这个称为‘家’的地方承担义务的想法”，这一现象对居住在公寓中的居民更加明显。他们认为，吸引城市居民的是日常的面对面接触，而不是俱乐部成员的身份。这是对托尼斯、迪尔凯姆和西梅尔的城市失范理论（urban anomic theories）的直接挑战[6]。

人口越多，“社群”越少，一些规划师在理解了这一悖论后，为了保持社会化目标，他们的应对措施是降低社区密度。20 世纪 20 年代多产的社区设计师亨利 · 赖特（Henry Wright）提出，社区最好由独户或双拼住宅组成，而不包括多户住宅（“经济公寓”），因为后者会带来拥挤，而拥挤意味着人们将会相互回避，从而无法培养“社区意识”。赖特写道，这是尤其悲惨的，因为“社区意识是可靠公民意识的基础”[7]。对此的一个回应认为，社区根本不适合所有人。一位规划师在演讲中说，“我们当然不能在曼哈顿拥有一座新英格兰村庄！”[8]另一位规划师希望在未能实现社会联系的地区强制形成社会联系，他建议社区中“由于害羞、交流障碍或没有‘动力’”而不愿意社交的人们应该积极社交，“这是为了自身的利益，也为了社区的更好发展”[9]。

规划师缺少对细微差异（nuance）的辨别。他们似乎遗忘了这样一个事实，社区居民的互动形式多种多样，存在匿名参与也存在帮助性参与（正如雅诺维茨的“有限责任社群”），更包括按照传统共同体模式进行的密集日常互动。芒福德是为数不多认识到这些差异的人之一，他写道，成为真正的邻居“不需要很熟的交情：一个点头，一句友好的问候，一张熟悉的面孔，一个被记住的名字，这些足够以某种方式建立归属感并将其维持下去”[10]。甚至在某一段时间中例如 20 世纪早期伦敦的种族混合时，社区和睦（neighborliness）意味着被孤立[11]。由于没有认识到这些差异，社区规划通常狭隘地围绕家庭中的儿童和妇女展开，这样的社区定义依赖于家庭聚在一起的社会生活。

一些批评者认为，规划师做的还不够，因为他们的兴趣局限于社区的物理形式，以及对生活质量和经济活力的影响，而没有考虑物理形式对社会联系的影响。“事后才考虑”社会利益，这会成为一个问题。一位评论家批评道，“规划应该主要以某些既定的社会价值观为导向，这些价值观有助于促进个人更好地适应城市环境”。换句话说，邻里单元应该直面城市失范（anomie）问题并解决这一问题，即迪尔凯姆所描述的社会失调和社会混乱。规划师应该将邻里单元作为稳定性、安全娱乐空间、楷模和归属感的基础，以此来解决这一问题[12]。

当美国社会学家反对规划师接纳佩里的邻里单元并将其作为形成更好邻里关系的手段时，英国社会学家也在质疑城乡规划部门（Ministry of Town and Country Planning）1944 年发布的《达德利报告》该报告与美国的规划部门持有类似的信念[13]。最初的任务是剖析“社区”（neighboring）和“社群意识”（sense of community）这类相关概念的真正含义。一位社会学家建议规划师应该意识到两种形式的邻里关系（neighboring）：一种是显性形式，构成公开的社会关系；一种是隐性形式，久而久之会构成人们的态度。两者都可能存在，也都可能不存在，它们可以带来正面影响，也可以带来负面影响。正面影响与负面影响相结合的社区关系形式将具有特殊意义。例如，很多表面的邻里关系（neighborliness）伴随较低程度的隐性邻里关系会产生“一种肤浅的关系形式”，这种形式不会持久。隐性邻里关系十分重要，被认为是“社会团结的基础”；显性邻里关系需要与这种隐性邻里关系所培养的“态度”相结合[14]。但无论如何，这些都不是可以在物质环境上规定（physically prescribed）的社会感受。

社区支持者有时会将邻里和睦等同于道德，但这并没有起到作用。这一现象在二战前的美国尤为明显，尽管在二战后也依然存在。在20世纪20年代，“基督教邻里和睦”（Christian neighborliness）的教义意味着宗教情感必须通过社区服务来表达：看望老人、组织儿童活动、修剪草坪、高喊口号如“良好的道路是友善的标志”，以此来鼓励人们营造一个干净的环境。二战期间，这种导向十分强硬，因此缺乏邻里和睦意味着对法西斯的优柔寡断（ambivalence over fascism）：“一个国家的命运和最终的世界和平，似乎取决于成千上万个社区数百万美国人的日常活动”[15]。佩里相信，邻里单元将会向“下层阶级”灌输道德观念，尽管他最初专注于面向中产阶级的市场化住宅而忽视了穷人。后来，佩里在胡佛总统的住宅与社区委员会中推广了自己的邻里单元理念，这一次的重点是贫困地区需要社区架构。令人沮丧的是，这些解决方法虽然能带来有效的服务性目标（valid serviceability goals），但也会带来过度的道德审判。

这又一次使社区关系走向失败，因为社区显然不是友谊、团体精神或道德的唯一基础，并且邻里和睦这样的概念在任何情况下都是无法控制的。一个可能的补救方法是限制社区的规模，这样一来，社会关系似乎就不可避免。这是杰拉尔德·萨特斯（Gerald Suttles）第一层级社区的特点：小规模且受到限制的用途单一（即只用于居住）的沿街街区，在这里，亲密关系得以发展，这里也是一个具有“中心重要性”的单元，因为在这个单元中，“地方”（parochial）级别的日常社会控制得以激活[16]。二战期间，社区战争俱乐部中的邻里单元同样也保持小型规模，以此来维持“自然形成的”社区，表现为“10或20个家庭”组成的社区，可以是“单个街区或一个街区的两侧”，也可以是“小型公寓住宅或大型公寓住宅的一部分，或是一组郊区或农场的房子”[17]。

像唐纳德·阿普尔亚德（Donald Appleyard）这样的城市设计师会被沿街型社区（face-block neighborhood）设计理念吸引，因为他们推断，这样的社区更

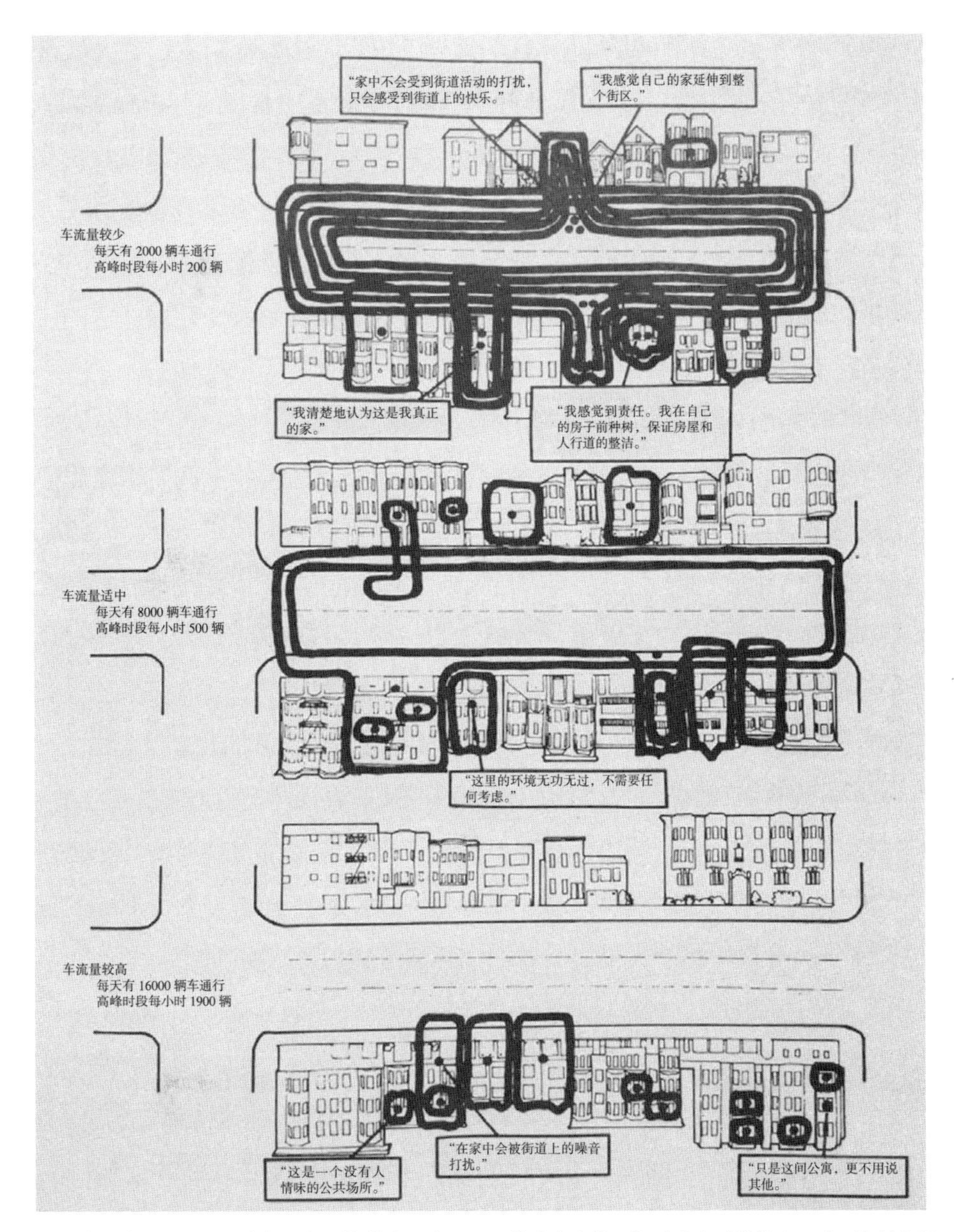

图 8.2 唐纳德 · 阿普尔亚德在研究因街道交通水平而异的"本土社区"时观察到的社会互动。资料来源：Appleyard，"Livable Streets"

有可能带来规律的社会互动和安全感。作为一名城市学家和作家的威廉 · 怀特（William Whyte），以研究人类在公共空间中的行为而闻名，他相信 12 个家庭会形成一个现实的邻里关系群体（neighboring group），然而城市设计师凯文 · 林奇将 15 ~ 20 个家庭作为一个合适的目标。比利时规划师加斯顿 · 巴蒂特（Gaston Bardet）认为 5 ~ 10 个家庭是邻里互助的理想规模[18]。社会心理学家斯坦利 · 米尔格拉姆（Stanley Milgram）将社区的地理上限设定为5个街区，这大致符合查尔斯·霍顿·库利（Charles Horton Cooley）的“基本群体”（primary group）概念：受到一定程度社会控制的50 ~ 60名成年人、面对面的互动以及在紧急情况下互相帮助[19]。克里斯多弗·亚历山大定义下的社区最多有500居民，包含7个街区，如果目标是真正了解社区中的每一个人，那么应该以此为上限[20]。巴蒂特（Bardet）将这一规模（50 ~ 150个家庭）描述为家庭社区，这种社区内的家庭主妇们甚至能在商店内会面[21]。

将社区定义为“家的延伸”可能会存在一个问题，这将使空间女性化，通过让女性成为社区的传播者，而男性在社区外活动，从而赋予空间“培育的意义（nurturing）、熟悉的身份和目的”。住宅、社区、家庭的融合或许会向人们灌输一些有问题的观念，即女性需要将自己限制在“住宅空间”及周围地区来完成对社区的培育[22]。这也会令人想起工业时代工人阶级社区的刻板印象，这类社区由一条或两条街道构成，空间边界“主要由当地八卦所涉及的范围决定”[23]。那么问题在于，小规模且以住宅为基础的社区不太可能行使太多的政治权力。

但在一个更加城市化的环境中，小规模社区不需要转化为亲密的社会关系。社区可能只是某人住宅周围的街区，因为这里是对人们来说最重要的区域。在纽约市长比尔·德·布拉西奥（Bill de Blasio）于2015年2月发表市情咨文演讲后，《纽约时报》要求人们对“自己的社区究竟发生了什么”提出意见。对社区的评论体现出人们的社区意识受到很大的限制（见表8.1）。正如《纽约时报》编辑的解释，“在纽约，人们认识的是自己所在的街区，这里是一座迷你城市，有砖有瓦，有朋友和陌生人，也有人行道和路坑，这座迷你城市的每一次变化，无论是突然改变还是逐渐改变，我们都会在日常生活中注意到”[24]。

社会社区的失败

在20世纪中叶，规划师想继续通过社区规划为社会关系提供物质环境，但这一想法却开始产生负面影响。当社区被定义为“相同社会地位的人交往的场所”时，如果他们准备宣称“社区的基础是友谊”，将会高度限制人们对社区的认识[25]。社会意义的不确定性导致了规划后社区的全面瓦解。

具有讽刺意味的是，社会友谊和亲密关系从来都不是佩里最初想要的。他的兴趣是一个更具功能意义的社会生活：上学、购物、在一个可辨别的场所中的归属感。佩里确实相信好的设计会促进“社区精神”的发展，他也发表了一些道德宣言，但是他对社会互动和社群意识这些事情不那么感兴趣[26]。克拉伦斯·斯坦更进一步宣称“社区群体”是这样一群人，“他们有共同的利益并且积极参与其中”[27]。批评者断言，社区不是一个“明确定义且具有紧密社会联系的地方实体”，他们想要的是一个“更为松散的结构”[28]。佩里和斯坦可能都会赞同这一观点。

作为社区的街区：来自纽约市居民的精选评论　　**表 8.1**

“支付高昂租金的新房客不像老房客那样友好，这导致我儿子认为富人不那么友善和蔼。”
“当然，当人们试图从社区中获利时，社区将会显得更干净，并且看起来更美丽……我从未见过自己的公寓楼如此干净，装修也比之前更好。这些整修似乎是有益的，但它们的意图却值得怀疑。随意涂上点油漆，改变社区的观感，想要由此营造出一个高端社区的氛围。”
“我楼下的邻居放着震耳欲聋的音乐，一整天都在吵个不停，311 热线对噪声投诉毫无反应。第 114 警区早已荒废。然而，阿斯托里亚仍然是个居住的好地方，尽管我很担心房价将会过高。”
“2011 年，我们街道开放了一所设有 328 张床位的设施，为患有精神疾病、吸毒和行为不端的人提供服务。从那时起，人们的生活质量已经恶化，经常出现吸毒和毒品交易、随地小便、乞讨、大声叫嚷以及其他反社会行为。一年前，我们成立了一个街区协会，致力于推出美化街区等绿色环保计划，改善居民的日常环境。我们已经申请了资助来帮助团结街区居民让街区更加美丽。距离问题的解决还有很长一段路要走，但我们的工作已经取得了阶段性成果，那就是让这个包含商业和居民的街区成为一个共同体（community）。”
“在过去一年里，我们街区的状况在恶化。垃圾回收时间奇怪而不规律。人们要求了一年（并得到承诺）的校前减速带并没有建成。向卫生部门投诉卫生 / 鼠疫的问题要等六周才能解决。现在涂鸦越来越多，城市也没有回应投诉。去年，在街角公开进行的毒品交易一直在增加。”
“至少据我了解，我所在的街区从未发生过犯罪。莫里斯公园实际上是一个郊区，这里都是住宅楼，充满了小镇氛围。唯一能改善的是公共交通。由于 5 号线列车在服务上缺乏连贯性，并且没有夜间接送的公共汽车，因此曼哈顿与这里之间的夜间行程需要长达 2 个小时。”
“不能忍受的事：房主和租客的其他州牌照的汽车。例如，一个家庭在这个街区拥有两套住房，后院有私人车道和车库，这一家至少有 6 辆车，他们的宾州牌照汽车占据了所有的街道停车位。这个现象在我们社区很普遍。”
“25 年前，在我搬到这个街区时，楼下住着一个海洛因贩子，楼上住着一个可卡因贩子。我们的车多次被强行闯入，我们不能把花或花盆放在门前的台阶上，因为它们会被偷。公园乱糟糟的，很吓人。电影院关门了，餐厅种类也不多。今天，这个街区安全而美丽。人们放置花盆，照顾行道树。在街区的尽头有一个充满活力的新酒吧和一个翻新的电影院，在公园西侧新开了很多餐厅。公园已经成为一处宝藏：干净且安全，跑步的人、骑行的人、玩耍的儿童和漫步的情侣使其焕发活力。那么有哪些缺点呢？停车变得十分困难，而且我们收到了很多罚单。高峰时期的 F 线列车变得难以忍受。但是对于绅士化，我十分赞成！”

续表

“我住在皇后区中心的一条古老的街道上。这里距离任何地铁站都相对较远，因此有助于保持郊区风貌。我所住的街区道路平坦，没有犯罪行为而且很干净。我家在第79号大街，我可以在一个美好的夜晚，花费10分钟从家开车到曼哈顿下城，但在回家的路上，我感觉仿佛有成百上千英里的路程。”
“我的邻居们以保持传统和文化为荣，所以小型企业在我们社区蓬勃发展。”
“年轻一代在寻找新的社区住房时跳过了中村，无非是因为公共交通线路太长太复杂。有些事情被认为是中村的缺点，但我们中村居民却认为这是优点；在维护小镇价值观的问题上我们几乎没有遇到困难，也希望小镇能继续保持。我们愿意为此牺牲便利的公共交通。”
“我家住宅的估值每年都在上涨，但是今年，Zillow公司（某房地产公司）认为会贬值。我每周都会阅读房地产专栏，发现售价超过100万美元的房子需要缴纳的房地产税比我低得多。”
“路坑——无论在哪个方向上通行，当你穿过两个街区时都不得不躲避街道上的路坑。福斯特路上曾有两辆车因遇到深坑爆胎而被拖走。”

资料来源：改编自“The State of Your New York Block.”

大多数批评者似乎没有认识到，社区规模上的社会关系是对库利的基本群体概念的误解。斯坦曾提出，“小规模社区”应该成为城市建设的基本单元，因为它们产生了“意见一致（eye-to-eye）的民主”，这不仅是“满足地方居民需求”的基本条件,也是“国家自由和全球安全”的基础[29]。但正如规划的那样,“小规模社区”至少容纳5000居民。库利所讨论的基本社会体验是指小团体关系，而不是社区内5000居民之间的关系。因此，将社区形式与面对面的“基本群体”联系起来的想法是不相称的[30]。然而，物质环境上的社区与社会互动并不一致，所以何必费心？正如一位社会学家所说，试图定义边界是“不会有结果的”，因为边界不涉及社会关系。最好是“考虑社会关系自身，而不是担心社区的起点与终点”[31]。

例如，社会学家吉尔伯特·赫伯特（Gilbert Herbert）的一篇评论说明了社会混乱如何导致规划后的社区被抛弃。他对邻里单元的僵化及其被夸大的社会影响提出了合理的批评，但随后又进一步否认了邻里单元对所有人的重要性，包括老人、穷人、儿童和新居民，尽管对于这些人来说，基于地理的公共交往是必要的。通过提供灵活性和“更自由的交往模式”可以满足这些需求[32]。十年后，赫伯特·甘斯（Herbert Gans）写了一篇文章，十分尖锐地攻击了规划师，认为他们过度关心建筑物（他们的“物质环境偏见”），但他们应该专注于通过社会和经济计划来帮助人们“解决问题并实现目标”[33]。

到了20世纪60年代，学者们似乎更愿意将社区视为一种短暂的精神目标。人们不愿意明确定义社区，因为害怕没有考虑到个别居民对社区的定义，害怕秩序被强加于某些易变且无形的事物上，也害怕根本目标被排除在外。也存在将社区等同于政治组织的情况，但一些人不太愿意用限制管辖和权力的方式来定义社区。

现在，社会学家们对社区有两种不同的定义，一种是将社区等同于人口普查区，一种是将社区限定为“在一个可辨别的区域内，一组相对有界并且紧密交织的社会关系”[34]。第二种定义的标准更高（set a high bar）。很少有地方能够成为“规范性团结的容器”（container of normative solidarity）。因此，更重要的目标是社群，而不是受场地限制的社区，后者对社会学家来说不是一个问题，因为社会学家“不同于地理学家，对他们来说，空间分布本身不是一个重要的变量”。最好是重点关注“社会联系和资源流动”，无论它们是发生在社区内还是社区外[35]。最终，这种思维方式催生了一门新的城市科学，它致力于度量社会连接度，这一指标具有数学上的精度，将城市描述为社会互动的集中地[36]，但这种城市科学与社区几乎没有关系。

如果反复讨论社区在社会意义上的“失败”，最终会不分青红皂白地破坏理想社区实体。（如果这样做需要一个感性且田园化的邻里和睦理念，那么威尔特的城市异化问题也不会得到解决。）在20世纪中叶，人们曾经将社区定义为“一个具有睦邻精神的区域”，但这种定义已经不复存在，后来，睦邻精神的消失从更根本的意义上为社区带来了重大打击[37]。如果根据社会来定义社区，那么必须承认，不同于基础设施和建筑物，社会世界不能被建造。对社区重要性（relevance）的不同看法似乎没有立足之地。

苏珊娜·凯勒（Suzanne Keller）于1968年出版的著作《城市社区》（The Urban Neighborhood）反映了社区地位的下降，该书质疑社区的概念是否仍然重要，以及地方联系是否可以在没有社区的情况下产生。她举了很多例子来证明社区的复杂性、概念上的模糊性、相互矛盾的研究结果、社会变化，从而使得社区的意义和重要性成为一个不断变化的目标。她尤其批评了物质环境规划，像其他人一样指出“社会团结和合作”与“社区忠诚度和社交性”似乎对物质环境设计不敏感[38]。最后，她的社会学评论没有得出什么结论。梅尔·韦伯（Mel Webber）与凯勒同时期创作的《没有亲和力的社区》（community without propinquity）是这场争论的尾声，这本书中明确宣布社会关系摆脱了空间限制的任何暗示[39]。到20世纪70年代，社区的社会意义连同与之相关的社区本身一起几乎完全消失了。

但也存在各种各样的复兴。尽管包括韦伯在内的很多规划师参与了拆除社区的计划，但在20世纪80年代，一股新的力量开始广泛传播，促使社区重新流行起来,即:地方化。由于以汽车为基础的郊区的幻灭以及由此产生的“联系危机”，新一代的规划师似乎倾向于将注意力重新放在社区的集体观念上。新城市主义者是最引人注目的群体，他们信奉社群意识的理念，但并没有真正了解其社会批评的历史，恣意地将社群意识与社区联系在一起。英国规划师也有类似的举动，他们把社区改造成“都市村庄”（urban village）。这引发了新一轮的批评，因为研究者试图整理关于社区与社会生活之间相互矛盾的证据，上一代人曾针对这些进行了激烈的争论。新出现的著作也反驳了将社会关系地方化的有关主张[40]。

与此同时，社会学家发现了另一条不同的线索，是他们一直关心的社区影响，但是现在他们以一种新的科学严谨的精神来处理这个问题。鉴于早期的社会学研究指出的影响相对简单（例如,社区是政治接触或工作推荐的优良资源），在此基础上，新的研究分析的对象更加复杂，将社区的影响扩大到多种多样的结局（outcomes），包括健康、行为、生活中的机遇、政治观点[41]。（持怀疑态度的人仍然认为社区仅仅会影响人们的“信仰”和“民众观念”，部分是由于媒体的过分渲染，例如有人声称，“横跨几条街道你就会少活15年”。）[42]社会影响仍然很重要，支持或反对社区政策（例如收入混合）的论据取决于社会互动和“社群”目标[43]。但是，人们不会再更多地关注社区物质空间形式带来的影响，因为这几乎已经被认为是无关紧要的问题而被放弃了，至少社会学家和很多规划师是这样认为的。

相反，公认的社区关系定义是一组空间上被限定的数据，例如人口普查区域。从本质上来说，社会科学家通过科学的、基于数据和普查区域的方式应对社区的社会混乱（social confusion）。他们仍然对“对个人带来的强大且持久的影响及结果”感兴趣，普遍认为居住在“消极的环境”中会产生“无可争辩”的问题[44]，但社区定义与20世纪上半叶制定的社区规划之间几乎没有相似之处。

在这一数据驱动新社会科学下，对社区在社会维度上的剖析不是将社会现象与社区物理形式联系起来，而是将社会现象与普查区以及其他从空间单元中可获得的定量数据联系起来。一些受到新城市主义者启发的研究人员试图将邻里关系与社区形式联系起来，发现某些社区形式（大部分是基于步行的）更有可能形成社会互动，产生“更强烈的社群意识”和场所依恋感，促进更高的信任和社会参与度[45]。但是大部分研究的关注点不在于形式带来的影响，而是关注如何通过其他社会变量来预测邻里关系这样的社会关系。例如，社会学家们发现，社区是否“邻里和睦”大多可以根据犯罪情况来预测的。对不同类型社区的调查发现，相比于“欣欣向荣”（thriving）的社区，“勉强营生”（striving）的社区中存在更低的“互动、熟悉度、礼貌和日常生活中的友善”[46]。在另一个例子中，新西兰研究人员构建了社区破碎指数（NeighFrag index），根据依恋程度、社区拥有的社会资源和共同遵守的规范来计算社区的破碎程度（人们发现这一指标与社区凝聚力呈负相关）。[47]

许多针对社区社会生活的研究（依赖于对社区实际内容的回应性解释）如今在关注邻里关系是如何衰退的。调查研究发现，在 20 世纪 70 年代，30% 的美国人声称他们经常与邻居互动；这一数字现在已经减少到 20%。此外，声称完全没有邻里互动的居民所占的百分比上升到 25% ~ 30%[48]。另一个话题是，人们发现对于社区社会接触的重要性，在一些群体中比另一些群体中更强烈。例如，老年人相比其他年龄段的人更依赖邻居的社会帮助。在荷兰的一项研究中，老年人是拥有邻居家钥匙的最大的群体（39%）。如果老年人搬到社区，引发他们“角色设置”的变化，邻居们将会变得尤为重要，会为他们提供知识、帮助和社会接触[49]。

人们同样有兴趣了解邻里关系的复杂性，这种复杂性分为几个阶段：从对地理空间共同的简单认知，到熟人间的点头致意和无意的相遇，再到有意地接触以及有目标的集体参与[50]。一位学者声称，邻里关系和邻居缺乏理论基础（undertheorized），他引用圣经中的一条戒律，即“爱他们的邻居”（Love they neighbor），这句话是有争议的，它的含义在普遍主义（将邻居等同于人类）和特殊主义（将邻居等同于民族归属感）之间摇摆不定，令人困惑，而这两种含义可能都有问题。现代城市中的邻里关系似乎充满了“尴尬、难堪和谨慎，明显缺少互动”，既没有敌意也没有温情。那些致力于帮助居民应付消极邻居的网站就是这一现象的证据；例如，“地狱邻居”（Neighbours from Hell）和“问题邻居”（Problem Neighbours）这两个网站都针对犬吠、污言秽语和共用树篱引发的问题提供了建议，还指导人们如何应对社区霸凌[51]。传统的伊斯兰世界“迫切要求穆斯林社区居民友好相处”，相比之下，现代西方世界缺乏关于友好邻里关系的公认的文化习俗[52]。

作为服务供给者的社区

本章试图解释社区的社会目标，这一目标面临的问题包括似是而非的观点（paradox）、越界（overreach）、失败的提议、批评和负面响应（counterresponses）。整个 20 世纪，社会学家和规划师们都在争论这些问题，有时社区更基础的重要性似乎被低估了，比如社区的服务性和宜居性，涉及功能性、可达性、安全性、身份认同和美观程度等方面。这些部分并不依赖于社会机制[53]。

是否有可能坚持社区的服务目标，将社会社区（social neighborhood）的复杂性抛诸脑后？“友谊圈”（friendship ellipse）与“服务圈”（service ellipse）相一致（活动和友谊模式重叠的情况）是一个诱人的前景，但最好逐步实现这一点，首先专注于被作为服务提供者的社区[54]。当社区的定义是一个被圈定的物理场所时，这样才最有希望保持社区重要性。

社区的服务功能很吸引人，因为它不那么模棱两可。在某种程度上，社区服务的影响是持久的，令人回想起社会学家帕特里克・夏基（Patrick Sharkey）所呼吁的更“持久的城市政策”[55]。持久性的一种诠释是优先考虑社区的物理形式和土地利用，以及设施、服务和经济机会的可达性。简而言之，首先将社区视为一系列场所和服务；其次再考虑社会特征。除了社会和经济活动的程度和性质外，还可以根据社区内的设施和服务以及居民使用它们所要行经的距离来定义社区[56]。无论社区是否提供积极社会体验，社区服务能力都可以形成规划和政策的基础。

将社区定义为服务的供应者可以规避基于场地的“社群”这种有问题的界定。1951 年，一位英国社会学家在《社会力》（Social Forces）这一主流社会学期刊中撰文，承认了这一区别。他认为，如何概念化社区面临很大的困惑，因为两个概念将会达到相反的目的：“有机的”社区和“舒适的”社区。前者被认为是“神秘的”且“充满价值判断的”，而后者“在制定规划目标时相对精确”。这位作者推测，规划师想要追求社区的有机概念，这种趋势以城镇规划师的“职业需求”为基础，他们一直在寻找一种方法，“将可管理的诸多片段作为一个整体来可视化，并将之视为自己的职责范围”。然而，“舒适度的概念”也会倾向于“价值判断”，而很多价值判断源于社区的有机概念（例如，对社群中心的需求），认识到这一点后，舒适社区拥有被认为更加容易实现的目标[57]。

美国规划官员协会作为一个全国领先的规划组织，在 1960 年发布了“社区边界”报告，也对社区的可服务性提出了强力的支持。该报告引用了英国规划师的观点，认为“在社区的设计中，商店和购物中心是最重要的设计元素”，以及“形成社群生活的最有效方法是将商店及周边场地作为基础，满足社群需求的周边建筑包括大厅、酒吧、图书馆和健康中心”。服务是首要的，社会化位居其次。

第二次世界大战后，英国规划师致力于在英国实施邻里单元计划，他们不在乎越来越多针对社区规划的批评，因为他们的兴趣在于社区规划的实用性和功能性，尤其在于住宅和便利设施的一体化。一位英国规划师将邻里单元描述成“天赐之物。……人们很难想象，如果没有邻里单元，他们将会做些什么”[58]。社区规模的商店被比喻成“中世纪市场”，市场所带来社会接触的有效程度不仅远高于社群中心，而且保证“每个人被孤立以及变得孤独的可能性最小”。在这方面，小学的作用要小得多,因为小学受限于“儿童社群”,所以作为社区中心是“不够格的”[59]。

人们认为基于服务的界定会为社区带来十分不同的影响，而不会灌输社会亲密感[60]。这种理解使人想起前现代时期社区的规范化模式，这种模式总是有一个功能性基础，可以是教堂及其周围教区，也可以是公会及其附近成员，只是这一次，商品和服务取代了宗教和职业。不仅如此，社区内商品和服务的公平分配可能是通向更公平世界的有效途径。在谢可村（Shaker villages）、勒・柯布西耶的“光辉城市”（Ville radieuse）和保罗・索列里（Paolo Soleri）的雅高山地（Arcosanti）这些各不相同的规划作品中，所体现的乌托邦式平均主义都过于激进；而服务良好的社区是非乌托邦式平均主义的一种尝试[61]。

第二次世界大战后，规划师们正是用这些标准来为邻里单元辩护。莱维敦（Levittown）的社区内没有商店，但在各种野心勃勃的规划文件中（与生产建造的住宅手册截然相反），土地混合利用被认为是必不可少的。例如，1945 年现代艺术博物馆举办的“社区万象”展列举了优秀社区的基本要素：“良好的住宅、一座公园、一所小学、一个社群中心、一座购物中心、服务商店和轻工业工厂”[62]。凯勒将这种简单的非社会性社区称为“舒适区”（amenity area）规划。正如凯勒所看到的，这类社区的危险在于低效率和不公平，但是可以通过使规划师们专注于提供基础要素来解决这些问题，比如商店、诊所、交通站点[63]。

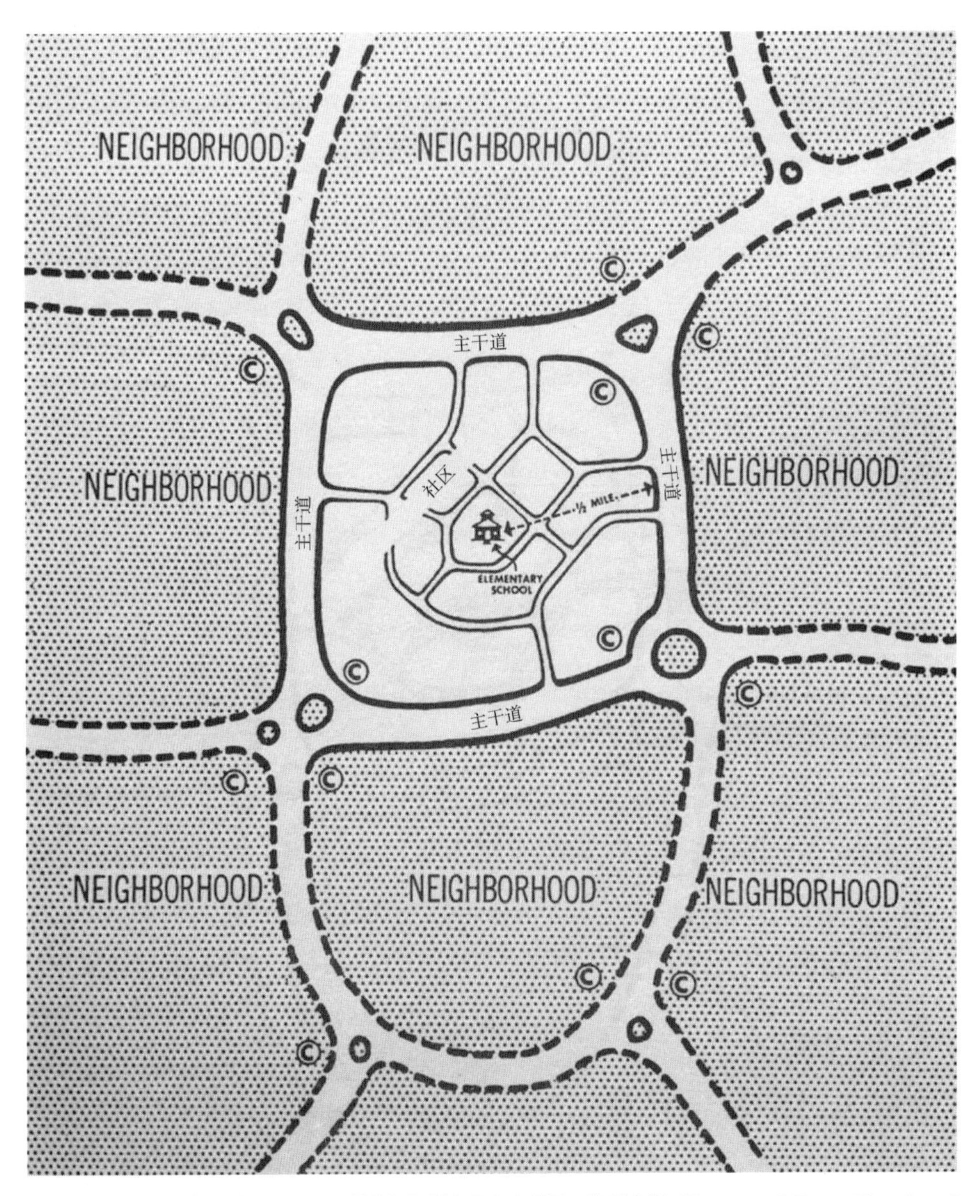

图 8.3　这张 1955 年的地图，展示了教堂如何服务于多个社区。资料来源：Hoover and Perry，Church and City Planning

社会学家格尔达·韦克尔（Gerda Wekerle）总结了什么社区是老人以及上班女性或单亲妈妈最需要的：良好的公共交通、户型的可选择性和集体服务，这样的社区与作为“避难所”或作为社会生活中心的社区都截然不同。她没有否认社会联系的重要性，尤其是对于老年人和单亲父母来说，但是社会联系不需要被强调为基于社区的社会生活。相反，这可能只是“低移动性和沉重的时间压力”的结果[64]。简·雅各布斯也认为，当谈到社区时，人们总是过于强调社会关系和友谊模式。

一些规划师总是认为社区的“社会网络”定义“无关痛痒且令人困惑”，他们所提倡的定义更多关于功能性[65]。乔治·加斯特（George Galster）后来补充了实际的一点，即对政策制定者来说重要的是社区运营、投资、运动和行为，这些不一定由社会意义决定[66]。混合收入社区的居民们也是类似实用主义的体现。罗伯特·查斯金（Robert Chaskin）和马克·约瑟夫（Mark Joseph）采访了第六希望计划住宅(HOPE VI housing)的居民，发现居民寻求的不是社会团结，而是邻里之间没有矛盾的体面的社区[67]。保证社区多元化的建议是围绕服务提出的：共同管理公共区域，以及更多地关注“第三空间”（third spaces），例如咖啡店、商店和娱乐设施[68]。

这些实实在在的好处或许解释了为什么对社区社会属性不满意的居民在社区中仍然有积极乐观的感受[69]。尽管租金上涨并且面临着流离失所的威胁，但是中产阶级化社区的常住居民却能够看见正增益（positive gain），正是功能性构成了这类矛盾现象的原因[70]。

社区服务的社会价值

基于服务的社区本质上是关于功能性的，但是这种社区所产生的社会体验（social experience）也并没有被忽视。了解新情况是关键。人们一起购买商品或出售商品，教授知识或学习知识，相互问候或匆匆扫视[71]。这些交流并非没有社会意义。在某种程度上，服务的供应基于社会和人口的需求（一些人认为这会涉及种族群体，例如，非洲裔美国人特别需要学校和教堂以融入社区）[72]，社会维度将不可能被完全忽视。但在社会互动和社会关系方面，提供社区服务并没有比提供接触空间具有更深远的社会意义。

正是在这个基础上，芒福德认为勒·柯布西耶为北非内穆尔市（Nemours）制定的规划具有“社会智慧”（socially intelligent），因为这项规划还为学校和市中心等“位置特别的城市核心地带”提供了“社会生活”。芒福德认为，如果没有这些“故意形成的地方核心”，人们会轻易相信，“仅仅是人口的聚集”也能形成正确的“社会互动”（social drama）[73]。但是这些并没有关于友谊、亲密感或道德感的假设。在这里，它预示了罗伯特·桑普森的观点，对于一个具有良好集体效能的健康社区来说，“强烈的”社会联系不是必要的（实际上，这样的联系或许甚至会对个人产生更糟糕的结果）。

服务的社会价值被煽情（poignantly）地描述。1914年出版的一本小学儿童教科书中有一章叫作“社区”，开篇为“社区每天都为我们带来微小却有特色的世界，直到我们在同情和理解中得以强大”（enlarged）。通过在社区中“做好事”，孩子们能够学会理解“中国洗衣工、意大利水果商以及犹太裁缝的权利与感受”。换句话说，多样性的价值评估根植于零售和职业。老师们被要求问学生这样一个问题，“如果你沿着一条商业街行走，将会在门上看到什么标志？可能是粮食供应、杂货、家具、药店、鞋匠、画家、木匠、小吃店、女装定制、裁缝、高级商店、书籍和文具、电影展、警察局。如果没有这些商店我们会怎样？每个人需要的是什么？”[74] 历史学家证实，人们对社区服务的情感会强烈影响到人们的社区认同，至少在一段时间里，这反驳了霍利（Hawley）的主张，他认为社区“被更大范围的活动所吸收，其本身的身份认同亦被剥夺”[75]。

英国人对商业的社会价值有着明确的认识，这使新城镇社区从根本上区别于美国社区。正如《达德利报告》所规定的，英国邻里单元内的商店应该与内部社区中心相连，而不是位于社区周边；公共开放空间应该位于周边作为缓冲区，而不是位于社区中心作为市民空间。无论是开放空间还是社区中心“都应该鼓励社会群体的形成”[76]。人们同样认为将轻工业工厂设置在社区附近具有重要的社会意义（英国规划师弗雷德里克·吉伯德爵士曾评论道，“工作是最强的社会纽带之一”）[77]。小学的确很重要，它提高了安全性，增加了父母儿童的接触机会，并使儿童认为学校“是生活的一部分”，但商店更重要，特别是因为商店能够“远比其他社群中心更有效地形成社群生活”[78]。

但也存在变通的情况。有时候，不得不将商店联合起来。哈洛新城（Harlow New Town）是一座英国新城，在这里形成了一个“社区集群”，三个邻里单元共享一个更大的社区中心，每个单元内都设有小学和“少量地方商店”[79]。文化差异会影响人们判断哪些服务类型具有社会价值。例如，在二战前的苏格兰，酒吧不能像在英格兰一样被作为现成的社区中心，因为在苏格兰，酒吧“是为严肃且正襟危坐的男性长时间饮酒而准备的”[80]。

作为一种非正式的社区参与形式，对社区的积极感受更多是与社区服务有关，而不是因为属于一个正式的组织[81]。麦肯齐在 20 世纪 20 年代曾观察到，组织似乎只依赖于少数几个人的贡献，因此人们对社区事务的兴趣是“人为持续下去的”。相比于政府支持的组织机构，依赖小型零售商店作为参与的一种手段或许既经济也更有效。正如一位研究者提出的，“老式的社群组织机制，尤其是日常互动和社区商店，它们如今在形成社区凝聚力方面的有效程度与几代人之前一样”[82]。

在这些诸多关于服务价值的理想化事物中，社区既有混合的用途也有混合的人口。这出于某些实际原因，其中一个是由于企业所有者需要靠近自己的业务场所。因此，社区的服务能力远远超过社区规模所需的便利程度；这是关于经济上的相互依赖。相互联系形成了社会纽带，不是因为友谊，而是因为人们依赖相互联系维持生计。卡罗尔·阿罗诺维奇（Carol Aronovici）在 1939 年的文章中推测，住在穷人社区中的富人家庭一定只有两种原因，“要么是因为他们暂且还不渴望更好的环境，要么是因为想要获得城市中较贫困地区的商业利益”[83]。麦肯齐在 1922 年对俄亥俄州哥伦布市一个位于中心地段的社区进行了研究，也发现了类似的相互作用方式（dynamic）。他将这种多样性记录为“由完全不同的家庭群体组成的集体”，在这个集体中，“这些优渥体面的家庭（wholesome families）常常与乱糟糟的贫民住宅（disorderly worthless）比邻而居”。“由于财产关系”，这些“体面家庭”无法搬走[84]。在 20 世纪初的巴尔的摩，当白人沿着有轨电车线路离开城市时，黑人从南部移入，社区隔离变得越来越严重，黑人社区中仅存的白人只有商人，即街角小杂货店的店主[85]。即使在少数族群人口只占三分之一的社区中，“少数族群社区”的概念也依然存在，这一事实可以归因于一个特定的少数族群的商业和宗教机构的能见距离，这些比流动人口更能反映一个社区的特征[86]。

然而，服务在促进社会多样化方面所发挥的作用已从根本上被改变。新的零售方法破坏了当地的所有权，与此同时，日常生活所必需的服务和设施被许多社会团体共享，这些社会团体可以由种族、民族、年龄或收入来定义（根据一位观察者的说法，对于一组服务的“核心”，种族和经济之间存在完全的一致）[87]，除非是在最密集的城市中，这里的异质化社区缺少定制特殊服务的临界规模（critical mass）。其结果是，社区获得的必要的服务多样性没有充分支持社区（的发展）。这个问题在郊区尤其严重，由于郊区的人口密度较低，所以这里的功能多样性往往一开始就更低。

服务带来了一个不可避免的社会影响，即社会地位通常决定了服务质量。因此，在为社区提供充分服务的问题上，社会隔离通常是造成不平等的根源。穷人社区缺少高质量的商店、公共空间和设施，而富人社区或者拥有这些服务，或者在富裕郊区社区的居民有能力从遥远地区获得服务，这时，接近度变得无关紧要，至少在缺乏接近度的情况下也能更容易地生活。

如果退回来考虑社区的社会定义，就可以完全避免这些服务问题，从而使服务能力变得没有意义。例如，一项研究表明，相比于距离市中心更近的社区，郊区社区中的种族和经济隔离程度会更低，结论是郊区提供了一个“更好的社区环境”。具体来说，一个新郊区的非洲裔美国家庭会比市中心的非洲裔美国家庭更有可能（高出 13%）住在一个较高收入的社区。但是“更好的社区环境”严格来说是社会地位的环境，评估的变量包括贫困和受教育程度。服务功能与此无关[88]。

然而，无论社区企业（服务和就业）是否适合不同的人口，它们都被认为对社区稳定是至关重要的。1930 ~ 1970 年间，在去工业化（de-industrialization）摧残城市社区之前，社会学家表明工人和工作之间的接近度会转化为稳定的社区（定义为居住在同一住所的成年人的比例），尤其是对于工人社区来说，这些社区的工人们可以步行到达工作岗位。能够提供地方服务和设施（小型杂货店、零售商店、教堂、酒吧和餐厅）的社区同样被证明会更加稳定[89]。对旧金山的一项研究发现，那些聚集在主要商业街道附近的社区具有“明显更高的社群意识”[90]。针对荷兰社区的一项研究总结道，社群最有力的预测因子是资源与公共活动的共享，这些能够促进相互依赖[91]。在英国伯明翰，社区边界是由基于服务的身份认同形成的，这种身份认同建立在日常生活中的“行为准则”上，即活动与关系的“群集”[92]。

在社区服务方面，最近非常有希望带来社会效益的是非正式物物交易经济。合作服务可以是“时间银行”（例如，Timebank.org，这个网站的宗旨是促进平等和“通过广泛的时间与才能的交流来关怀社群”）和 DIY 博客（例如，snapgoods.com，该网站的理念是“少拥有，多付出”）。建立一个共享、合作和交流的社区系统，或许在过程中会形成一个“封闭群体”（cul-de-sac commune），但这样的社区系统已经被形容成“邻里之间极度和睦”的群体。在更为城市化的情况下（In more urban situations），一些人甚至认为，通过门前闲聊、共享自行车或“交换经验”可以使士绅化的倡导者更多地参与到服务交流中来，以抵消士绅化带来的消极影响[93]。

自给自足（Self-Containment）与服务层次结构

与社群以及社会生活的其他方面不同，人们认为，如果社区服务在空间上受到限制，也就是说，如果可以在社区内部获得服务，那么社区在服务方面一定会更加成功。这使得某种特定形式的社区得到了重点发展，即步行主义社区，佩里、斯坦和赖特只是假设了这样的社区环境，但从未明确提倡这类社区。因

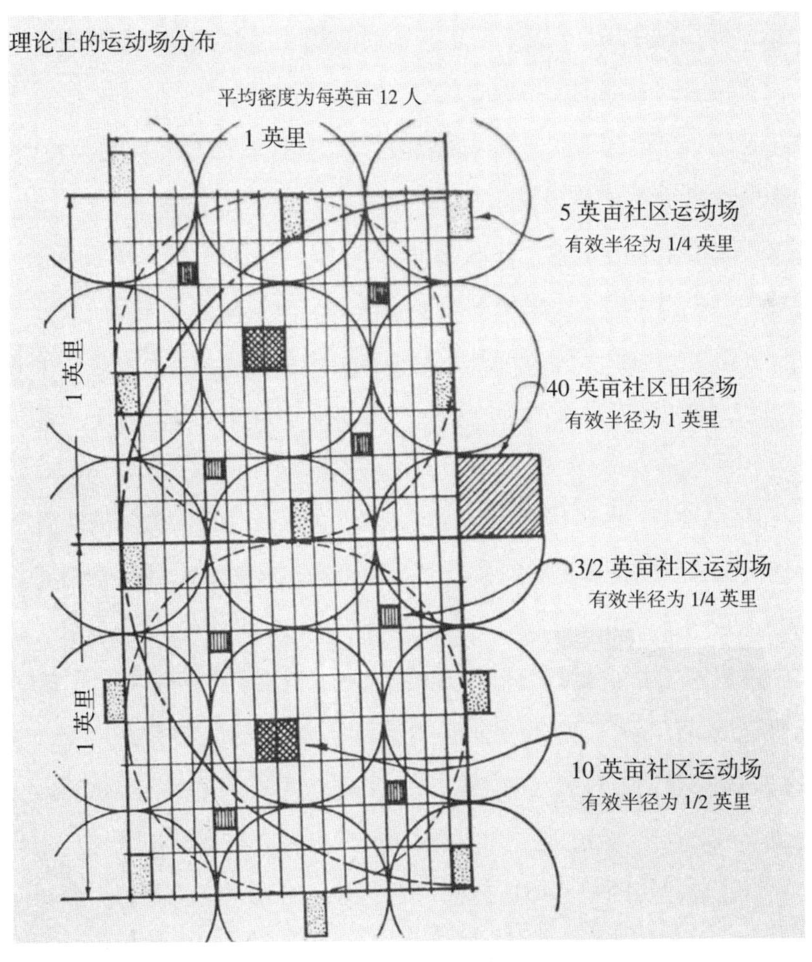

图 8.4 在 20 世纪 30 年代，基于 1/4 英里步行距离的社区服务分配是公认的指标。资料来源：Hegemann et al.，City Planning，Housing

为没有必要；在他们提出自己的理想社区方案时，步行是前提特征（assumed modality）。但仍然需要规划社区服务，因为工业城市已经侵蚀（undermine）人性尺度和日常生活服务。

这种步行基础是新城市主义者社区和对应的欧洲社区的根本理念，建筑师莱昂·克里尔所说的城市社区（urban quarter）“必须拥有自己的中心、外围和界限”。理想情况下，这种社区应该是“完整的”，内部包含日常生活的功能。这种想法可以追溯到中世纪晚期和近代早期的欧洲城市，当时的社区相对来说更加自给自足，每个社区都有自己的供水系统、教堂和市场[94]。围墙的存在进一步增强了这一特点：“围墙包围了一个单独的空间，从而形成的社群更多是为了针对外来者的自我保护，而不是把居民从内部分开”[95]。按照克里尔的说法，尽管没有围墙，现代城市住区（quarter）也应该通过类似的方式成为一个包含就业和休闲的“城中城”。这一点现在已经被量化了。按照某种标准，如果位于社区内部的社区服务达到70%，那么这种“完整社区”是“优秀的”；如果在30% ~ 70%之间，那么是“令人满意的”；在10% ~ 30%之间是“最小限度”；而小于10%则被视为“服务匮乏”[96]。

对于新城市主义者来说，社区的步行基础是绝对的：没有基于步行可达性的社区结构，也没有结构上的限制，就不会有高质量的城市生活。在这种基于接近度的评估下，由汽车导致的社区解体影响最深远。后来的社区方案可以归结为：社区的设计应该不受汽车的影响，而不是像斯坦和现代主义者所做的那样，围绕着汽车来设计社区。还存在一点：如果没有步行主义强加的接近度上的要求，社区就没有结构上的限制，那么就不会存在有意义的多样性概念。

步行主义显然使社区自给自足的目标复杂化。对此的一个回应是将目标限制在单一的服务上，例如教育。从20世纪初到20世纪中叶，人们对教育服务的实施进行了数学精度的分析。开始于小学的社区服务供应正是1960年城市土地研究所（Urban Land Institute）出版的《社区建设者手册》（Community Builders Handbook）中对社区的定义。小学最初主导了话语（discourse），因为小学的服务区域似乎是组织住房的特别有效的方式。这同样也更加体现出平均主义。一篇针对“纽约及其周边地区规划”（Regional Plan of New York and Its Environs）的英国评论指出，美国小学的平均化功能是与生俱来的，因为它们“适合所有的社会阶级”[97]。

1/2 英里半径的圆 =500 英亩

减去 50 英亩作为开放空间 =450 英亩

每英亩 9.5 户住房 =4200 户住房

每户有一个在校学生 =4200 个学生

可能的分布：	A：	高中男生，600	
		高中女生，600	1200
	BCD：	每个区间有 500 幼儿	
		和 500 青少年	3000
			4200

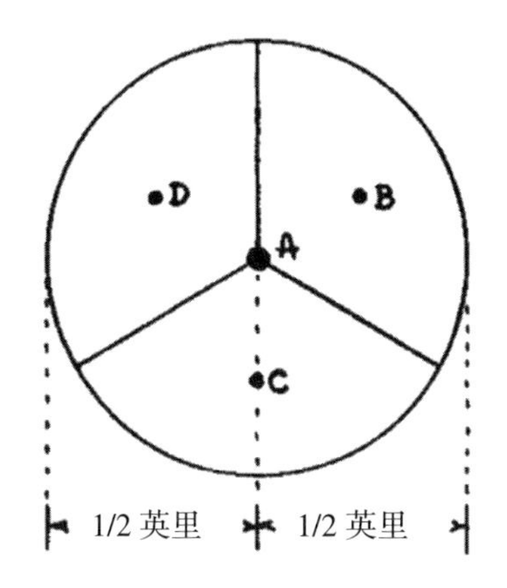

图 8.5　1934 年，英国的一家规划期刊上发表了一篇文章，用数学方法计算了社区中住宅和学校的分布。资料来源：Dougill，“Educational Buildings”

在寻找与社区结构相联系的“全面教育计划”时，人们认为学校和社区形成了一个层次化的嵌套模式，社区内存在多个幼儿园和操场，一所小学位于社区中心，初中位于两个社区之间，高中或专科学校位于四个或四个以上社区的中心。佩里设计的位于中心的多功能小学应该与所有居民等距，他在早些时候出版的《校舍的更广泛用途》(Wider Use of the School Plant) 中提出了这一观点。这种观点持续了一段时间，但越来越多的人认识到，想要“抓住”(catch) 持续的人口，要么必须增加地理范围，要么必须增加社区密度，或者两者兼有。

拉德伯恩较低的人口密度为服务带来了挑战，这就是为什么斯坦和赖特将社区重叠以实现更大型设施的共享，例如位于社区边缘的高中和剧院。每个社区应该拥有自己的购物中心，但是，出于各种常见的财政原因，这些计划都没有落实。1943 年，一项“学校 - 社区核心”方案增加了佩里所希望的距离：距离幼儿园或操场为 1/4 英里，距离小学为 1/2 英里，距离初中为 1 英里，距离高中为 1.5 英里。另一个通行选择是乘坐公共汽车，尽管人们对这种通行方式“不完全满意”[98]。现在，拉德伯恩的 149 英亩的土地上有 3000 居民，地理面积大约相当于佩里的一个邻里单元，但居民与之相比少了 2000 人。

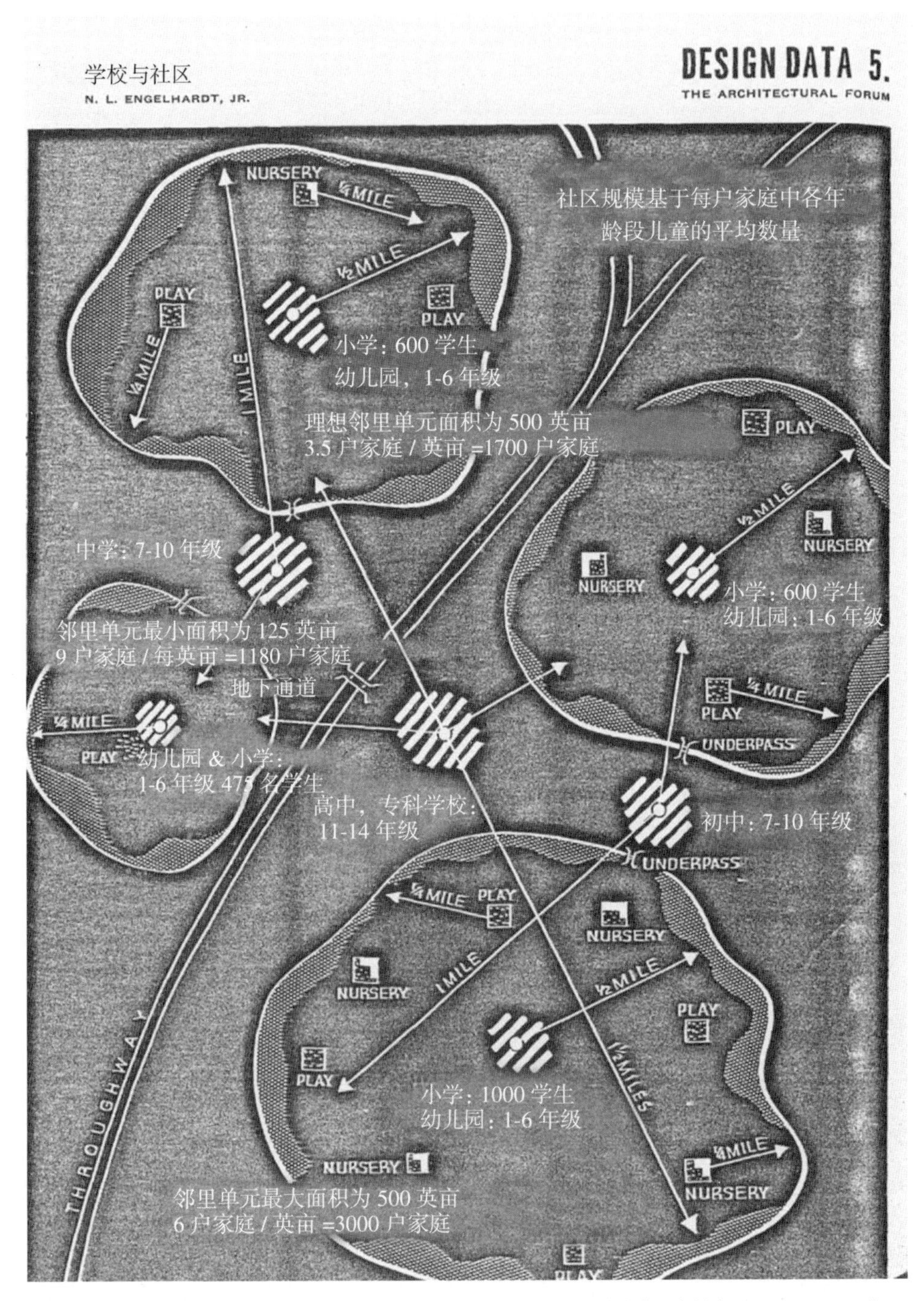

图 8.6　上图改编自 1943 年《建筑论坛》上关于学校和社区最佳布局的方案。资料来源：Engelhardt，“The School-Neighborhood Nucleus”

当然，对社区服务的兴趣并不仅限于学校。人们一直希望能够对学校、商店及其服务区域的布局加以控制，如果使其高度规范化，那么就意味着可能带来“高度可达性”。在“纽约及其周边地区规划”的第七卷中，邻里单元的每一位居民距离日常生活所需商店的距离都应该在 1/2 英里内，理想情况下，每 100 位居民拥有 50 英尺的商业街面距离。在 20 世纪 40 年代的欧洲，完整服务社区被认为只是“一种做事的方式”（just the way of doing things）[99]。这也反映出，当时的规划师一直提倡理想的共产主义城市。复杂的公式和不同的社区布局（“居住单元”）是基于服务水平、核心、密度、交通和人口的假设，这些都是精确计算出来的[100]。

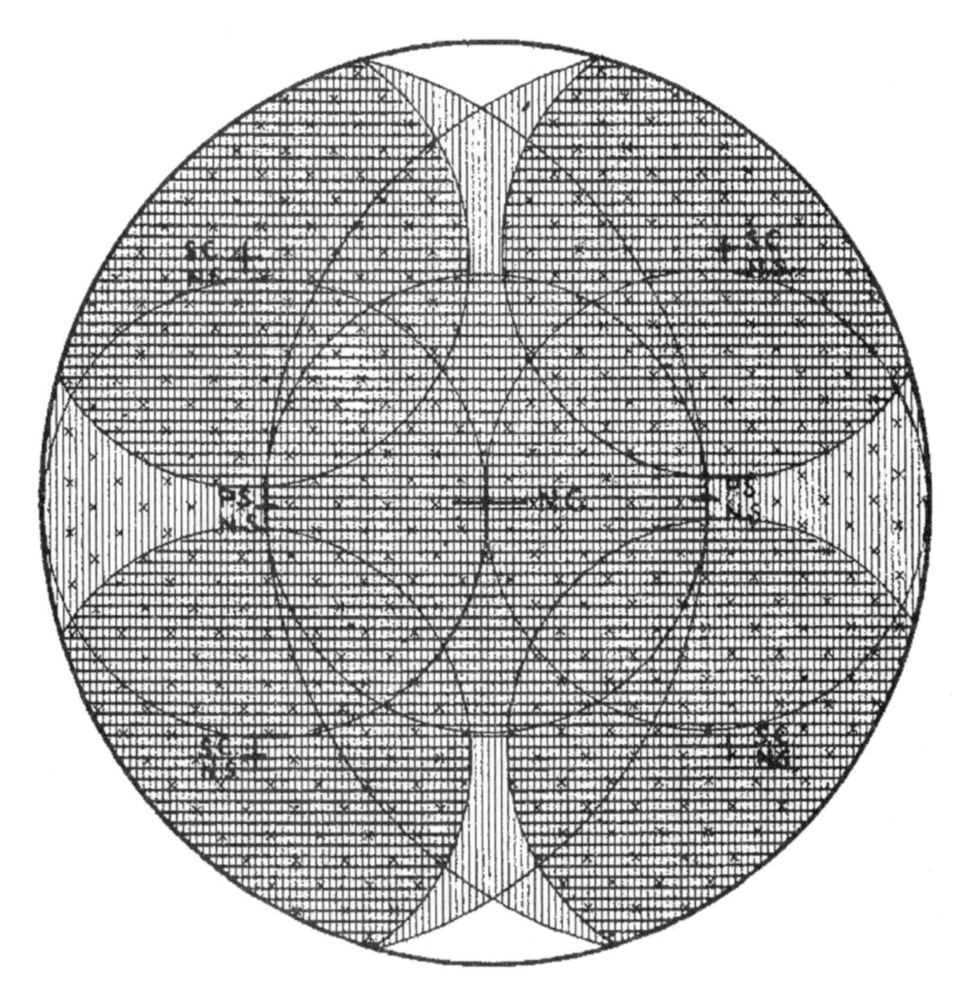

图 8.7　上图是根据 1952 年的一份英国出版物绘制的，旨在表明“即使人口密度较低”，也可以保证距离社区服务的“高度”可达性。资料来源：Allaire，“Neighborhood Boundaries，” 19

20 世纪 30 年代，地理学家沃尔特·克里斯塔勒（Walter Christaller）观察到，社区服务供应的规划似乎是服务的规范化地理分布的缩影。在克里斯塔勒的中心地理论中，居住区的位置与规模是由居住区提供的服务类型以及影响范围来解释的。社区类似于层次结构中的最低级。中心地理论没有解释城市地区内服务的分布，但当服务聚集在一个六边形内部，就可能会形成社区。

但是，服务区域和社区规模的嵌套层次结构的概念并不总是按计划进行。人们不会遵照表面上看起来不错的层次布局来限制自己的购物行为[101]。使服务层次结构适应于邻里单元的尝试并没有更成功。尽管人们相信以社区为单位的规划有助于将服务定位在靠近人们居住的地方，但将购物设想为一个区分街角、社区或城镇中心的多层次事件通常会导致忽略较小规模的商店[102]。

这些服务层次结构一直都是理想社区的基本原则，无论是基于市场还是共产主义，无论在 19 世纪还是 21 世纪，在这些结构中，以社区为基础的服务与拥有更大地理范围的更高等级服务相互隔离。社区应该是低级服务的场所，例如小学和小商店；更高等级服务设施延伸到社区之外，例如剧院和医院，通常在一个更广阔的范围内与公共基础设施相连。当然，重要的复杂性（significant complication）即社区维持服务的能力即使对于“较低等级”服务也从来都不是一件明确的事。佩里坚持认为，邻里单元中 5000 居民的商业和服务需求可以让市场能够维持，但是他没有预见到，小学作为一项服务却难以生存。社区自身服务的崩溃在社区中经常发生且总是出现。

将社区概念应用到乡村地区是为了巩固日常生活。1921 年，一项研究针对某个威斯康星乡村家庭，追踪了家庭成员生活中广泛分布的通勤路线，包括参加会面、进行贸易活动、去教堂、送牛奶、上学，最终得出的结论是日常生活的“分散”正在“降低”家庭单元的“效率”。尽管这个家庭“自成一个单元”，但是人们正在“寻找一个更大的群体关系”。尽管与步行主义无关，但汽车被指责为“形成这一局面的一个因素”[103]。

为社区中心提供服务一直是一项特殊的棘手之事，因为保持社区中心的可行性意味着要将服务范围扩大到社区之外。新政时期每一座绿带城镇的重点都是提供良好服务的社区中心，那时的社区中心包括但不仅限于一所学校，此外还有政府办公室、社区建筑（community buildings）和购物中心。马里兰州的绿带城镇一开始有 2831 位居民，这座城镇是一个有趣的案例，关于它的设计、

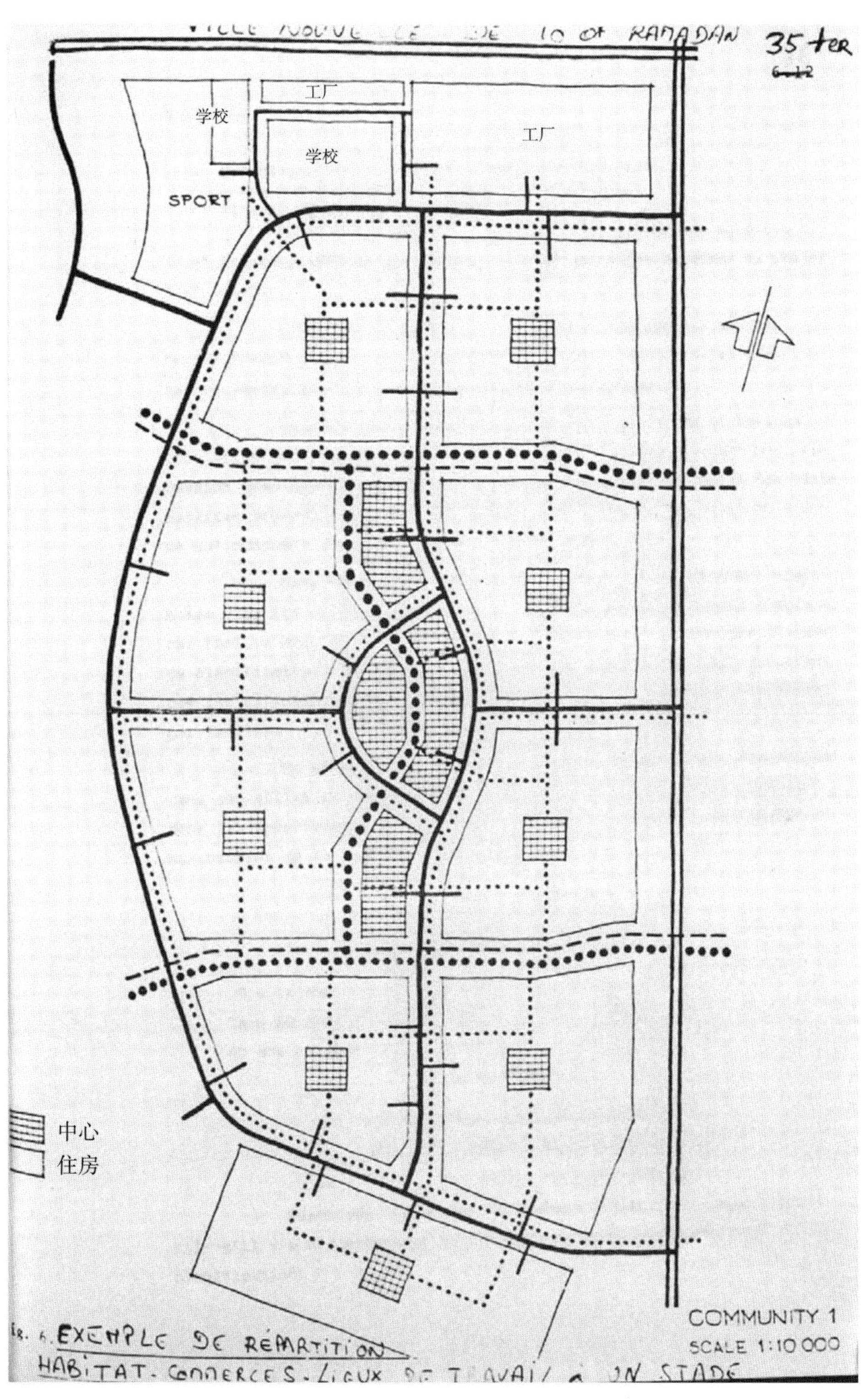

图 8.8　开罗的一个邻里单元方案体现出服务层次结构的某种变体：小规模的中心服务于小规模的邻里单元，大型设施由多个社区共享。资料来源：Deboulet, Stratification Sociale et Villes Nouvelles Autour du Caire

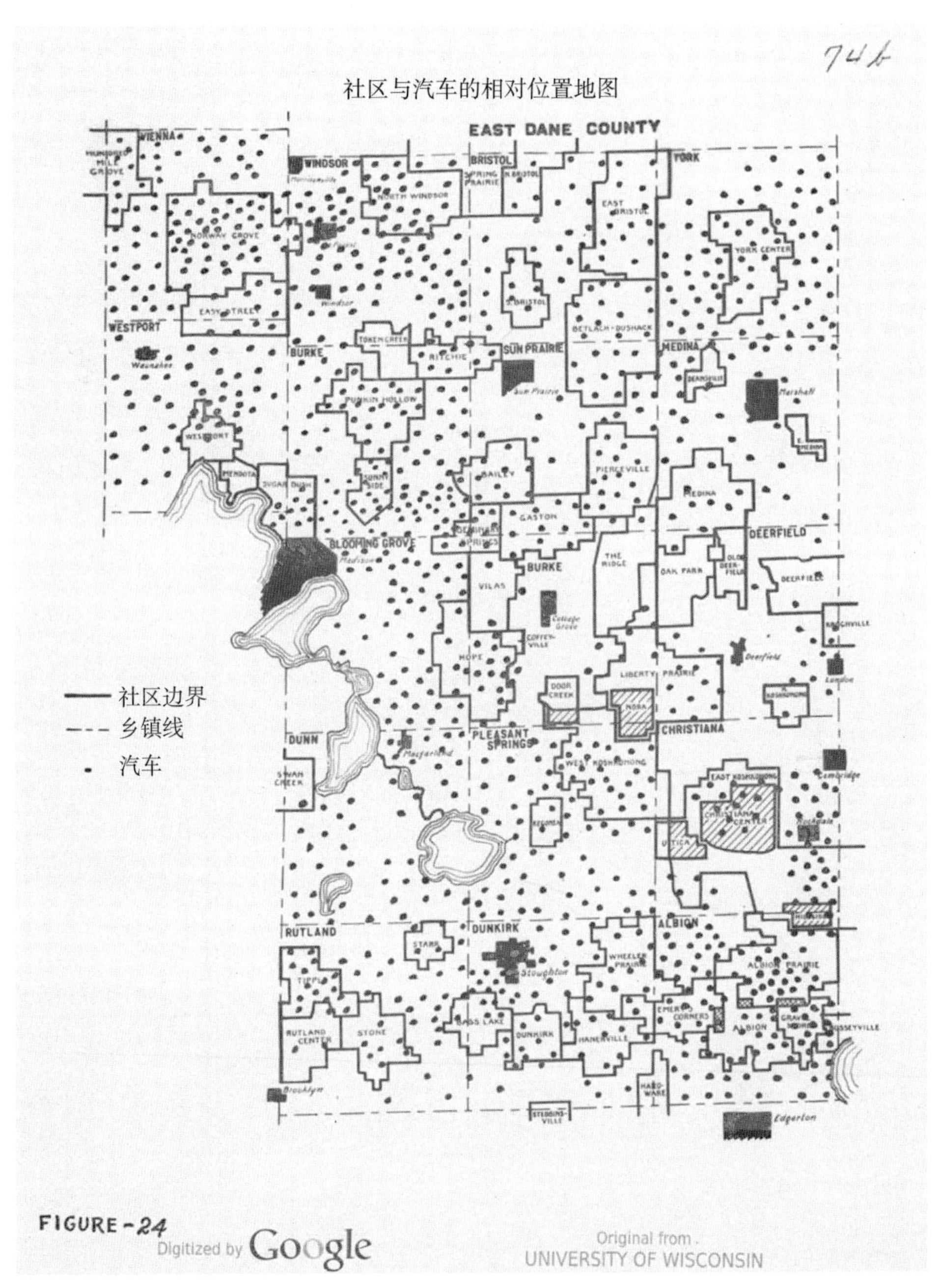

图 8.9　1921 年，一项针对威斯康辛州乡村地区的研究煞费苦心地绘制出所有汽车的位置，并将其与社区边界进行对比，得出的结论是，汽车“必须要‘被驯化’(domesticated)，且同时为社区和社群服务”。资料来源：Kolb，“Rural Primary Groups.”

功能和社区中心作为一个完整服务供应者的可行性。最初的城镇社区应该从社区中心向外扩建。起初，中心的商店距离每个居民在 0.5 英里范围内，居民认为购物中心的功能就像社区的社会命脉。每个人都在那里购物；老年人在那里闲逛；这个购物中心很方便，有较高的可达性且运行良好。很多商店都建立了消费合作社。但当人口增加到7000人，住在较远的居民距离中心太远，其中很多人都在1英里之外。虽然用流动餐车和公共汽车为整个地区提供服务的尝试很有创造性，但绿带城镇中的购物体验“不再是本地的事情”，而且似乎也不再是扩张后城镇的“社会命脉”[104]。

除非对社区中心的服务区域有清晰的认识，也就是说，认识到这个中心是用以服务于整个城市还是某个地区，或仅仅服务于社区，否则当中心不是社区规模时，冲突就会出现（见彩图18）。这种紧张关系在战后的欧洲逐渐显现。住宅建在大规模建筑群中，最终从大型健康中心、购物中心和体育设施中获得服务。但这些大型设施往往会吸引到更多地区的人口，不仅仅是距离最近的社区，从而引起移动性和消费之间的冲突，即更大网络中的节点与社区接近度及其可能产生的认同感之间的冲突[105]。

整个西欧都在发生类似的事情。最初的战后社区规划设有内部商店和学校，且都位于步行范围内，但在那之后的几十年里一直在产生“可行性问题”（viability problems）。首先，更大的商店建在社区外围，破坏了一个更加自然的功能层级结构，几个世纪以来，这种结构都在维持社区内服务的一体化。政府规划人员没有能力控制所有的相关变量，因此，移动性增加、商店规模扩大、学校合并、人口老龄化以及人口减少这些常见的问题都意味着如今的邻里单元需要“更新”。正在推行的政策是为了唤醒社区中心作为社区中社会和经济中心的初衷[106]。

人们未能理解日常活动（基于社区）和专门活动之间的区别，芒福德为此感到沮丧。后者与社区的自给自足几乎没有关系，而试图宣称两者之间的联系不仅是“幼稚且似是而非的”，而且还暗示着是否日常活动应该靠近自己家而感到自满。芒福德强烈反对社区能够提供自助服务的观点，因为人们经常以此为基础来批评社区。他的论点是，服务的分布应该是有梯度的（scalar），否则就仅是有缺陷的经济学。因为分散的设施增加了交通成本，所以没有必要使用关于政治凝聚力或面对面社会互动的模糊概念来促进对本地化服务的需求。“仅从经济角度”就有可能证明对基于社区服务的需求是正当的。芒福德认为，这并没有意味着自给自足；即使是整个城市也不能做到如此[107]。

对于芒福德来说，邻里单元是“解决过度集中的大都市所体现的巨大

（giantism）与低效的唯一实用方案”[108]。美国公共卫生协会（American Public Health Association）也提出了类似的观点,认为“统一的”社区可以提供“稳定”，为了保持这种统一性，“当涉及日常生活必需品时，社区应该保持物质上的自给自足”。从总体上看，社区以外的城市会提供就业、文化设施和交通，但对于经过规划的社区，将某些设施设置在社区内部将会减轻城市中更集中地区的拥堵压力[109]。

但规划后的社区与理想社区却并不相容。例如，马里兰州哥伦比亚市社区的杂货店计划被证明在经济上是不现实的，因为社区人口太少（20世纪60年代，马里兰州哥伦比亚新城的10个村庄内组织有33个社区，平均每个社区的居民人数为3000人），价格没有竞争力，人们能够轻易开车去其他地方的杂货店购物。连锁商店被取代了。在规划后邻里单元的受控环境以外，存在一个额外的障碍需要克服：分区制、土地细分规则以及其他无论如何也会妨碍地方服务的“城市规则”[110]。

伴随着规划社区的是服务理想的逐渐破灭，随之而来的就是对邻里单元的批评。城市土地研究所开始提倡“花园公寓共同体”（garden apartment community），这是一个由几百栋1～3层无电梯公寓楼组成的社区，本质上是卧室社区（bedroom neighborhoods）。内部的便利设施仅限于“业余时间”的活动：一个游泳池和一座俱乐部会所，俱乐部经理可以制定活动方案，但需要说明的是，这些活动是自愿参与的：不能“强迫大家团结在一起”[111]。

努力使社区定义与服务或“用户范围”（catchment area）相匹配，这形成了对社区应该是什么的高度合理化理解。在20世纪50年代的美国，社区规模可以建立在学校施教区的基础上，基于幼儿园的社区居民为1200人，基于小学的社区居民为5000人，基于高中的社区居民为25000人，基于专科学校的社区居民为75000人[112]。美国规划协会提倡以下三种社区规模：沿街社区（the face-block）、居住社区（由服务共享的几个沿街社区组成）以及机构社区（institutional neighborhoods），最后一种是几个居住社区的结合，并且包含医院和学校等大型机构的用户区域，这些都是合理的社区定义。

人们对这种分类方式的感情从未消失。新城市主义者罗伯特·吉布斯（Robert Gibbs）发展了一种以购物为基础的社区类型学，在这一理论中，不同等级的商店需要不同的服务人口。街角商店（出售食品和饮料）需要2500人；

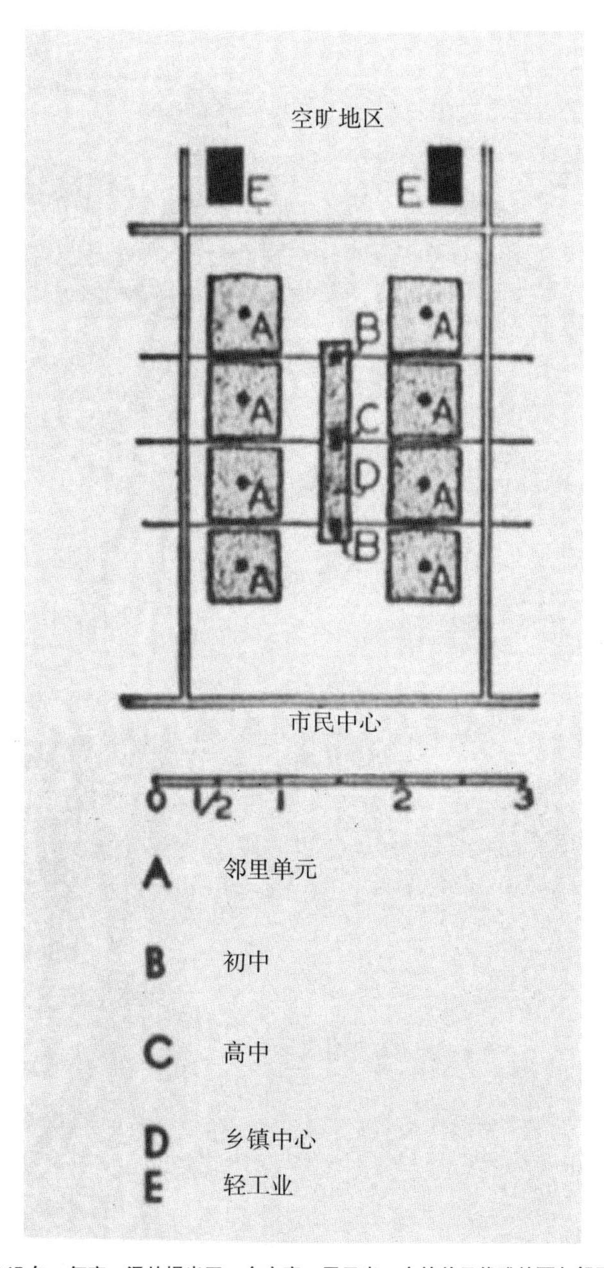

图 8.10　大约在 1945 年，何塞 · 泽特提出了一个方案，展示出一个简单且优雅的面向邻里单元的服务层次结构。资料来源：De Chiara and Koppelman，Urban Planning and Design Criteria

便利店（包括药店、面包店和干洗店）需要 5000 人；设有杂货店的社区购物中心需要 10000 人；以此类推。在这些目标等级下可以构想不同种类的社区。带有一家街角杂货店的社区相当于一个“居住社区”，然而带有一家便利店的社区相当于一个“机构社区”。当然，这些社区类型不受步行性要求的限制，假设到达商店所需的距离和密度是开放的，并且从很远的地方也可以到达社区中

（a）

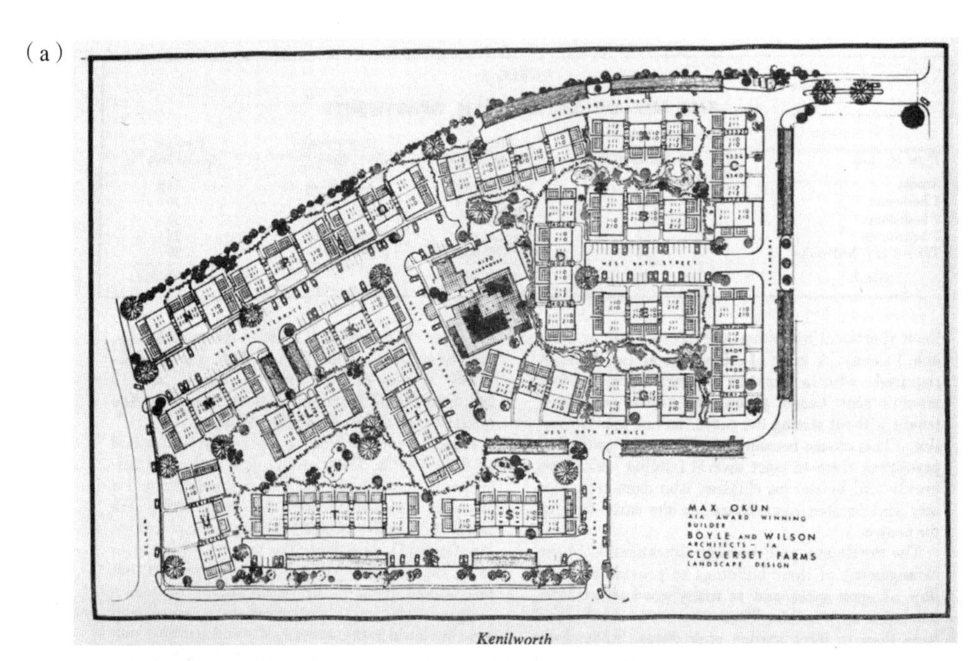

（b）

图 8.11a 和 8.11b　Kenilworth 是一个“花园公寓共同体”，建于 20 世纪 60 年代，位于密苏里州堪萨斯城，人们将其构想为一个位于单户住宅之间的完整公寓社区。图（b）展示了社区现在的状况，挤在独户住宅中，商业街穿插其间。资料来源：（a）Norcross and Hysom，Apartment Communities；（b）Google Earth

心，那么关于社区和规模的不同概念就形成了[113]。这可能就是为什么住房和城市发展部（HUD）于 1980 年发布的“社区识别”（Neighborhood Identification）指南建议社区人口控制在 2000 ~ 50000 人之间[114]。

重新定义对社区的期望

这些市场现实对社区服务这类基础事物施加压力，它们对于社区服务供应意味着什么？人们不愿意接受社区应该具有的不完整性；实际上，一些人的观点与此相反，他们宣称社区不仅有关地方需求和“较低等级”服务，而且也应该提供就业。在这种观点下，就业不应该被认为是比社区范围更广的高级需求。英国建筑师约翰·特纳（John Turner）认为，社区的本质是住宅、工作和文化的结合，而社区类型的划分是由国家支持的资本主义以及技术与金融市场的集中力量故意造成的结果。社区外就业的减少对那些资源有限的社区尤其有害。

资本主义社会中福利制度的崛起或许会导致“对邻居物质依赖的减少”，但是展望未来，重新建立邻居之间的相互依赖，这对于以服务为基础的社区似乎是一项重要的策略。要想将包括就业在内的服务带回社区，在体系外运作的初创企业和共享经济被认为是至关重要的。这包括“柔性制造”（flexible manufacturing）和“交易网络”（trading networks），它们有助于维持工作与家庭之间的联系，并保证社区的“运作”[115]。非正式的物物交换经济不仅支持社区服务，也被认为是社区中依恋感的原因与结果[116]。

但是，如果要强调社区是服务供应者，无论居民是否相互依赖以及共同合作，都必须与这样一个现实进行权衡，即社区对人们来说最重要的往往不是服务，而是低犯罪率和社会同质性，强调“居民的身份”（who）而不是“社区的内容”（what）[117]。研究一致发现，在“不令人满意”的社区中，犯罪与社会问题排在首位[118]。在预测社区满意度时，对家长来说，安全程度比其他变量都重要[119]。虽然人们确实会根据物质环境品质来定义社区[120]，但人们的偏好似乎更多地受到社会因素的驱动。值得注意的是，这取决于居民的个人背景以及在社区中的居住时间（对新居民来说，偏好似乎更多地关于物质环境）。社区偏好的不断变化也是事实，因为新研究证明，人们对宜步行城市社区的需求很高，这种需求很大程度上与服务有关[121]。批评人士反驳道，相比于社会关系，优先考虑服务功能的居民会对消费和经过包装的生活方式（packaged lifestyles）过于感兴趣。在这方面社区似乎不能取胜。

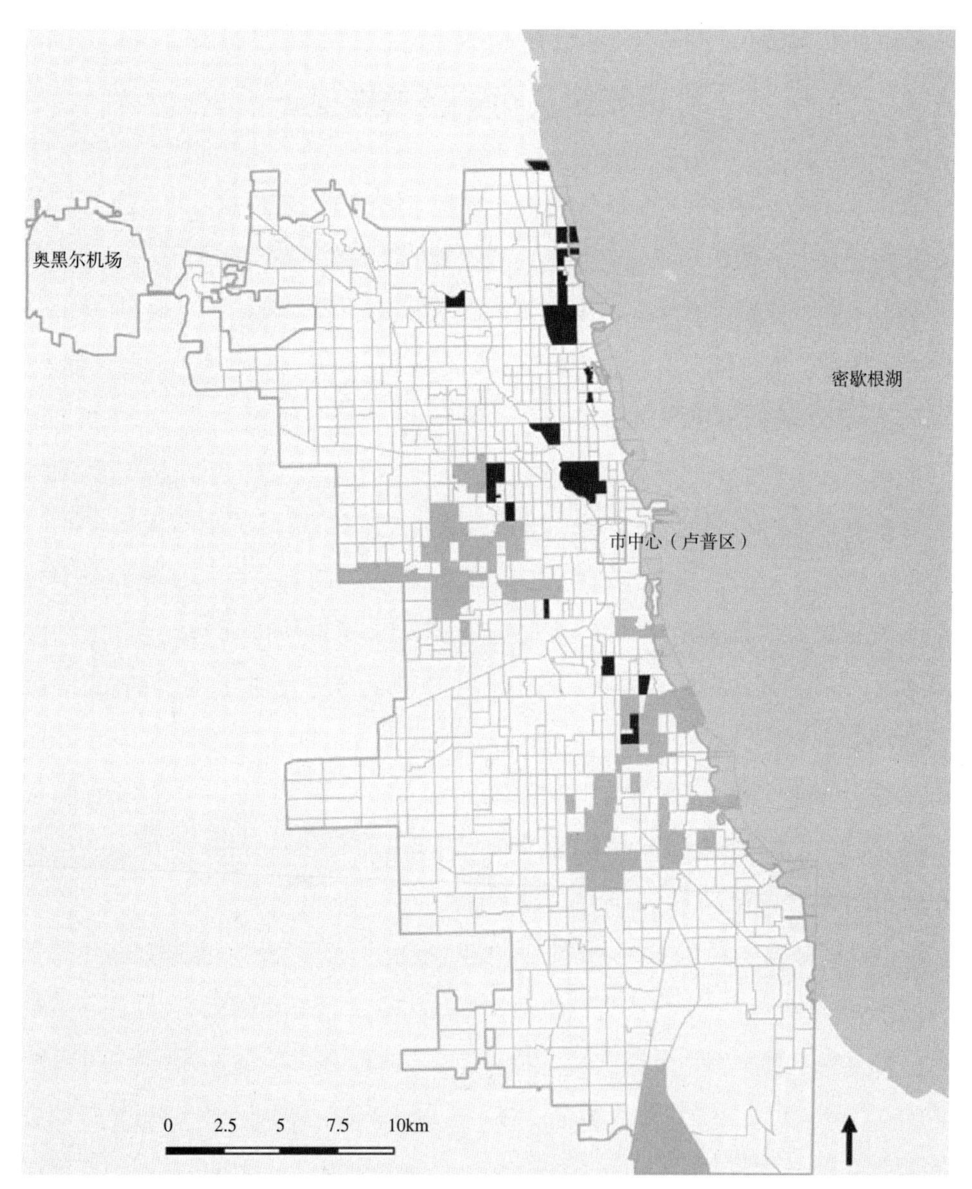

图 8.12　步行指数（Walk Score）与人口普查区数据的结合可以被用作一个指标，来衡量 21 世纪美国稳定、多样、宜步行社区。1970 ~ 2010 年间，美国有 3505 个普查区保持多样性，其中有 484 个普查区的步行指数也很高。结论是：美国大约有 1% 的人口普查区适宜步行，居民有多样的收入且社区稳定。这张地图显示芝加哥的情况稍微好一点：阴影区域是同时在 1970 年和 2010 年的收入多样性得分位于前四分之一的普查区（大约占所有普查区的 12%）；阴影最深的地区（大约占所有普查区的 4%）同样具有较高的步行指数（得分大于等于 80）。资料来源：U.S. Census. 图片为作者自绘

无论可能与否，一个残酷的现实是美国社区几乎没有得到很好的服务。步行指数可以用来对此评估。该评分基于沿街网络中商业和便利设施的位置，这本质上是一个衡量社区可达性与功能的指标。步行指数算法根据到便利设施的距离来评分（0 ~ 100），按照类别加权。例如，1/4 英里范围内（相对于一个给定起点）的设施可以得到最高分，而超过 1 英里的设施不得分。便利设施的权重基于针对步行行为的经验性研究。杂货店的权重最高，其次是餐厅。银行、公园、咖啡店、学校和书店的权重稍微较低[122]。人口普查街区组是比人口普查区更小规模的社区，2013 年存在 14912 个社区的步行指数得分在 80 以上。80 分被认为是有能力步行满足日常生活需求的最小值，即服务设施位于社区内。按照这个标准，在美国 174186 个街区组社区中，只有 8.5% 的街区宜步行——即有足够的服务水平。

注释

1. Cooley, *Social Organization.*

2. Mumford, "The Neighborhood and the Neighborhood Unit," 260.

3. La Gory and Pipkin, *Urban Social Space*; Stone, *Nippur Neighborhoods.*

4. McKenzie, "The Neighborhood II," 344, 348.

5. Fairfield, "Alienation of Social Control," 431. On the link between sociology and planning, see Buttimer, "Sociology and Planning."

6. 相关评论见 Pahl, *Patterns of Urban Life*; Greer and Kube, "Urbanism and Social Structure," 109, 111.

7. Wright, "The Interrelation of Housing and Transit," 51.

8. Wehrly, "Activities and Comment," 32.

9. Campleman, "Some Sociological Aspects of Mixed-Class Neighbourhood Planning," 2.

10. Mumford, "The Neighborhood and the Neighborhood Unit," 258.

11. 1938 年在伦敦东区进行的一项调查揭示了这一点。 See Lammers, "The Birth of the East Ender."

12. Tannenbaum, "The Neighborhood," 362; Patricios, "Urban Design Principles," 28.

13. Ministry of Town and Country Planning, "Design of Dwelling." Section 2 concerns neighborhood planning.
14. Mann, "The Concept of Neighborliness," 164.
15. Felton, *Serving the Neighborhood*, 136; Looker, "Microcosms of Democracy," 355.
16. Galster, "What Is Neighbourhood?," 259; Taylor, "Social Order and Disorder of Street Blocks and Neighborhoods," 113.
17. Michigan Council of Defense, Civilian War Service Division, *Neighborhood War Clubs*, 10, 14, 16.
18. Bardet, "Social Topography."
19. Milgram, *The Individual in a Social World*; Cooley, *Social Organization*.
20. Taylor, "Social Order and Disorder of Street Blocks and Neighborhoods", 113; Alexander, *A Pattern Language*, 72.
21. Bardet, "Social Topography."
22. Martin, "Enacting Neighborhood," 366. Martin 在此引用了 Aitken 的观察，即 "Mothers, Communities and the Scale of Difference"; Suttles, *The Social Construction of Communities.*
23. Elizabeth Roberts, "Neighbourhoods," paper given at History Workshop 23, University of Salford, November 1989, cited in Pearson, "Knowing One' s Place," 222.
24. "The State of Your New York Block."
25. Guttenberg, "Planning and Ideology," 289.
26. Hall, *Cities of Tomorrow*, 123.
27. Stein, "Toward New Towns for America (Continued)," 353.
28. Rofe, "Space and Community," 118.
29. Stein, "Toward New Towns for America (Continued)," 390.
30. Dewey, "The Neighborhood, Urban Ecology, and City Planners"; Herbert, "The Neighbourhood Unit Principle."
31. Mann, *An Approach to Urban Sociology*, 155.
32. Herbert, "The Neighbourhood Unit Principle," 197.
33. Gans, "Planning for People, Not Buildings," 33.
34. Wellman, "The Unbounded Community," 799.
35. Wellman and Leighton, "Networks, Neighborhoods, and Communities," 364, 365, 366.

36. Bettencourt, "The Origins of Scaling in Cities."

37. Churchill, "Housing and Community Planning," 87.

38. Keller, *The Urban Neighborhood*, 145.

39. Webber, "Order in Diversity"; Kotler, *Neighborhood Government*.

40. Biddulph et al., "From Concept to Completion."

41. Warren and Warren, *The Neighborhood Organizer's Handbook*; Huckfeldt et al., "Alternative Contexts of Political Behavior." Cox did pathbreaking work on this subject, e.g., "The Voting Decision in a Spatial Context."

42. Ham and Manley, "Commentary," 2788.

43. This is the main basis of the rather acerbic critique of social mixing advanced by Lees, "Gentrification and Social Mixing." See also Cheshire, "Resurgent Cities, Urban Myths and Policy Hubris."

44. Sampson, Great American City; O' Brien Caughy et al., "Neighborhoods, Families, and Children"; Newburger et al., Neighborhood and Life Chances. 引用系根据宾州城市研究所网站（Penn Institute for Urban Research）: http://penniur.upenn.edu/publications/ neighborhood-and-life-chances-how-place-matters-in-modern-america.

45. Kim and Kaplan, "Physical and Psychological Factors," 313.

46. 根据 Forrest and Kearns 的报告, "Social Cohesion, Social Capital and the Neighbourhood," 2132.

47. Ivory et al., "The New Zealand Index of Neighbourhood Social Fragmentation."

48. Cortright, "Less in Common."

49. Brekelmans, *Nederlanders en bun buren*.

50. 这些阶段由 Grannis 提出，见 *From the Ground Up*.

51. 见 Neighbours from Hell, http://www.nfh.org.uk ; Problem Neighbours, http://www.problemneighbours.co.uk.

52. Abu-Ghazzeh, "Built Form and Religion," 55.

53. 对于场所和反空间的讨论，见 Goetz and Chapple, "You Gotta Move," quote on 229.

54. Raine, "On Measuring Patterns of Neighbourly Relationships."

55. Sharkey, *Stuck in Place*, 166; Crisp, " 'Communities with Oomph' ?"

56. 例如见, Hillery, *Communal Organizations*.

57. Kuper, "Social Science Research and the Planning of Urban Neighbourhoods," 238.

58. Committee on City Planning and Zoning, *The President's Conference on Home Building and Home Ownership*, 8:104. See also Gillette, "The Evolution of Neighborhood Planning"; Central Housing Advisory Committee, Great Britain, and Ministry of Housing and Local Government, *Design of Dwellings*; Collison, "Town Planning and the Neighbourhood Unit Concept," 467.
59. Allaire, "Neighborhood Boundaries," 14-15.
60. Kuper, "Social Science Research and the Planning of Urban Neighbourhoods," 238.
61. 见 Todd and Wheeler, *Utopia*; Hayden, *Seven American Utopias*.
62. MOMA, "Look at Your Neighborhood," 2.
63. Keller, *The Urban Neighborhood*, 137.
64. Wekerle, "From Refuge to Service Center," 90.
65. Grigsby et al., "Residential Neighborhoods and Submarkets," 21.
66. 见 Galster, "What Is Neighbourhood?"
67. Fitzsimmons, "A Wish for More Community in Mixed-Income Units"; Chaskin and Joseph, "Contested Space Design Principles and Regulatory Regimes in Mixed-Income Communities in Chicago."
68. Chaskin and Joseph, "Contested Space Design Principles and Regulatory Regimes in MixedIncome Communities in Chicago."
69. Bolt and Van Kempen, "Successful Mixing?," 367.
70. Freeman, "Displacement or Succession?"
71. Greenberg, *The Poetics of Cities*, 113.
72. Lunday, "Impact of African American Ethnicity on Neighborhood Design," 109.
73. Mumford, "What Is a City?," 187.
74. Cabot et al., *A Course in Citizenship*, 86, 88.
75. Guest et al., "Changing Locality Identification in the Metropolis"; Hawley, *Urban Society*, 198.
76. Llewelyn-Davies, "Town Design," 157.
77. Gibberd, *Town Design*, 204.
78. 同上, 203.
79. Tetlow and Goss, *Homes, Towns and Traffic*, 93.
80. Gardner-Medwin and Connell. "New Towns in Scotland," 312.

81. Roach and O' Brien, "The Impact of Different Kinds of Neighborhood Involvement."

82. Ibid., 389, 390; McKenzie, "The Neighborhood II," 363.

83. Aronovici, *Housing the Masses*, 249.

84. McKenzie, "The Neighborhood III," 486; McKenzie, "The Neighborhood no. 5," 610.

85. Boger, "The Meaning of Neighborhood in the Modern City."

86. Chudacoff, "A New Look at Ethnic Neighborhoods."

87. 见 Rofe, "Space and Community," 121.

88. Pfeiffer, "Racial Equity in the Post-Civil Rights Suburbs?," 17.

89. Ericksen and Yancey. "Work and Residence in Industrial Philadelphia"; Yancey and Ericksen, "The Antecedents of Community."

90. Pendola and Gen, "Does 'Main Street' Promote Sense of Community?," 545; Hein, "Machi Neighborhood and Small Town."

91. Völker et al., "When Are Neighbourhoods Communities?"

92. Vaiou and Lykogianni, "Women, Neighbourhoods and Everyday Life," 741.

93. Botsman and Rogers, *What's Mine Is Yours*; Winter and Cooksey, "Where Goes the Neighborhood?"

94. Hohenberg and Lees, *The Making of Urban Europe*, 34.

95. 同上.

96. Farr, *Sustainable Urbanism*, 131.

97. Editors, "Regional Plan of New York and Its Environs," 127.

98. Engelhardt, "The School-Neighborhood Nucleus," 88.

99. Adams et al., "Panel I," 79.

100. Gutnov, *The Ideal Communist City.*

101. Wassenberg, "The Netherlands."

102. Gardner-Medwin and Connell, "New Towns in Scotland."

103. Kolb, "Rural Primary Groups," 96.

104. Kolb, "Rural Primary Groups," 96.

105. Querrien and Devisme, "France."

106. Wassenberg, "The Netherlands." The neighborhood unit in early postwar planning in the Netherlands is detailed (in Dutch) in Blom et al., "De Typologie Van De Vroeg-Naoorlogse

Woonwiken."

107. Mumford, "The Neighborhood and the Neighborhood Unit," 264, 266.

108. 同上, 266.

109. American Public Health Association, *Planning the Neighborhood*. 1.

110. Talen, *City Rules*.

111. Norcross and Hysom, *Apartment Communities*, 7.

112. Bailly, *An Urban Elementary School for Boston*, cited in Park and Rogers, "Neighborhood Planning Theory, Guidelines, and Research."

113. Gibbs, *Principles of Urban Retail Planning and Development*; Park and Rogers. "Neighborhood Planning Theory, Guidelines, and Research."

114. Broden et al., "Neighborhood Identification."

115. Turner and Ward, *Housing by People*; Turner, "Rebuilding Working Neighbourhoods and the Rediscovery of Tradition," 13.

116. Garrioch and Peel, "Introduction."

117. Shlay, "Castles in the Sky," 620, 622.

118. Hur and Morrow-Jones, "Factors That Influence Residents' Satisfaction with Neighborhoods." 另见 Brower, *Good Neighborhoods*.

119. Cook, "Components of Neighborhood Satisfaction Responses from Urban and Suburban Single-Parent Women."

120. Sims, *Neighborhoods*.

121. Leinberger and Lynch, "The WalkUP Wake-Up Call"; Nelson, *Reshaping Metropolitan America*.

122. 见 Walkscore.com; Moudon et al. "Attributes of Environments" .

第9章
社区与隔离

本章回顾了关于社区的最后，也是最重要的争论：它与社会隔离之间的关联。很多人认为，社区的划定从定义上讲是一种排他，如果从一开始就不具有可识别性,那么社区会减少强调社会分类以及谁在社区“里面”和谁在社区“外面”。不可否认的是，社区（特别是规划后的邻里单元）在过去和现在都与隔离有关，这种关系有时候很明确。但正如文献所记载的，这种关系在20世纪比历史上更为明显，记住这一点很重要。

然而其他争论所得出的解决方案都与协商有关（例如兼顾前期规划过程发展），但针对隔离的批评，解决方案归根结底是直面批评，并对这一不可否认的问题做出积极回应。（正如本章所述，社区引起的隔离是一个严重且顽固的问题）如今提出的解决方案有:（1）使社区层面上的社会多样性成为一项明确的政策目标，例如，在社区内建设多种住宅类型;（2）寻找有效的方法将规模更小、同质性更强的社区整合到规模更大的异质化区域中。这两项解决方案长期以来都在讨论中，但是它们的实用性受限于社区范围的模糊性。在这两种情况下，能够提供身份认同的社区是物质环境定义的社区而不是社会分化的社区，通过这种身份认同，社区多样性得以实现。

定义造成的隔离

前几章回顾了社区所面临的与社会以及服务有关的挑战，这些挑战与一个相关的，通常更强烈的批评联系在一起：社区的存在目标就是隔离与排他，因此社区是一个社会问题而不是解决方案。或许，大多数关于社区的批评都与此有关。在这种观点下，社区是差异的体现，将某一群体的种族、民族或经济特权从另一个群体中分离出来。根据定义，社区“总是涉及排斥和边界”，这些利己主义的飞地消耗了更广泛城市改革的能量[1]。

正如社区历史所表明，20 世纪以前的社区大多是一个社会混合的事件。但在这段时间快结束的时候，工业城市化得到发展，富人逃离工业城市或者穷人被限制在工业城市内，因此而形成的隔离飞地越来越普遍。无政府主义者和改革家正是利用这种情况来获取政治利益。在维多利亚时代的欧洲，社区之间形成隔离，被划分为中产阶级和工人阶级群体，这种做法受到恩格斯及其他同时代政治家的公开谴责，但他们对该谴责谁各持己见。1843 年，曼彻斯特统计学会抱怨道，“舒适阶级”（comfortable class）正在郊外定居，留下“城镇中……大片地区完全被工人占领”。这被认为“对作为社群的城镇不利”，因为“雇主和雇佣”的住所被隔离开了。夸张地说，这种隔离被认为“对双方的幸福生活同样有害”[2]。

并不总是能确定社区隔离的历史水平。所有“不够称为”富人的人都被归为一类，例如工匠、工厂工人和家政工人，而当时的人们倾向于关注富人居住的精英飞地（elite enclaves），即使中产阶级和“所有不同阶层的工人阶级”实际上可能是高度“分散的”（interspersed）[3]。在《无界社群：1830 ~ 1875 年纽约市的社区生活与社会结构》（Unbounded Community: Neighborhood Life and Social Structure in New York City, 1830–1875）这本书中，肯尼斯·舍尔则（Kenneth Scherzer）举例说明了位置（locality）并没有被组织成可辨别的社区，社会支持（social support）与人们居住何处几乎没有关系[4]。的确，19 世纪的改革家们开始将城市的各个部分划分为社区，因为他们当时正在试图控制（grasp）西方工业化城市的混乱与不公。社区就是可以应对这个问题的策略（device），社区的热切支持者罗伯特·伍兹（Robert Woods）于 1914 年声明，“社区可以得到具体的构想；但城市不行”。社区本质上是一种“分析工具”（an analytical tool），可以帮助人们“更好地解读城市荒野中未加区分的（undifferentiated）混乱”[5]。

由于社区是追溯城市居民中隔离和空间划分的途径，自然而然地，隔离和种族矛盾的问题几乎总是在社区层面得到探讨[6]。保证白人与黑人的隔离，也就是保证白人远离特定的社区。正如佐尔博（Zorbaugh）所说，“与乡村社群生活或村庄生活相比，没有什么现象比隔离更具有城市生活特征”。社区概念本身似乎在某种程度上促进了这种隔离，或至少促进了对这种隔离的理解。历史学家追踪了社区内外群体的移动（movement）与固化（consolidation），并解释道，这些流动（flows）对阶级的形成有重要影响[7]。

由此开始了以隔离为基础来定义社区的传统。社会学家对社区的看法后来包括结构上的约束（市场力量、公共政策、政治因素），但主要是针对社会同质化和异质化相对关系的探索[8]。社区定义的主要参数从内部看来是人口的混合或相似度；而从外部看来，是与其他社区之间的社会差异程度。地理学家对社区的标准定义是，“一个被界定的区域，在这一区域中存在某种可识别的亚文化，大多数居民都遵循这一亚文化”[9]。

芝加哥学派的社会学家们对社区的社会分化这一论题展开了激烈的讨论。其中最重要的人是罗伯特·帕克（Robert Park），他所说的“小世界混合体”（mosaic of little worlds）本质上是“不同隔离人群的组合体”（mosaics of segregated peoples）[10]。根据经典城市生态学，移民首先会定居在伯吉斯和霍伊特所言的“过渡区”（zone in transition，主要是贫民窟），随后会寻找更好的住所，移居到“工人住区”（zone of workingmen’s homes）。但这一模型在某种程度上接受了分化和隔离是不可避免的，宣称“竞争推动相联系的群组”（competition forces associational groupings）。帕克和芝加哥学派明确指出，“连续的入侵与调节的过程”会带来一个细分的居住模式，包括不同阶级以及与各阶级相关的土地价值、道德观念和“公共利益”等级。某一个社区可能是“保守的、守法的、有公民意识的”，而另一个社区可以是“无常且激进的”。这种分化和隔离沿着种族、语言、年龄、性别和收入发展，形成了被他们称为“自然区域”的公共生活单元[11]。

经过几十年的发展，空间模式变得更加复杂。扇形和楔形模型的形成是为了解释相似性和模式化（similarity and patterning），寻找称得上是有机统一的区域。但是对社会同质化的追求始终是最重要的。在20世纪70年代，霍克斯（Hawkes）提出了与市中心距离的问题，试图解释巴尔的摩351个人口普查区的社会模式。他的模型实现了后来的研究人员所追寻的目标，即找到“社区居民在空间中的系统性变化”[12]。

重要的一点是，对于社区能够实现混合的这个想法，芝加哥学派并没有提供太多的支持。根据麦肯齐的说法，代表“社区作为一种团结的纽带凌驾于亲缘关系之上”的是村庄，是一种独立式社区，而不是城市社区。村庄的社会构成具有某种普遍存在且与生俱来的事物，它们的产生源于“对常见刺激做出反应的共同人性”，因此村庄充满了一种自然的社会融合形式。对比之下，城市社区没有这种形式；城市社区依靠经济、种族或文化的差异而繁荣[13]。

20 世纪 20 年代，麦肯齐在俄亥俄州哥伦布市发现了穷人和富人住宅相邻的现象，他认为这一现象在其他地方不太可能发生。在哥伦布，是因为经济环境迫使不同的家庭紧挨着对方居住。但是，麦肯齐透露，“在这样的地区中不存在积极的社区情感；仇恨与回避主导人们的内心，直到有机会搬走”[14]。为了寻找更真实的状况（more authentic narrative），麦肯齐利用态度、“道德”和投票行为的一致性，努力记录“自然群组”（natural groupings）。同质性是社区定义和治理的基础，不过最后麦肯齐认为社会的“极度松散”（very looseness）意味着在任何情况下，社区正在变得不那么真实也不那么重要[15]。

20 世纪初，社会学家提出，社区应该由同质性来定义，而异质社区在本质上是功能失调的，规划师亦根据这个原则来规划社区。克拉伦斯 · 佩里的设想似乎是要故意刺激社区居民的隔离冲动（segregationist impulses）并使其成为一种规则（codify）。他原本非常关心人们对设计优秀的居住环境以及社区环境重要性的需求（不只是考虑住房单元），后来转向对侮辱性、反贫困和种族主义的表达。他设想了具有同质性社会特征的分散且独立的住宅开发，坚持认为“社群生活的最大敌人是异质性”。他还引用麦肯齐的话说，这种同质性是“城市生活的一种自然现象”[16]。佩里利用了明确由同质性定义的理想村庄。这种村庄需要被重新概念化：现代城市中的村庄不是被传统的中世纪经济地方主义所限制，而是被社会文化的同质性（芝加哥学派所说的“自然区域”）所限制，这种同质性是围绕着一所学校和其他社区机构形成的。然而村庄的周围是农场和森林，城市社区的周围是其他社区，这加剧了社会隔离、社会竞争和潜在冲突[17]。

规划师使同质性社区客观化（objectified），并对数据收集方法做出相应调整。这不仅扩大到人的混合，也包括土地利用的混合（虽然实际上土地混合利用的罪恶基本已经消失）。《社区边界》（Neighborhood Boundaries）作为一本官方规划手册，概述对于那些出现了从住宅到商业“转变”的地区，或对于那些存在“不同居民结构特征”的地区，应该如何“划分”社区[18]。规划师似乎没有认识到存在一种土地利用模式既能强化社区划分也能有助于整合与连接从而有望使其更具有功能性。将商店视为"特殊的小型规划单元"并排除在"居住社区边界"之外，已经成为一种标准做法[19]。至于社会融合，没有以"既定的社会模式"（最初的重点）来划分的社区被认为是"失败的"，因为这类社区没有"利用现有的所有资源来营造更好的环境并维持这种环境"。这些"资源"包括"传统、社会群体和居民之间的联系"[20]。

一些"社区理念"的支持者相信社区内在的同质性，他们不认为这种信念是错的。1948 年，一位规划师在城市规划的重要期刊上写道，"'异质社区'不仅是一个异想天开的理论，而且是两个含义完全不同的词的并列"。同一年，英国城乡规划部的一位官员评论说，"我们不应该把各种各样的人凑在一起并以此来创造公民精神"[21]。这套说辞反映了这样一种立场，即业主感知是社区定义的唯一合理基础。在这些方面，规划师和社会学家依赖一种"社会经济学意义上的手足之情"（socioeconomic brotherhood）来定义社区，在这里，业主协会的居民从定义上来说是孤立主义者，他们迫使人们理解基于"同质性住房价值与人口"的社区[22]。

推动社区隔离的不仅仅有社会学家和城市规划师。居民和政客发现，单元式社区"可能会突然改变其特征，这种改变方式是前工业化城市中的混合空间无法做到的"，而他们也利用了这一点。例如，在 1910 ~ 1917 年间，巴尔的摩实施了一项法律（"西部条例 –West Ordinance"），旨在将人们隔离在以肤色为基础的社区中。在这里，很多社区协会一直致力于制定小型改善措施，例如人行道和行道树，而巴尔的摩的社区组织则利用社区来维持隔离，并形成地理上的边界来保持种族纯度[23]。巴尔的摩的这项法律让人们想起世界其他地方正在发生的事，而这些地方早已沦为西方殖民主义的受害者[24]。

各种机构串通一气，利用社区来达到隔离的目的。在经济大萧条时期，基督教青年会（YMCA）利用社区来让青少年远离密集的市中心。他们称之为"去中心化"（decentralization）。1938 年，他们出版了小型宣传册《从建筑到社区》（From Building to Neighborhood），阐明了从以建筑为中心向以社区为中心转变的重要性。这一理念借鉴了"城市规划师与实业家"的想法，他们的兴趣是"在未来向更乡村的发展形式扩张"。社区是年轻人实行逃离的工具，他们通过社区与"更小的群体"形成联系，而不是与集中在市中心的"大型群体"[25]。

最臭名昭著的行为是美国业主贷款公司（U.S. Home Owners Loan Corporation）和联邦住房管理局（Federal Housing Authority）采取的拒绝贷款措施（redlining）。难以置信的是，这些机构利用一份承保手册（underwriting manual）要求调查社区中是否存在“不相容的”社会群体和种族群体[26]。20世纪30年代绘制的“住房安全地图”（Residential Security Maps）将住房环境划分为街区，包括第一等级到第四等级（依次是绿色、蓝色、黄色、红色），这对按揭贷款产生了影响，并在未来几十年里封死了社区的命运（见彩图19）。值得注意的是，用于住房融资的房产评级其实是社区的评级，而不是对单个业主及其偿债能力的评级[27]。规划师和开发商通过设立文契限制、分区制、土地细分规则和其他土地开发控制措施来促进这一过程的发展，这些措施在战后的郊区化中形成了相互隔离的社区[28]。

美国人口普查局长期以来一直基于社会同质性来定义人口普查区，这实际上也是对社区的定义。在1980年的一份报告中，美国住房和城市发展部（HUD）强烈建议以住房次市场（submarket）为基础来定义社区，因为“房地产经纪人明白这一事实”。人口普查区（Tracts）的设计“在人口、特征、经济地位和生活环境方面具有同质性”，而“地理形状和面积大小相对次要”。住房次市场被认为是“社区概念性定义的最佳基础”，同时也是“社区协会”和“土地细分”的基础，它们的驱动因素几乎都是住房开发商，而非社区应是多元化社会的一个子集这样的规范化理念。该报告还认为，非居住用地与社区的形成无关，研究人员应该基于“拥有相似人口特征的居民群体”来识别社区，社区边界应该基于土地利用变化，包括从独户住宅到多户住宅的改变[29]。这样一来，官方的社区定义不论在过去还是现在都致力于巩固同质性。

因此，很容易理解社区最尖锐的批评者为什么会认为社区的存在只是出于隔离的目的，也就是说，只有当群体之间存在社会冲突时，社区才会出现。通过减少“可达性与开放度”，社区最终会限制个人的经济机会，这样一来，社区“与自由联盟（free association）这一最重要的城市品质格格不入”[30]。支持这些主张的例子不胜枚举，都表现在建成环境的形式上，从郊区飞地到市中心的廉租房社区，后者被小心翼翼地隐藏起来，远离社会精英与商业利益。这种反城市行为创造出封闭且孤立的社区，使针对社区的批评合理化[31]。

此外，强调社区与隔离含义相同的另一个因素是，社区的身份认同和社区的排他性似乎是同步的，因此，社区意识越强，人们似乎越容易产生地盘意识，也越容易形成社会隔离。19 世纪和 20 世纪美国的天主教教区暴露了这种联系。约翰·麦格雷韦（John McGreevy）对教区边界的研究揭露了某种历史上的冲突，即教区居民之间强烈的地理联系和随之而来的种族主义之间的冲突，前者受到了牧师的激励，牧师会迫切要求居民为教区社区投资并照料自己的社区。强烈的社区归属感（rootedness）往往会带来好处,即使不能阻止人们逃往郊区，也可以推迟这种行为，但是种族主义似乎在社区的身份认同和黏性上发挥了重要的作用，这些社区都是地理上根深蒂固且界限分明的。新教徒和犹太人更愿意逃往郊区，他们的社区投资较少并且在保护方面也同样缺乏投入[32]。

社区为政治动因提供了必要的身份认同与场所约束机制[33]，但是一个社区的声望也同样会培养优越感和自卑感。一项研究发现仅仅是一个社区的名誉就可以严重影响社会关系，甚至是个人的幸福生活；该研究的作者建议决策者应该通过“名誉管理”（reputation management）来努力改善社区的名誉[34]。每个人在很小的时候就会被灌输这些社会地位的相关概念（status associations）。众所周知，父母会限制儿童的行动，为了将他们约束在“正确的”社区中，比如，告诉孩子不要穿越某条街道，这或许既是为了免受汽车的伤害，也是为了保持社会地位[35]。正如《不要在我的社区》（Not in My Neighborhood）这本书中所说，社区成为一种机制，通过这种机制，恐惧和偏见得以显现。

盘点：21 世纪的社区隔离

现在的社区隔离程度如何？作为一个经验性问题（empirical matter），世界上很多地区的情况是，尽管在种族和民族混合方面取得了重大进展，但社区在经济上的隔离却比之前更严重。人们尤其认为，富人的隔离更引人注目，因为这种隔离会减少对不太富裕的城市和社区的公共投资[36]。在美国，每当有家庭搬迁时，“意趣相同的美国”（likeminded America）之空间集群效应都会加剧，形成了比尔·毕肖普（Bill Bishop）所说的各个地理层次的“大排序”，以及前所未有的政治隔离与经济隔离[37]。矛盾的是，社区不仅为这些所有的筛选与排序提供了庇护，同时也为其逆转提供了手段。社区的解体不太可能实现社会整合的目标。

然而，值得注意的是，正是因为种族和民族隔离正在稳步减少，而且考虑到“多样性剧增”（diversity explosion）以及由此导致的明显的种族多数派的减少，这种趋势将会继续，而多样性暴增也并不意味着会产生大量的种族多样化社区。种族隔离甚至比收入隔离更为普遍；只是种族隔离从1970年到达峰值后就一直在稳步减少[38]。

但在最近，由于这一趋势，越来越多的人开始注意到，在社区层面上基于收入的隔离正在上升。一些统计数据显示：在1980～2010年间，主要与低收入人群住在一起的较低收入家庭占比从23%上升到28%；主要与高收入人群住在一起的较高收入家庭占比从9%增长到18%[39]。从1975～2005年，多伦多的中等收入社区占比从66%下降到29%，然而低收入社区占比从19%上升到53%[40]。总体上的收入不平等加剧了这些变化，这种不平等进一步转化为社区收入隔离。根据皮尤研究中心（Pew Research Center）的数据，在1980～2010年间，生活在低收入地区的低收入家庭占比发生了显著提升，而生活在高收入地区的高收入家庭占比也是如此。

美国的收入融合并不稳定。数据显示，大多数经济多样化的社区不会一直如此，因为它们要么更加一致地富有，要么更加一致地贫穷。根据城市研究所的数据，在1970年经济一体化的社区中，只有18%的社区在2000年仍然保持一体化[41]。人们会有这样的印象，美国人在追求一个更好的社区或者更负担得起的社区上正相互追随、将对方划分为三六九等。这些变化导致社区支持者对“社区转型过程”持相当悲观的态度，这一过程从稳定走向衰落，依次是：逐渐衰落、迅速衰落、“全面恶化”或中产阶级化与流离失所[42]。

亚洲和其他地区的城市也存在高度隔离，这些城市的大多数按照西方标准来看都过于密集。例如，尽管香港的人口密度很高，公共住房比例也很高，但香港的社区隔离程度与美国相当。实际上，与美国相比，香港的高收入家庭与低收入家庭的隔离程度更严重[43]。另一个例子是开罗的城市发展，其特点是城市外围形成带有围墙或设有路障的飞地，每一块飞地都是具有社会同质性的内在化社区，在那里，富人自我隔离，穷人被孤立。这并不是这座城市发展的新特点，因为开罗一直都是一座飞地城市。但是这些飞地曾经位于中心位置，现在却位于外围，进一步推进了以阶级为基础的空间划分[44]。

与欧洲相比，美国的种族隔离被认为是极端的，尤其是黑白人种的隔离。一个常见的隔离指数被称为“差异指数”（index of dissimilarity），其得分在0（完全融合）到100（完全隔离）之间[45]。大约在2000年，西欧城市的得分在40 ~ 60之间，然而在美国的芝加哥、纽约、底特律、密尔沃基和布法罗等地，黑白人种的隔离指数得分在80 ~ 90之间。到2010年，美国的这一得分减少至70 ~ 80分，仍然高于欧洲。部分原因是欧洲城市的住房社会化程度更高，阻碍了市场住房同质化的趋势。另一方面，这种差异只适用于某些城市（如芝加哥），也只适用于黑白人种的隔离，而由于房地产行业的市场化，欧洲城市的隔离程度或许正在迎头赶上[46]。

然而这时的美国社区种族融合程度比1910年高，大部分是由于黑人住宅的郊区化，而不是白人搬到市中心的黑人社区。正如雅各布·维格多（Jacob Vigdor）和爱德华·格莱泽（Edward Glaeser）所解释的，“在哈莱姆区（Harlem）、罗克斯伯里区（Roxbury）或哥伦比亚高地（Columbia Heights），尽管有显著案例表明黑人社区正在经历中产阶级化，但仍然有更多没有发生这一趋势的黑人社区。相反，在全国范围内以黑人为主的社区中，人口流失是主要趋势”[47]。杰克琳·黄（Jackelyn Hwang）和罗伯特·桑普森的研究表明，在其他条件相同的情况下，黑人社区中的中产阶级化比率更低[48]。他们的研究揭示了如今常见的美国城市状况：富人社区依然富有，穷人社区依然贫穷，而中等收入社区的收入水平上升或下降，种族在很大程度上决定了变化方向。

一些拉美裔和亚裔移民部分地改变美国的这些动态变化。除了黑人和白人社区，拉美裔和亚裔社区的迅速发展意味着旧的入侵 - 接替（invasion-succession）模型不能再完整描述社区的动态变化与种族 / 民族变化。首先，现在的“全球社区”（global neighborhoods）由四个而不是两个种族 / 民族类别组成，这些社区或许可以更长时间地保持多样性。但是，从统计数据上看，“当且仅当在黑人进入之前，已经存在大量的拉美裔和亚裔居民”，稳定的多样性才是可能的。在20世纪的最后20年里，拉美裔和亚裔居民是全白人区域中的“先驱融合者”，不会明显地导致白人的逃离[49]。

虽然对社区人口动态的研究侧重于隔离，但最近也存在一些例外。迈克尔·波尔森（Michael Poulsen）等人认为，尽管住宅社区在某些方面存在隔离，但研究内部的复杂性是有必要的，这可以从另一方面论证理解内部多样性而不是外部隔离的重要性。他们展示了伦敦社区中民族分类的全部复杂性（顺便说一句，这些社区与美国隔离的“极端”相去甚远），而且在集群的人口内部，子群体可能不会被隔离。伦敦的种族社区差别很大。虽然存在只有白人居住的郊区，但这里的少数族裔社区更多是关于多民族所体现的多样性，而不是群体优势（group dominance）[50]。

使用 1970 ~ 2010 年间的人口普查区数据（tract data）以及辛普森多样性指数（Simpson Diversity Index），就有可能衡量美国社区收入多样性的稳定程度[51]。1970 年，人口普查区辛普森多样性得分的前四分之一是 3.5648 或更高，有 12370 片普查区（总数为 49493）达到了这个分数。在 2010 年，人口普查区辛普森多样性得分的前四分之一是 3.5911 或更高，相比之前有略微减少，有 18017 片普查区（总数为 72063）达到了这个分数。将 1970 年与 2010 年相比，有 3505 片普查区在这期间保持了多样性。

多样性规划

针对隔离主义的批评激起了一种对抗性陈述，即规划师与大众印象相反，一直是社区多样性的强烈支持者。社区规划并不是隔离的根源，实际上是抵制隔离的一种有效方式。

正如前面提到的，很多社区规划师确实对社会融合的重要性有着明确的想法。正如刘易斯·芒福德所说，社区应该是“一座融合城市（integrated city）中必不可少的一部分”，在这样的城市中，指导原则是“尽可能让社区成为一个充分且能代表整体的样本”[52]。在 1957 ~ 1958 年的费城，专业人士与市民就“社区应该是什么样”这个话题进行了激烈的探讨,霍华德·霍尔曼（Howard Hallman）在总结时指出，人们普遍不接受同质性郊区社区。规划师和市民想要“更强的社会异质性”和“更大的多样性”来“创造更好的美学效果”[53]。经过规划的邻里单元通常不能达到这个标准，但这并不一定是因为缺乏尝试。

19 世纪末 20 世纪初的睦邻运动（settlement house movement），因其基于社区的多样性，值得特别注意。多样化社区被定义为“体现各阶层友善精神的聚会场所”，以及“每一类社区中的每种社区福祉的中心”[54]。玛丽·辛柯诺维奇

（Mary K. Simkhovitch）在《社区：我在格林威治住宅中的故事》（Neighborhood: My Story of Greenwich House）一书中展示了一个世界，在这个世界中，人们密切关注社会混合（socially mixed）的社区，将其视为一个生活场所和一种生活方式。她写道，"无论是新教徒还是天主教徒，无论富裕还是贫穷，无论拥护共和党、民主党人还是社会主义者，我们可以说，当以社群来应对各种问题时，所有的分歧都消失了"。这里甚至超越了种族："在其他地方涌现的种族仇恨似乎永远不会出现在我们的社区"[55]。

对于许多20世纪的规划师和积极分子来说，社区应该是动态的，并且能适应家庭规模、年龄和收入的变化。这有助于实现"对民主必不可少的一个重要因素"："尽可能消除阶级意识"。在此基础上，莱维敦几乎受到了直接的批评，因为这座城镇的同质化和发展的"停滞不前"，拒绝多样化的土地利用以及土地价格层级[56]。1948年广泛发行的《社区规划》（Planning the Neighborhood）报告认为，社区中"为满足不同家庭需要的多样化住宅类型……再怎么被强调也不过分"。社区内需要包含的不同住宅类型和家庭类型已被精确地计算出来（见表9.1）[57]。

几十年来，规划师、非营利组织和政府机构制定了大量策略，旨在建造社会混合（socially mixed）的社区，这种混合大多是指收入混合。一部分策略包括新建的收入混合社区（HOPE VI）、分散用地住房、代金券、社区土地信托（Community Land Trusts）、包容性住房需求、税收抵免、开发密度奖励（bonus densities）、开发权转移、公寓改建条例、限制性条款的使用权限、贷款、补助金、债券融资、减税、税基共享。这些只是一系列政策和项目中的一小部分，这些政策和项目的诞生是为了在一个由住房隔离主导的社会中，创造出社会多样化的社区[58]。

但这些经过深思熟虑的社区混合政策并不总是能达到预期效果。因此，不是每个人都会赞同这一总体目标。罗伯特·桑普森认为，收入混合社区背后的"理论假设"是靠不住的：低收入居民受益于高收入邻居，并将其作为行为与受教育程度的榜样；积极互动与社会支持取决于住宅接近度；高收入居民愿意通过非正式社会控制或组织性参与提供这种社会支持；这些在社会参与和提供榜样方面的改善将会抵消社区由于试图混合人口而造成的不稳定性。除此之外，收入混合政策"假设干预效果是静态平衡的"；它们没有从"社会机制"方面来解释社区之间"相互依赖"的原因；并且忽视了宏观层面的政治和社会领域[59]。

含有多样化住宅类型的 5000 人（1375 户家庭）社区的用地面积与密度　　表 9.1

人口组成		计划住宅类型	住宅单元（家庭）		所需社区土地面积	
家庭类型	家庭占比		占比	数量	每户面积（平方英尺）	总面积（英亩）
有未成年子女的家庭	52.0	单户独立住宅	26.0	357	8440	69.0
		单独联排住宅	26.0	357	3740	30.3
无子女家庭、单身成年人、其他成年家庭	48.0	单户住宅	20.0	275	2195	13.8
			28.0	386	1580	14.0
总数	100		100.0	1375		127.1

由此计算出社区密度：10.8 家庭 / 英亩

资料来源：改编自 American Public Health Association，Planning the Neighborhood，68

城市批判理论家也不认为政府主导的社区收入混合有多大作用。一些批评来源于邻里关系政治的相关文献，这些文献认为社区社会混合是一个问题，因为邻里关系涉及“他人化行为”（act of othering）。其他批评者将刻意的社会混合视为阶级结构的一种形式，只是一种治标不治本的方法，没有找到隔离与贫困集中的原因。简而言之，旨在实现收入混合的政策掩盖了更大的宏观层面的不公平[60]。新自由主义政策只提供了一种“名义上的再分配形式”，却忽略了“更大的结构性不平等”[61]。富人社区和穷人社区是收入不平等的必然结果，试图在社区范围内混合收入“相当于饮鸩止渴”（applying leeches to lower a fever）[62]。

或许每个人都会同意，当谈到社会混合的社区时，应该有更多的细微差别、敏感度（sensitivity）和适应性（adjustment）。几十年来，无论是在穷人社区建造高端公寓，还是在富人社区建造保障性住房，都需要从这些创造混合社区的尝试中吸取经验并做出相应的改进。这些社区的环境形式一直不太理想：新开发的住房位置尴尬导致富人很快就躲进自己家里，公共空间的可达性很低，设计也很糟糕，有些服务从来没有实现[63]。很多人仍然希望，这些失误不会导致人们对富人社区和穷人社区相互关联的问题感到自满。正如乔・柯特里特（Joe Cortright）强烈要求的那样，我们应该“停止妖魔化那些推动我们在正确方向上前进的变化，尽管这些变化缓慢而笨拙”[64]。

从这些尝试中得到的教训是，仅仅靠接近度并不总是能实现有意义的社区融合。处于多样化环境中的人们找到了保持帕克所说的“社会距离”（social distance）的其他非空间方式。除此之外，对社会混合的渴望在不同的文化背景下会有很大的差别。例如，有人声称，拉美裔对社区内社交性的追求远超普通美国人，因为“社群互动是拉美裔生活方式中的一个重要元素”，导致了他们对“积极而活跃的社群聚集空间”的需求。一位作者认为，对拉美裔来说，“多样性越有活力”越好，他们喜爱具有“多元”效应的社区：多元文化、多元社会、多元世代（multigenerational）、多元收入、多重期限（multitenure）、多元用途、多元密度、多元建筑风格、多元技术[65]。

有新的证据表明，这种对多样性的开放度正在获得更广泛的支持。最近一项“皮尤社区调查”（Pew Community Survey）发现，一半的美国人对居住在多样化社区中持开放态度。在20世纪70年代，年轻的城市专业人员公开表示他们希望住在多样化社区而不是郊区[66]，这种态度似乎已经占据主导地位，反复出现的关于城市生活价值的证明体现了这一点。多样性仍然很少是社区定义的基础。由于没有一个强有力的相反观点来定义社区，因此同质化定义占据主导地位。

异质化地区中的同质化社区

针对社区隔离的批评，第二个回应是重新考虑社区同质性的空间参数。这个回应认为，真正重要的是外部连接性，而不是内部相似性。关键在于社区与更大城市甚至是全球范围的连接性，而不是社区内部的同质化水平。更广泛多样性中的小规模同质化（Pocket purity）能够在任何规模下发生。基于类别（sect-based）的“微隔离”（micro-segregation）能够在单体建筑中识别出来[67]。

事实上，该回应认为某些水平的社区同质化或许是维持秩序的必要手段。相类似的是，当火人节（Burning Man festival）发展壮大并面临失控的危险时，组织者强制实行分区，以创造基于共同利益（例如大麻）的社区。这些社区已经恣意发展成“自然”形成的“主题营”，但有必要将它们形式化（formalize）以促进“不同需求和不同容忍度”的居民之间的“和谐”[68]。隔离带来的潜在后果不是问题，因为节日的气氛安全地笼罩着每一个子群体。

更广泛的联系是这种模式成功的关键。对于社会边缘群体来说，建立外部联系的失败可能是毁灭性的。在 19 世纪的华盛顿特区，由黑人移民组成的小而亲密的社区围绕着狭窄的小巷形成，这些小巷正是位于华盛顿中上层阶级居住的街道后方。在这些社区中存在社会支持、朝气蓬勃的生活和社区意识。但是这些社区缺少外部连接性，内部疾病猖獗[69]。在当代不同的空间形式中，与这些社区类似的是孤立的法国郊区和美国公共住房项目，它们都缺少社会连接性，通常也缺少物理连接性。在华盛顿 19 世纪的小巷和 21 世纪的公共住房项目中，与外部隔绝的社会同质化社区被边缘化[70]。

很多情况下，种族在阻止同质化社区与外部连接时发挥了（并将持续发挥）决定性作用。当种族不足以构成一个影响因素时，小型同质化集群（社区）能够实现外部连接。社区规模有助于这种外部连接，因为从历史上看，社会隔离的规模很小，因此，如果富人和穷人生活在明显不同的社区，这些社区可能是街区规模的，使社区之间的距离最小。甚至在后来，当工业城市展现出更多的

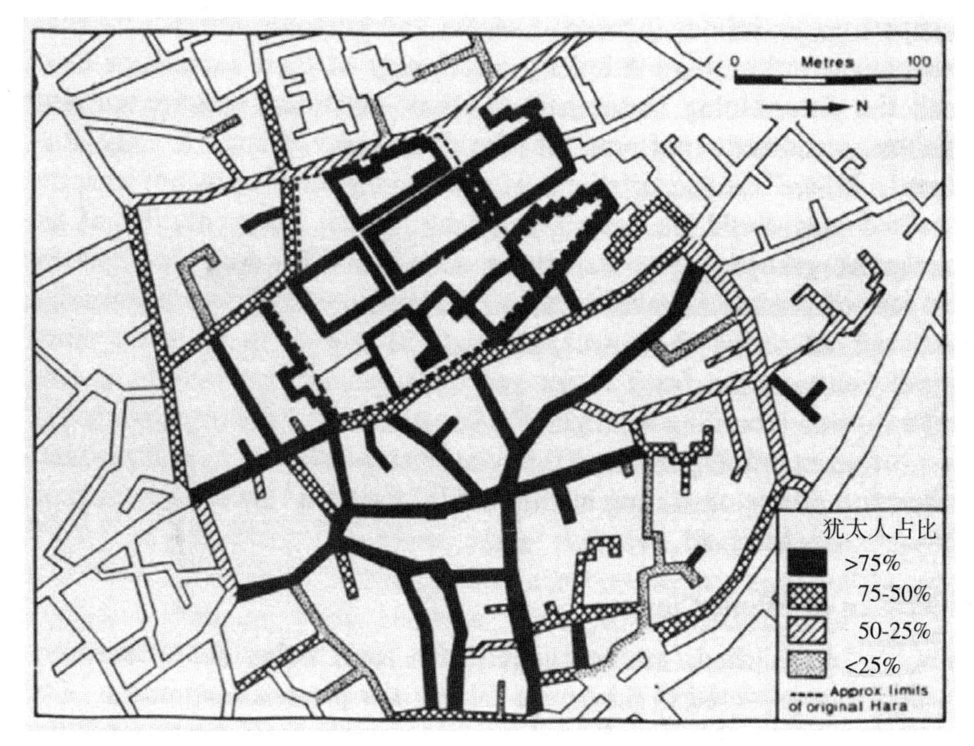

图9.1　上图为17世纪突尼斯民族人口混合地图，该地图展示了同质性存在的小规模地区，以及这些地区中定期的种族间接触的潜在可能。资料来源：Image after Sebag and Attal，L'Évolution d'un Ghetto Nord-Africain；Greenshields，"'Quarters' and Ethnicity"

地域性隔离时，沿着富裕街道居住的富人从未远离沿着普通街道居住的穷人集群，尤其在小型工业城市[71]。

一个利用外部关系的同质化社区是一个好社区。在近代早期的欧洲，每个社区（教区、行会、区）都被整合在一个更大的层次结构中，由社会中的集体协议来统治，在这种社会中，"每个人都有权力与特权不作为个体，而是作为特定群体中的一员"[72]。在伊斯兰城市中，社区形式有助于形成连接性。自给自足的伊斯兰教区（mahalleh）嵌套在更大的城市领域中，这些教区之间的关系是通过私人庭院的层次系统来"协商"以达成共识，因此形成了半私人化的小巷或死胡同、人行道网络、更宽阔的公共街道、公共集市[73]。

沿着时尚大街、围绕着公园和广场的微型富人社区，与小巷、后院以及其他更小更不卫生的中间地带旁的穷人聚居处，这两类社区之邻近并不是实现社会平等的良方。这些社会模式不应被解读为社会混合美好的昔日重现，在那个时候，每个人都能平等地生活，无论社区或区被分隔成多么小的地块都不会有

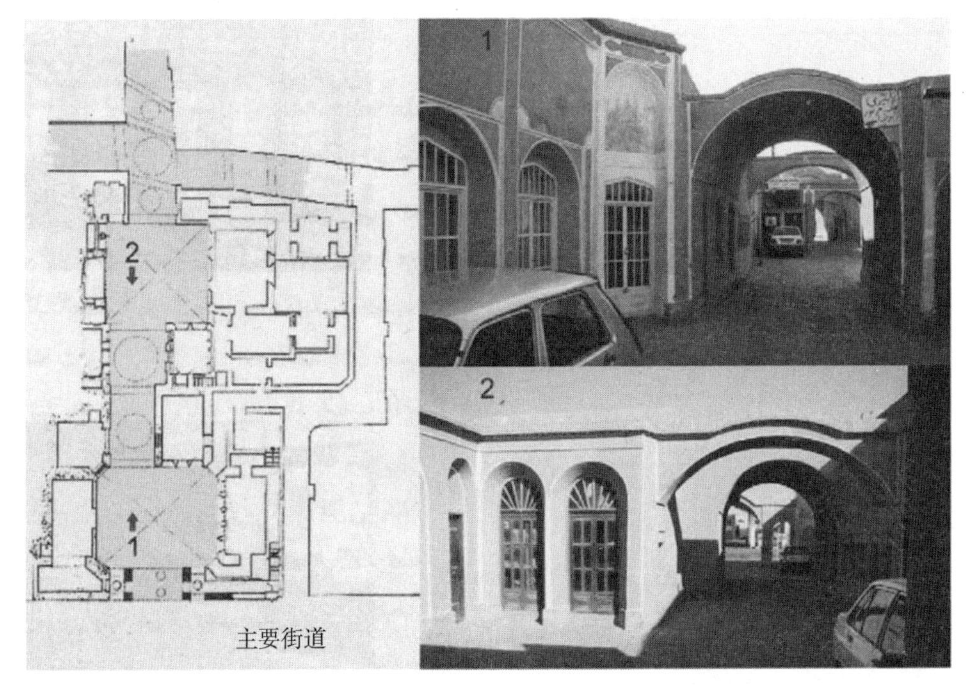

图 9.2　在这个方案中，伊朗亚兹德市（Yazd）的一个社区经过改造后可以将内部庭院和主要街道网络连接起来。资料来源：Nazemi，"Necessity of Urban Transformation in Introverted Historic Textures"

影响。为了保持社区层面社会混合的完整，一种潜在机制是使用"顺从准则"（codes of deference）来维持社会隔离这一传统方式，无论何时，社会隔离都是不现实的（一个鲜明的例子是早期的美国南部，在那里，黑人与白人共用城市空间，但主仆关系保持了恰当的交际距离；黑人的从属地位"反而减少了对严格住房隔离体系的需求"）。[74]

然而，小规模的多样性意味着迥然不同的居民被迫不自然地肩并肩生活，从理论上讲，将社区视为大型异质化群体中的小型同质化群体能够避免这样的问题。因此，可以认为更大的区域类型的社区具有社会包容性，即使是在社会同质化的小型区域（pockets）中。这种情况在 20 世纪的伦敦上演，社会网络的扩大导致了伦敦东区社区地理概念的日益扩大。在这一扩展的概念下，作为一个伦敦东区居民突然间有了意义，过去这里只包括街道街区，现在意味着所有的子社群都拥有了一种归属感，属于一个共同构想的场所。在地方身份被扩大后，当地居民包含了多个民族，有不同的宗教信仰，在 1936 年，众所周知，居民们团结一致，阻止了一场试图穿越社区的法西斯游行[75]。

在社区规划师的帮助下，具有外部连接性的社会同质化理想社区被概念化。

汉斯・布鲁曼菲尔德（Hans Blumenfeld）在1943年写道，“城市规划的具体任务”是“在一个更大的单元内协调多个社会单元”[76]。阿尔伯特・亨特（Albert Hunter）指出，清晰表达城市社区与更大社会的连接性，即其外部连接性，提供了对城市社区描述的诠释，而不仅仅是描述。在这一点上，他承认自己只是借鉴了伯吉斯早先的观点：“不考虑城市的其他部分，将社区置于一个孤立的状态来思考，这是在无视与社区有关的最重要的事实”[77]。

这也是苏珊娜・凯勒（Suzanne Keller）的观点。只有存在社会或地理孤立（geographic isolation），或者存在历史认同或阶级认同时，社区才能被识别出来，而这却未必是个问题。城市是一个由社区组成的镶嵌体，这些社区有不同的种类和不同的前景，每个社区都拥有属于自己的资源，也会发生不同的日常生活事件，这些事件可以平淡无奇也可以惊天动地，但是“居民能够获得大都市中所有多样的快乐，万事万物各得其所，这被大多数人认为是令人向往的”[78]。与城市的其他部分相连接的外部连接性能够被用来证明社区的同质性，也就是说，当居民拥有共同的利益、价值观并处于同样的体系下，社区能发挥最大的功能。对于这些我们不必担心，因为“不同的社区”之间是相互依赖的，富人和穷人之间也是相互依赖的，它们“都是更大整体中不可缺少的一部分”[79]。

存在一个有效的生态学类比。在“社区项目”（The Neighborhood Project）中，自然主义者戴维・斯隆・威尔逊（David Sloan Wilson）将进化科学应用于城市“细胞”，即城市中的社区。他解释道，“城市这种规模的有机体一定是多细胞的有机体。城市中的细胞是由人组成的小群体，每个群体都有权力管理自己的事务”。他们对社区的依恋是“生境形成”（biotope formation）的一个案例，即“通过学习、铭记和本能（learning，imprinting，and instinct）的某种结合来吸引有机体的生境或场所”[80]。这些细胞对生态系统来说十分重要，因为“人们以小群体的形式生活”。在这里，人们“拥有安全感，作为个体为人所知和喜爱”[81]。另一个类比来源于计算机科学，在这一科学中，社会网络被定义为“一组顶点，其内部连接度高于外部连接度”。成功的社区或许能够被构想成“网络中节点的聚合体”（cohesive collections），具有不同的“传导能力”[82]。社会学家里克・格兰尼斯（Rick Grannis）提出的“邻居网络”（Neighbor Networks）是一个实际的应用，在这一网络中，社区是根据沿着三级道路的互动来定义的[83]。

为了限制社区的孤立性，不仅需要帮助同质化社区内的居民形成并扩大外

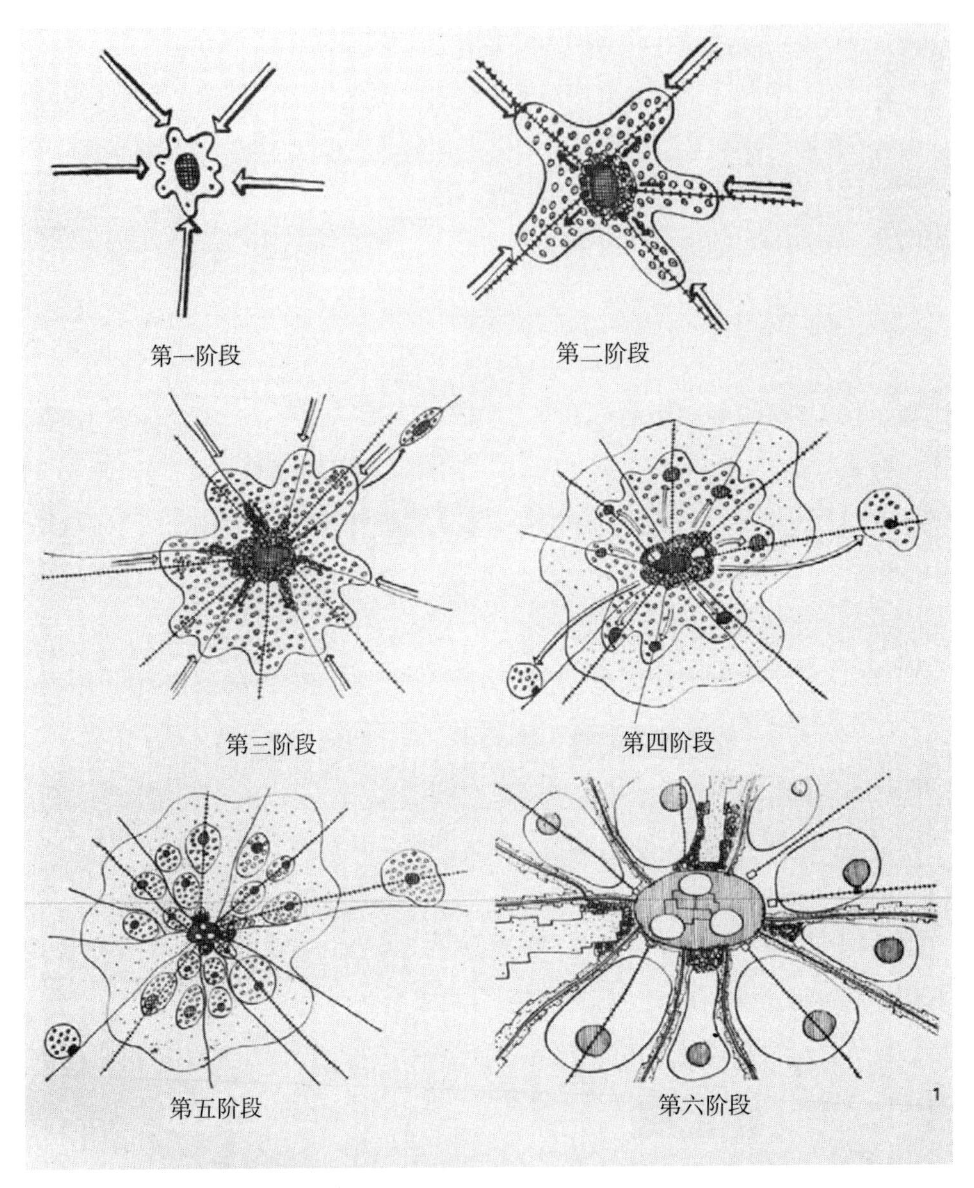

图 9.3　随着城市从密集的城市核心逐渐向拥挤带来的去中心化发展，社区成为城市变革中细胞动力的基础组成部分。资料来源：Johnson-Marshall，Rebuilding Cities from Medieval to Modern Times

部连接。目标也可以反过来，即帮助更大范围的社会进入一个原本与世隔绝的社区。有大门或封闭的社区或许会试图阻止这一行动，虽然如此，但是这些社区每天都在进行“渗透作用”，依赖于那些不会被大门阻隔的服务人员、老师、道路、警察和环境资源[84]。

现代观念认为，社区应该是一个有机整体中相互依赖的有机部分，这一观念源于 19 世纪末 20 世纪初进步时代形成的意识形态。威尔伯·菲利普斯

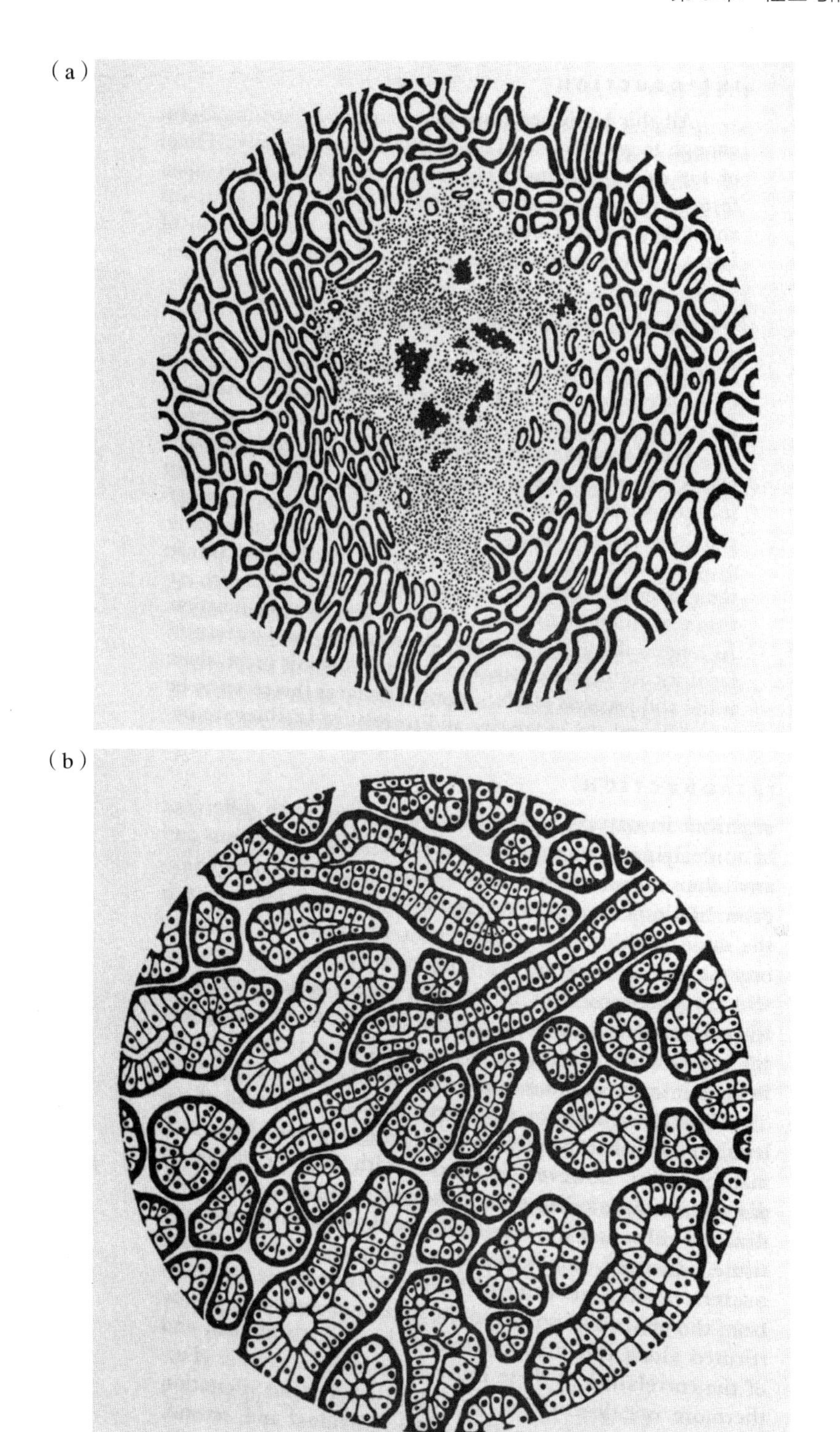

图9.4a和9.4b　虽然社区经常被认为是更大的城市有机体的细胞，但建筑师埃利尔·沙里宁（Eliel Saarinen）使用了一个颇有争议的类比来对比“健康”细胞（图a）和“患病”细胞（图b）。资料来源：Saarinen，The City

（Wilbur C. Phillips）建议，城市中的每个街区都应该被赋予决策权［这一策略后来演变为政治机器（machine politics）］，但是这一决策系统应该基于相互依赖和合作，而不是竞争与强权政治[85]。这个想法提供了一种应对城市复杂性的方法；解决城市问题的更加现实的方式似乎是由相互联系的群体组成的有机整体，而不是由独立个体组成的互不关联的混乱整体。

种族同质化社区似乎总是更容易地获得认可；收入同质化社区不太可能得到正面评价，尤其是集中贫困的社区。种族群体的自我选择簇集（self-selected clustering）受到重视是因其巩固社会支持网络、防止歧视和保护文化遗产方面的潜力。从芝加哥学派的论著开始，大量研究已经证实种族飞地的活力与积极影响[86]。《贫民窟》(The Ghetto）是路易斯·沃斯在1928年的经典研究，描绘了一幅民族同质化社区中的地方自治主义（communalism）图景，他相信，这种社区的强大程度是现代城市曾经希望达到的［就像一本自传中描述的那样，犹太社区是"一个自愿接受（self-imposed）的贫民窟，但却是一个幸福的世界"］[87]。与芒福德所说的"无法定义的噩梦"或华纳所说的"脆弱与无形"(weak and amorphous）的城市生活形成对比的是，同种族社区创造了一个基于场地的身份认同，并帮助居民应对美国大都市的密集气氛（intensity）。在大规模人口变化（民族移民）的背景下，社区的重要性达到了顶峰。

也许种族同质性更容易正当化，因为美国的种族社区通常在某些维度上是多样的，虽然这些社区处于飞地状态。到19世纪末，在一个城市街区中存在的种族群体至少有两个，通常高达四个或五个，这并不罕见。单户廉租公寓楼也可能存在种族混合，因为人们不可能一直待在室内（由于通风不良和拥挤），种族间的接触是必要的[88]。甚至是伯吉斯的移民"贫民区"也高度多元化，不像后来的黑人社区那样形成社会隔离。这种多样性被视为优势。马克·怀尔德（Mark Wild）的《街头集会》(Street Meeting）为洛杉矶市中心的种族多元化社区提供了证据，这些社区在二战前蓬勃发展，并一直在抵制"企业化重建"（corporate reconstruction）[89]。

为了解决与同质性相关的问题（隔离、孤立、排外），社会学家和规划师提出了嵌套性自治"子社群"，每个子社群对应着越来越高的服务供应水平[90]。在2014年，城市研究所（Urban Institute）对这一术语做出了调整，建议社区自身应该被定义为由更小的同质化街区集群组成的区域。他们把自己的方案称为“马赛克社区”（the mosaic district）。马赛克社区将共享更大型的设施，例如公园、学校和商业街，这些资源会作为社会纽带以加强重要却微弱的社会联系。这些联系不同于那些发生在子社区尺度上距离较近的邻居之间的联系，对于后者来说，居民是以收入、民族或种族联系在一起的[91]。

这一点在以前就有人提出过。在 20 世纪 50 年代的英国，邻里单元支持者提倡“小型同阶级社区”，内部建有相似的住房类型，这将有效地“强调社区在城镇事务层面上的共同问题和利益”，但“不会过多涉及个人的社会态度”[92]。在英国社会学家彼得·威尔莫特（Peter Willmott）对其进行了“大量讨论”后，这一概念后来在英国新城北安普敦（Northampton）得到了实施。每一块飞地都具有“相似标准的住宅以及或多或少有些相似的居民，以此来鼓励混合”[93]。朱莉娅·亚伯拉罕森（Julia Abrahamson）在她 1959 年的著作《找到自我的社区》（A Neighborhood Finds Itself）中也用另一种方式描述了这一想法。社区由子区域构成，每个子区域都包括一组住房类型相同的街区，例如三层公寓楼。这些子区域能够开展的一系列活动（例如，场地清理、垃圾清除、游戏场优化、照明策略）被认为具有促进认同、自豪和行动的作用[94]。

现代主义者将同质化簇群向异质化地区中的转译似乎在互联性方面并不成功。1943 年，《建筑论坛》上发表了一篇文章名为“与你一起规划”（Planning with You），文章中展示了各种各样的住房类型，每种类型都位于自己的小型子社区环境中，但是它们之间除了直线距离的接近度之外没有明显的联系。公寓楼的子社区建有自己的自助餐厅、托儿所和咖啡馆，这似乎是为了加强隔离程度。开放空间和“自然区域”（nature）的存在是为了将社区中的小型簇群和同质化群体方便地分开。作者解释道，如果城镇法规对“每户家庭的最小地面空间”做出了要求，那么同时建有单户住宅和公寓楼的社区中“发生冲突”的可能性较小，这导致公寓楼“被建在微型公园中”。在典型的现代化超级街区的模式下，建筑类型的选址基于对微风、阳光和视野的利用，这胜过（并破坏）了街道公共生活的产物。通过使用相似的基本原理（rationales），这类模式在新城中重复出现，例如马里兰州的哥伦比亚市和弗吉尼亚州的莱斯顿市[95]。

因此，在一个异质化地区中，人们并不总是能明白何种程度的同质化能够解决隔离问题，或仅仅使这一问题更严重。19 世纪末，随着城市的“膨胀”，明显的同质化社会群体开始形成。最初，人们认为这些群体是相互依赖的，共同构成一个统一的公民领域。但是到了20世纪20年代中叶，社区之间不再互补；相反，它们转而成了隔离与冲突的实例[96]。

人们希望同质化社区能够与更广泛的领域产生联系，但20世纪见证了这一愿望的破灭，原因是社区无法进入更大的网络，即使这些社区之间接近度很高。这种情况可能正在改变。研究表明，将移民社区设置在距离市中心很近的地方，这种做法有时候的确能产生“成功地在经济上融入主流社会”[97]。而且，“新经济”的某些方面，尤其是其中促进“社区全球化”的部分，正在成功地使同质化社区融入更广泛的环球世界[98]。

注释

1. 关于同质性（homogeneity）的界定，包括规划领域的，见 Park and Rogers，“Neighborhood Planning Theory，Guidelines，and Research”；Grigsby et al.，“Residential Neighborhoods and Submarkets，” 20；Garrioch and Peel，“Introduction，” 672. See also Sennett，*The Fall of Public Man*.
2. Quoted in Chapman，“Review of The Cutteslowe Walls by Peter Collison，” 237.
3. Ward，“Environs and Neighbours in the ‘Two Nations，’ ” 135，162.
4. Scherzer，*The Unbounded Community*.
5. Woods，“The Neighborhood in Social Reconstruction，” 579；Conn，Steven. Americans Against the City: Anti-Urbanism in the Twentieth Century. Oxford: Oxford University Press，2014.
6. Meyer，*As Long as They Don't Move Next Door*. See also Philpott，*The Slum and the Ghetto*.
7. Zorbaugh，*Gold Coast and the Slum*，232；Garb，“Drawing the ‘Color Line.’ ”
8. For example，Tate，*Research on Schools*，*Neighborhoods*，*and Communities*.
9. U.S. Department of Commerce，Bureau of the Census，“Geographic Terms and Concepts.” 对人口统计区的界定见“Defining Neighborhood，” 429；Johnston et al.，*Dictionary of Human Geography*，540.
10. Park et al.，*The City*，40.
11. 同上
12. Hawkes，“Spatial Patterning of Urban Population Characteristics，” 1234.

13. McKenzie, “The Neighborhood Ⅱ,” 344, 348.

14. McKenzie, “The Neighborhood Ⅲ,” 486; McKenzie, “The Neighborhood no. 5” 610.

15. McKenzie, “The Neighborhood: Concluded,” 785, 799.

16. Perry, “The Tangible Aspects of Community Organization,” 563.

17. 更多关于邻近社区之间的历史冲突、合作见 Keating, “Chicagoland.”

18. Allaire, “Neighborhood Boundaries,” 15, 16.

19. Davidson County, Tennessee, “Planning Units in the Nashville Metropolitan Area,” 1959, cited in Allaire, “Neighborhood Boundaries,” 20.

20. Allaire, “Neighborhood Boundaries,” 15, 16.

21. Wehrly, “Activities and Comment,” 34; The author quotes S. L. G. Beaufoy in the *Journal of the Royal Institute of British Architects*, July 1948.

22. Galster and Hesser, “The Social Neighborhood,” 236.

23. Boger, “The Meaning of Neighborhood in the Modern City,” 236.

24. Nightingale, “The Transnational Contexts of Early Twentieth-Century American Urban Segregation.” 另见 Nightingale, *Segregation*.

25. Gregg and Himber, *From Building to Neighborhood*, 7, 14.

26. Schill and Wachter, “The Spatial Bias of Federal Housing Law and Policy.”

27. 这是 Ken Jackson 在 *Crabgrass Frontier* 中的一个观点 .

28. Weiss, *The Rise of the Community Builders*.

29. Broden et al., “Neighborhood Identification,” 8, 21.

30. Madanipour, “How Relevant Is ‘Planning by Neighbourhoods’ Today?”; Smailes, *The Geography of Towns*, 128.

31. Hove, *Networking Neighborhoods*.

32. McGreevy, *Parish Boundaries*. 还可以参看 Kelly 的评论, “Parish Boundaries.” 关于美国犹太人从城市社区中搬出的情况，见 Gamm, *Urban Exodus*.

33. Chauncey, *Gay New York*.

34. Kullberg et al., “Does the Perceived Neighborhood Reputation Contribute to Neighborhood Differences in Social Trust and Residential Wellbeing?”

35. Pietila, *Not in My Neighborhood*; Hunter, “The Urban Neighborhood.”

36. Reardon and Bischoff, “Growth in the Residential Segregation of Families by Income.” 另见

Reardon et al., “Income Inequality and Income Segregation.”

37. Bishop, *The Big Sort*.

38. Fry and Taylor, “The Rise of Residential Segregation by Income.”

39. 同上.

40. Hulchanski, “The Three Cities within Toronto.”

41. Tach et al., “Income Mixing across Scales.”

42. 例如, Perlman 所发现的阶段，见其 “Neighbourhood Organisation,” 114.

43. Monkkonen and Zhang, “Socioeconomic Segregation in Hong Kong.”

44. “Cairo's Metropolitan Landscape.”

45. 采用 2000 年的数据对美国 318 个城市的差异性指标见 www.censusscope.org. 采用 2005-2009 年美国社区调查数据对 100 个城市的指标见 http://www.psc.isr.umich.edu/dis/census/segregation.html.

46. Logan and Zhang. “Global Neighborhoods.”

47. Fry and Taylor, “The Rise of Residential Segregation by Income”; Vigdor and Glaeser, “The End of the Segregated Century.”

48. Hwang and Sampson, “Divergent Pathways of Gentrification.”

49. Logan and Zhang, “Global Neighborhoods,” 1070.

50. Poulsen et al., “Using Local Statistics and Neighbourhood Classifications to Portray Ethnic Residential Segregation.” See also Philpott, *The Slum and the Ghetto*.

51. 正则表达式为 $A = [N(N-1)] / [\sum i\, n_i(n_i-1)]$, 其中 A 是多样性指数, N 是所有类别的个体（也可以是住房单元或家庭）总量，n_i 是第 i 个类别的个体（或其他特征）数量。我使用从 1970 到 2010 年间从 GeoLytics 网站中获得的空间插值人口普查区数据来寻找不同的社区。由于普查区边界和普查区标号可能在几十年间发生变化，因此需要进行标准化来比较不同时间段的普查区数据。GeoLytics 网站中的社区变化数据库实现了这一标准化。

52. Mumford, “The Neighborhood and the Neighborhood Unit,” 267, 269.

53. Hallman, “Citizens and Professionals Reconsider the Neighborhood,” 121.

54. National Federation of Settlements, “A Letter from Robert A. Woods,” 1.

55. Simkhovitch, *Neighborhood*, 100, 119.

56. 例如见 Aronovici, *Community Building*, 245.

57. American Public Health Association, *Planning the Neighborhood*, 2, 67.

58. 像 PoliceLink（http://www.policylink.org/）这类组织，以及社群经济研究所（Institute for Community Economics）都会追踪这些政策，并且试图监控它们的效果。
59. Sampson, "Notes on Neighborhood Inequality and Urban Design."
60. 例如见 Bond et al., "Mixed Messages about Mixed Tenures"; Bridge et al., *Mixed Communities*.
61. Conte and Li, "Neoliberal Urban Revitalization in Chicago."
62. Cheshire, "Resurgent Cities, Urban Myths, and Policy Hubris," 1241.
63. 这些设计限制在 Davidson 的 "Love Thy Neighbour?" 中说得很清楚，另见 Chaskin and Joseph, *Integrating the Inner City*.
64. Cortright, "Truthiness in Gentrification Reporting."
65. Cisneros and Rosales, *Casay Comunidad*, 90, 95.
66. Parkman Center for Urban Affairs, *Young Professionals and City Neighborhoods*.
67. Flint et al., "Between Friends and Strangers."
68. DuBois, "Managing Diversity," cited in Smith et al., "Neighborhood Formation in SemiUrban Settlements," 11.
69. Borchert, "Urban Neighborhood and Community"; Borchert, *Alley Life in Washington*.
70. Picone and Schilleci, "A Mosaic of Suburbs," 356, 363.
71. Mills and Wheeler, *Historic Town Plans of Lincoln*, 20.
72. Garrioch and Peel, "Introduction," 668.
73. Kheirabadi, *Iranian Cities*.
74. Massey and Denton, *American Apartheid*, 40-41. See also Hanchett, *Sorting Out the New South City*.
75. Lammers, "The Birth of the East Ender."
76. Blumenfeld, "Form and Function in Urban Communities," 13.
77. Hunter, "The Urban Neighborhood"; Cottrell et al., *Ernest W. Burgess on Community, Family, and Delinquency*, 42.
78.Teaford, "Jane Jacobs and the Cosmopolitan Metropolis," 886.
79. Garrioch and Peel, "Introduction," 668.
80. Sommer, "Man's Proximate Environment," 61, 62. On proxemics see Hall, *The Hidden Dimension*.
81. Wilson, *The Neighborhood Project*, 384, 386.

82. Gleich and Seshadhri, "Neighborhoods Are Good Communities," 1.

83. 这之所以可能，乃是因为人口调查局的要素分类标准（Census Bureau's Feature Classification Code），见 Grannis, *From the Ground Up*.

84. 例如见 Landman, "Gated Communities in South Africa."

85. Mooney-Melvin, *The Organic City*.

86. Dunn, "Rethinking Ethnic Concentration." 种族多样性的好处见 Wild, *Street Meeting*; Vervoort et al., "The Ethnic Composition of the Neighbourhood and Ethnic Minorities' Social Contacts."

87. Wirth, *The Ghetto*; Kops, *The World Is a Wedding*, 15.

88. Barrett, "Unity and Fragmentation"; Conzen, "Immigrants, Immigrant Neighborhoods, and Ethnic Identity."

89. Von Hoffman, *Local Attachments*, 4, 5.

90. Suttles, "Community Design."

91. Tach et al., "Income Mixing across Scales."

92. 同上, Campleman, "Some Sociological Aspects of Mixed-Class Neighbourhood Planning," 199.

93. Patricios, "The Neighborhood Concept," 79.

94. Abrahamson, *A Neighborhood Finds Itself*.

95. "Planning with You," 79; "Mixed Neighborhood of Rental Housing," 87.

96. Mooney-Melvin, "Changing Contexts," 358.

97. Vaughan, "The Spatial Syntax of Urban Segregation," 235, 249; See also Nasser, "Southall's Kaleido-scape."

98. Laguerre, *Global Neighborhoods*.

第10章 结语

本书一开始就提出了这样一个问题：重构的社区能否不仅是一个标签，也不仅是一个社会隔离物，且与此同时也不会与21世纪的现实相冲突。一个世纪以来，人们试图妥协于社区定义的巨大变化以及对其的理解，我们能否将传统中或历史上所理解的社区恢复到真实且有意义的状态？对于那些生活在当代城市中未定义的广阔地区（大多数美国城市的特征）中的人来说，能否让他们明白，社区不仅仅是地图上的阴影区域，不仅仅是一个隔离的住房地区，也不仅仅是一个情人？

虽然这类社区不会自发形成，但是答案依然是肯定的。历史上社会包容、服务良好、自治、非孤立的社区如果想要在21世纪建成则需要支持。但是社区不仅仅是地图上的线条，也不仅仅为了制造社会隔离，致力于营造这类社区的政策和行动都会获得显著的回报：通过满足多样化社区的要求来减少流离失所，培养一种不依赖排他性的所有权意识和关怀，通过在日常生活中实现连通性来促进社会和经济联系，将同质性取代场地作为社区定义的基础。

尽管不应该感伤过去，但从历史上看，社区满足了很多这样的目标。即使在由独裁主义、等级制度和不平等占主导地位的社会中，这些社区也定义明确，往往具有社会多样性，并且是身份认同、经济生活、社会联系和政治权力的源泉。由于现代城市损失了这种地方化的日常生活意识，一些城市居民没有受到影响。但对于其他人，尤其是很多城市规划师和社会学家，他们认为这种损失是一个问题，并试图弥补这一损失。随之而来的争论表明，社区规划师对社区的规划通常逾越了社区的能力范围，而批评人士则对社区方案提出了过多的否定。

当社区被定位成情人或社会隔离者，进入21世纪，对于任何传统术语中的社区，我们迫切想要了解它们在现代世界中的含义。形成社区概念的事物一方面包括控制、社会决定论、隔离、排外和不平等，但另一方面，也包括身份认同、群体保护、社群意识、赋权和对日常生活需求的满足。由于无法解决内在的紧张关系，导致社区的定义模糊不清。在 20 世纪和 21 世纪，社区的定义被扩大，可以包含任何事物，最终也包含了所有事物，这使社区定义不再意义丰富，而且在价值上变得中立：一个排外的封闭社群与其他社群一样，都可以将自己称为社区。

对社区的传统理解是将社区作为日常生活中必不可少的基础设施，但一个世纪以来对社区价值的否定推翻了这一理解，一方面，这种否定傲慢地将社区等同于任意住房集群，但在另一方面，又不屑于使社区回归并用物质环境形式来烘托社区。在美国背景下，存在大片单一用途的郊区住宅区，社区可能只由住宅构成。（正如一位美国学者所说，没有任何服务、地理位置也不确定的社区“仍然是一个社区”）[1] 但应该承认，这样的定义是历史上的反常现象。

由于地方化的社区生活似乎和现代人的期望和自由主义不协调，因此关于社区的规范性理论受到了质疑。如果人们认为社区需要地方控制，那么很容易认为地方控制与排他性或权力削弱有关。如果社区的目标是多样性，那么对同质性的追求，或者认为追求同质化社区是不合理的这一普遍态度将会阻碍对多样性的有意识的创造。为了更好地定义和感知社区，人们可能会去规划社区，但是更强的社区认同也可以与排他性相关，社区形式也可以被视为资本主义剥削、中产阶级化和导致搬迁的载体。社区或许是紧凑城市形态的基础，也因此是可持续性的基础，但是经过规划的社区同样可以被视为一个乡村概念，这只有在白板上才能实现，在这种情况下，地方化的功能性将是虚无缥缈的。

这其中一些消极的挪用在过去被认为是合理的，社区规划常常充满偏见。规划师犯的第一个错误是相信社区居民仅限于有孩子的家庭，至于由无子女夫妻、单身人士或退休人士组成的社区不是真正的社区类型。社区规划的批评人士似乎更感兴趣的是让社区变得模糊且无关紧要（obscure and irrelevant），而不是再造社区，寻找一个更加公正也更加合适的定义，并基于不断变化的人口结构和新的城市挑战来改善社区且同时继续致力于社区的传统构想。对社区进行物质环境规划的规划师和从社会学视角下解释社区的社会学家依然关注社区，但他们都不再进行有意义的对话，也结束了对“规定的社区”（neighborhood prescribed）和“被否认的社区”（neighborhood rejected）这两个话题的争论，这样的争论在整个20世纪一直在进行。

在20世纪，人们感觉社区已经输给技术、经济和社会力量从而削弱了自身的重要性，为了对此作出回应，人们试图有意识地规划社区使其重获新生。连接度和异质性向相反的方向发展，这是前所未有的，地方化社区成为一种社会分类的手段，而不是社会凝聚的手段。很多人认为，这场游戏的规则已经变得过于另类，以至于无法重建社区：没有住得很近的技术性需要，机构（教堂、俱乐部）也不再像以前那样作为以社区为基础的跨阶级社会整合者。相互依赖的地方网络在千百年来已经成为社区日常生活的基础，尤其是以经济为基础的地方网络，如果不恢复这些网络关系，那么传统社区的复原也是相当困难的。

但有些人支持对社区的传统理解，对他们来说，这些问题不能用过时的观念来解决，因为这种观念下的社区生活是感性的，而只能通过明确了解社区的内涵和位置来解决。人们相信，随着时间的推移，这种社区意识可以被用来逐步产生某种接近于社区历史经验的事物，不同于相互依赖的地方化网络，这种网络曾经是必不可少的，但社区意识同样能够使城市生活更具地方意义。对社区的明确理解将会有助于实现某种形式的地方网络、实现可达性、实现服务共享、实现多样化、实现DIY策略、实现地方控制、实现“本地购物”、实现公共领域关怀、实现集体愿景。如果以上任何一个目标远离日常生活所在的场所（即社区），那么它们的实行将会更加困难。

社区意识需要物理界定。在20世纪60年代以前，社区的定义通常基于其物质性，由道路和地形这类“地貌空间”（physiographic space）来界定，或者基于将人口与服务相关联的服务面积。但是，由于人们后来认为这些方法忽视了“紧密联系的社会进程的存在”，或认为这些方法过于关注“资源分配问题”，因此地貌空间和服务面积的方法被遗弃，取而代之的是基于居民调查、“心智地图”和个人理解的源于社会的社区定义[2]。

社区的社会理解是不容忽视的。社区的确与多个社会领域交织在一起，有时候是非正式的社会领域，有时候与权力和控制有关，例如社区监视（block watch）、警察分局、学区、业主协会、教区。但这时同样需要社区实体：将这些不同的利益集中在一起，使基于地方的身份认同成为可能，进而促进联系，这种联系的基础是多样化社会生活，而不仅仅是社会同一性。如果没有社区框架，社会实体可能会保持脱节和错位的状态。在早期的规划时代，规划师试图通过邻里单元来加强这些联系和一致性，将邻里单元定义成“聚集所有组成部分的一个尝试，这些组成部分包括社会要素、物质要素、经济要素、视觉要素，它们将组合成一个单一且可识别的单元”[3]。在21世纪，这些组成部分不再能够如此整齐地归拢在一起，但是通过物质环境定义的社区来促进连接性的想法或许不会过于不守常规。

由于存在通过控制、决定论和隔离来滥用权力的可能性，人们仍然不信任物质环境定义下的社区。然而，可能正是由于社区不再作为明确的、理想的物质环境境域而导致困惑和怨恨。社会混合政策的批评者认为，为了实现“城市复兴”，就目标比例和社会混合类型而言，政府并不真正明白自己在追求什么，批评者的这一点没错[4]。但是，这个问题也许和社区定义有关，对社区应该是什么缺乏一个清晰的概念。

本书的结论是，经过一个世纪的努力，现在有可能针对这些争论提出一种解决方法从而向前推进，恢复社区在其支持者心中的重要性。这种解决方法包括对历史社区的现代化解释，社区具有可识别性和服务性，但同时也具有多样性和连接性，除此之外还有自决的权力。21世纪中对社区的传统理解（这是对之前争论中提出的解决方法的重述）转化为对由向心公共空间和街道形成的中心的强调（而不是强调边界）；转化为有助于形成强烈社区意识的内部和外部连接性（这反过来有助于地方化控制）；转化为来源于社区规划和发展过程的支持（物质环境理想和参与过程的联合表达）；转化为由社区身份认同强化后的社区自决（反过来会受到物质环境设计的激发）；转化为由社区功能性导致的社会连接性的改善；转化为多种方式下对社会多样性的支持与促进；以及转化为管理机制（例如参与编制预算，加强社区层面上的控制和支出）。

正是这些争论的结果为我们提供了一种思路，让我们明白对社区的传统的、历史的理解是如何存在于21世纪的。

日常生活社区

历史上的社区及其衰退、因此出现的反应和随之而来的争论以及解决方法，这些构成了“日常生活社区”的所有因素，即一个基于场所的、传统的社区概念，它的定义不以孤立或排他性为基础，同时，也在争取更高的地位，而不仅仅只是一个地理学的形容词。因为即使关于社区的文献浩如烟海，但缺少的是对社区的规范化思考、如何结合物质环境理想和社会理想、如何从历史上吸取经验并加以应用、一个世纪以来的争论可以如何促进社区为日常生活提供必要环境的能力。

20世纪关于邻里单元的争论引起了一场激烈的对话，并激发了人们对意义和清晰度的探索，但是这些争论悬而未决，在社区是什么或应该是什么这个问题上没有达成一致意见或形成专业的术语。下面这个提议旨在形成明确的社区概念。如果基于一个传统的理解且同时认识到21世纪的约束和需求，"日常生活社区"是一个可能存在的社区。它利用物理形式来促进人际关系、交流和归属感，这些反过来又能促进集体行动。为了一个目标，一个日常生活社区具有以下八个特点：

1. 有自己的名字；

2. 居民知道社区在哪里、是什么以及自己是否属于这个社区；

3. 社区内至少有一个地方作为社区中心并提供服务；

4. 社区的空间范围受到普遍认同；

5. 虽然不是自给自足的社区，但具有日常设施和服务；

6. 同时具有内部和外部连接性；

7. 社区内部具有社会多样性，或者社区对形成这种多样性持开放态度；

8. 社区作为居民的代表，具有一种能让居民参与社区事务的方法，也具有以集体声音发言的能力。

这些都是日常生活社区的基本要素，它们来源于社区相关的历史纪录、某些持续存在的社区特征以及从贯穿整个20世纪的社区规划争论中吸取的教训。这是一种规范化定义，这样的话，它的目标不是最大化解释范围，而是阐明一个清晰的立场并提出一个论点。各种各样的社区概念（个性的、认知的、数字的、全球的）、更不严谨且更有争议的社区定义的吸引力，以及认为社区不过是情人的自满，这些都被一种理想观点所反驳，这种观点认为社区可以成为更有意义的事物。

这个提议避免了佩里过度图解化的错误。日常生活社区追求优质的环境，但这种环境的存在可以表现为多种形态、形状、密度和空间布局。还有地方品质的其他特点，比如围合、自行车道、交通减速带、公交可达等，这些特点固然更好，但也都是社区倡导者和坚定支持者的单独的努力。如果存在经济上的相互依赖，这将会成为一个特殊优势。社区的社会表达或许会受到特别的认可和重视。但这些都是单独的考虑因素。实际上，由于无法构想出满足以上八个条件的其他社区形式，因此意味着社区被归类到一个狭窄的概念（饱受诟病的“邻里单元”），这种概念将削弱社区的生存能力。不去遵守一套核心原则，而是优先关注特定的形式，由此引发的混乱已经造成了影响深远的破坏。

日常生活社区为其他城市干预提供了一个框架。这使它有别于大多数城市设计方案。例如，在 1979 年，艾伦·雅各布斯（Allan Jacobs）和唐纳德·阿普尔亚德（Donald Appleyard）提出了一项“城市设计宣言”，包括五项对城市生活必不可少的物质环境品质，而社区只是其中一项。他们提出了宜居街道和宜居社区、最小的土地利用密度和强度、各种活动的邻近整合、界定空间的建筑以及建筑类型的多样性。对于日常生活社区来说，宜居街道、密度等级和混合使用等因素取决于社区定义和社区控制；它们不被列为同一个级别。换句话说，重点不在于街道、设计法规和公园设计这些组成部分，而是将这些部分置于社区框架的脉络中，如果没有这种努力，那么社区参与、包容多样性和集体表达将是困难的。

为社区命名可以提高居民对社区的认识，并促进认同感和所有权意识。没有人会围绕人口普查区编号、住房次市场或“步行范围”来关心本地场所并取得所有权。如果没有社区框架，“改善”或“场所营造”策略似乎显得维度单一且抽象，导致了个性化结果，这种结果如果破坏了社区的整体性，那么就不会产生有效的政治阻力（或者阻力被当作邻避主义的一个例子而不予考虑）。带有“社区”这一标签的复兴可能仅仅关于房产增值，而没有认识到这种复兴将如何影响日常生活。但是，把投资放在具有特定身份的社区环境（日常生活社区）中可以防止这些抽象概念的形成及其可能产生的负面影响。

日常生活社区也解决了长期以来围绕着社区中社会维度的困惑。最重要的是，由于在居民生活中具有意义和重要性，日常生活社区不依赖于社会关系。这里存在一种对社区的归属感，但是不存在友谊，居民之间甚至不会相互熟悉。过去由于缺少技术支持下的交流，人们依靠社区来维持生活中的交往，而现在的居民不会再渴望这样的时代。另一方面，如果社区对某些居民来说的确具有社会意义，那么这将会是额外的优点。

日常生活社区更加注重社区存在的日常实用性，优先考虑服务而不是社会功能性。这些日常功能为社会联系创造了机会，这能带来帮助，但也不是绝对的。更重要的是，社区意识是激发各种形式交流的媒介。

相比沉迷于社会联系或人际关系的建立，日常生活社区更关注的是确保形式不会破坏人与人之间的联系，而是使联系成为可能。社区所要建立的社会纽带是对空间的共同情感，而不是对其他居民的共同情感。它是一个有限的社会目标，只为熟悉的人提供相遇的社交环境。随着时间的推移，这可能会形成集体意识。

日常生活社区会接受社会多样性和土地利用多样性，并将它们视为积极因素。在多样性程度较低的社区中，居民不会阻碍对多样性的提高，社区的认同感和集体参与（inclusive engagement）提供了将多样性作为积极因素置于社区中的一种方式。没有预先规定的多样性水平，但是这不意味着多样性可以是任何事物。人们已经尝试过开放性定义，例如，将多样性等同于乡村与城市品质的混合，但是这些地方所体现的“种类的丰富”本身不太可能满足日常生活社区所要达到的目标，即更好的日常生活品质[5]。

差异是社区的核心，无论是描述社区内部的社会相似度，还是界定一个社区与另一个社区的不同之处。日常生活社区的多样性目标需要不断追求平衡，即在陌生人社区和朋友社区之间找到一个折中的立场。物质环境界定是找到这种平衡的关键因素（值得注意的是，那些轻视积极社会混合的人是因为社会混合会引起搬迁，但这些人往往会发现自己提倡的正是对物质环境界定和身份认同建设的重视）[6]。如果通过在子社区形成同质群组来找到平衡，即在大型异质化社区中建立小型同质化集群，这也是一种方法。

多样化目标至关重要，因为无法在局部水平（即社区层面）上应对社会差异可能是西方城市面临的唯一最严重的问题。对于美国城市来说，这是棘手的城市问题的根本原因，从城市的无序扩张到市中心撤资，从学校的倒闭到环境的恶化。日常生活社区有助于阻止社会分化，因此动摇某些人的自满观点，他们认为富人社区和穷人社区是不可避免的。多样性目标是由其对立面的执拗（perversity）所驱使的：对富人囤积资源和穷人愈发困顿的关注。社区之所以与这个问题有关，是因为房地产市场将收入不公转化为空间隔离。除非积极阻止这种情况，否则隔离自身会延续下去，因为当人们对异质性的熟悉度越来越低，越来越少的人会支持阻止隔离的策略。

多样性的目的不是形成家长式的社会化观念和正面榜样，也不是为了在群体间形成社会接触以带来好处。计算方法更为直接：居民收入和财富与社区投资呈正相关。资源包括服务和设施以及高质量的公共领域，因为这些都是有限的，所以财富可以获得市场或政治影响力所必需的资源。另一方面，与投资减少相关的是人口减少（导致学校和企业的倒闭）、建筑存量退化、房屋止赎和学校倒闭。从更广泛的社会角度来看，在西方资本主义民主国家唯一可行的解决方法是分散财富，努力建立更加经济多样化的社区。

日常生活社区利用地方化的“持久投资”来应对衰退的威胁，这种持久投资旨在增加社区功能性[7]。社区规模的投资阻止占主导地位的垄断资本、生产性建筑以及权力和资源的结合，这种结合一直不利于地方控制。一个能带来帮助的社区环境及其支持者使小型开发商和地块改造者获得权力，这可以带来额外的好处，即有助于实现多样性目标。

社会隔离社区是历史上的反常现象，日常生活社区为社会隔离社区的规范化（normalization）提供了一种物质上的对抗叙述。社区的研究如出一辙地强调社会隔离这一论点，并总是关注社会相似性和它的反面、社会差异、一个群体如何聚集在一起或区别于其他群体、隔离和滤除（walling off and then filtering out）的过程、排他性策略以及为包容性而斗争、社区内部差异程度、社区的划定过程以及形成同质性与差异基础的边界化（boundedness）。所有这些都是需要理解的重要过程，但它们不是唯一的现实。实际上，日常生活社区并不符合传统标准。它们反而适用于多样的、非同质化的社会群体。在这方面，日常生活社区填补了由无法（或不愿意）定义和具体化的社会多样性社区造成的空白。

日常生活社区有自己的特点，但它不是孤立的；它追求在更大城市环境中的融入（integration），这促成了一个健康的社区生态系统。日常生活社区与更广泛区域的外部连接性可能会因内部身份认同的增强而得到改善，这有点自相矛盾。日常生活社区会提供必要的身份认同和居民赋权（empowerment）来抓住更大的机遇。

在社会异质性和社会联系之间存在一种固有的紧张关系，这是日常生活社区试图克服的。通过提供具有调和作用的公共领域、地方化的身份认同和自治的机会来实现这一点。物质环境界定明确的社区拥有整合不同选区的潜力，日常生活社区正是这样的社区。社会同质性可以通过物质手段（大门、围墙、土地利用和建筑类型的单一性）得到全面强化，但社会多样性也是如此。强烈的社区物质环境存在感是必要的，尤其是当地方组织受限于单一目标，例如社会服务、保障性住房、小型企业。拥有一个明确的社区身份认同和定义有助于扩大并巩固一个原本互不相关、但以社区为基础的利益联盟。

日常生活社区没有一个预定的形式，但是多样性原则的确隐含着某些物质环境参数。第一，需要有一系列的住房类型和相应的价格层级。为了减少对社会差异的强调，这些住房类型应该是互相兼容的，但这不意味着千篇一律。从传统的伊斯兰社区到20世纪早期的花园郊区，多样化社区的本质是相同的：强烈的社区意识产生了物质上的社区凝聚力，这种凝聚力掩盖了潜在的住房规模和收入水平的多样性。

第二，日常生活社区的物质形式需要通过步行者或驾车者来支持可达性（服务可达性和设施可达性），因为对技术设备（汽车）的需求是一种排他性策略。此外，日常生活社区会优先考虑某些群体：老人、残疾人、低收入人口、儿童，对他们来说，"可达性"和"随处转转"尤为重要。这类人口或许无法进入韦伯的"非场所城市领域"（non-place urban realms），因为他们的距离感是固定的。对于这些在本地活动的居民，社区提供服务的能力并非无关紧要。作为一个额外的好处，服务功能性有可能通过提高"地方效率"使场地有更高的供给能力[8]。

第三，日常生活社区的目标是形成毫不费力的社会联系，这一目标转化为某些与社区形状和形态有关的原则。日常生活社区旨在让相遇和交往（social encounter）变得容易，无论是在穿越空间的时候还是到达空间内某个地点（例如，服务和设施点）的时候。前者的目标是形成小型街区、狭窄的街道和良好的街道网络。后者则是形成接近度以及将社区内的"地点"置于日常路线（购物、教育、工作）中的能力。想要使这些联系令人满意则需要第二层干预：优质的公共空间、绿化环境和完整的街道等等。这就是社会联系在日常生活中形成的方法，通过提供"使人们更高效、更愉快地生活工作的机制"[9]。

人们对这种刻意形成的连接性有着不同的容忍度（显然，在美国有大约一半的人口无法忍受）[10]。随之而来的问题是，人们抗拒必要的取舍。如果人们不愿意忍受与其他人和资源之间的更高的连接性，那么就必须放弃对资源的使用。但一些美国人想要两全其美（亚利桑那州的一个地产广告完美总结了这种矛盾的愿望："远离拥挤，但又接近便利"）[11]，日常生活社区与"拥挤"无关，但它的确给出了连接性和便利性之间的折中方案。在过去的一个世纪里，在高速公路、补贴和技术的帮助下，人们对逃离与接近抱有错误的期待；日常生活社区为克服这一矛盾提供了实实在在的好处。

其中一个好处是步行可达性。连接性或可达性意味着土地混合利用，这可以带来环境优势；距离较近的服务意味着城市的宜步行性，这反过来也意味着更少的汽车通行和更低的排放，更多提高能源效率的机会，并且会减少土地消耗和栖息地丧失。但其实还有社会优势，因为土地混合利用与社会多样性之间的关系密不可分且相得益彰。如果在没有社会多样性的情况下混合服务，这一尝试将转化为"生活方式中心"和其他不可靠的社区品牌，越来越难让持怀疑态度的公众接受。

一个更优质的公共领域（街道、人行道、公园、广场）有助于成功实现社会混合，因为能让人们满意的物质环境会缓和将社会差异作为一个问题来关注的趋势。公共空间成为一个值得骄傲的地方，即使没有发挥实际作用，至少在象征意义上也因此成为社会连接点。场地意识是由社区意识促成的，它的目的是结合多样性，而不是孤立和排斥。如果场地意识不仅仅是个人构想的"场地效用"以及个人的"行动空间"，那么就有可能实现目标。

一些人认为社区的界定促进了多样性及其所需的服务，认识到这种概念化的不同之处十分重要。大多数情况下，人们会从相反的角度定义社区，在这一角度下，出于提供服务的目的用社会同质性来定义社区，也就是基于共同的社会特征来识别服务区域。正如之前所讨论的，社区的划分几乎总是涉及对社会同质化有界区域的追求[12]。

日常生活社区利用多样性来帮助自身获得识别度和独特性。社区的独特性既表现在物质层面上也表现在社会层面上，后者与行为有关：聚集的方式、互动的方式、日常生活的方式。尽管这种独特性使其阻碍了企业品牌的推广，多样化的内部元素需要一个"解释性框架"，通过这个框架它们能够为社区身份认同作出贡献[13]。这一框架是一个可识别的社区，有自己的名称、社区焦点和围绕着一个或多个中心的空间范围。在这个环境中，人类居住地的物质部分获得了重要性和价值，无论是垃圾桶这样的小型元素 [哈维・莫洛奇（Harvey Molotch）称之为"城市装置"（urban instrumentation）] 还是公园和住宅区这样的大型元素[14]。

没有社区框架，城市的各个部分只是空间中无法固定的漂浮物，它们之间的相互关系没有得到开发，也无法为社区的使命感和独特性做出贡献。对于那些将"无规划"（nonplanning）浪漫主义化的人来说，社区框架是一种欣赏"破碎、随机、不和谐"的城市碎片的方式，同时也不会屈服于无规划所代表的混乱和绝望[15]。城市复杂性被芒福德称为"社会剧场"（social theater），被雅各布斯称为"街头芭蕾"（street ballet），被怀特称为"城市舞台"（urban stage），它们在社区框架的概念化中得到了更好的重视和利用。这可能也会延伸到"大数据"的世界，在这个世界里，原子化的人类以及他们的行为不一定会参与创造集体意识。社区意识是必要的，它将小型决策结合起来，将小范围的参与活动与更大规模的事物联系起来。

理想社区的一个共同主题是内部基础设施（例如学校）具有不止一个功能。日常生活社区支持多功能性，因为多用途可以支持社区，扩大单一建筑或场地的服务范围。例如多功能学校、多功能公园和图书馆（为学校提供娱乐服务和图书馆服务）、连接小学或幼儿园的老年中心、作为社区剧院的学校礼堂。这种关系是相互的：社区意识让混合服务成为可能，混合服务也会提高社区意识。

社区身份认同促进了集体的表达和居民有意义的参与。意识到自己"在"或"不在"一个特定的场所反过来会加强身份认同，因此身份认同也意味着边界。这是一个两难的境地，因为身份认同和边界感或许会对个性特质（individuality）造成问题，同时也可能会助长排他性。使个体可塑性服从于集体需求，这似乎与将个别居民排除在社区成员之外的想法一样棘手。解决方法是依靠社区中心的向心力，社区中心包括公共空间和商业街道，在这里，社区成员资格存在于由社区定义的资源的空间范围内。

市场需求的压力越来越大，破坏和搬迁的力量将会对日常生活社区造成持续的威胁。将会出现供不应求的情况，而多样性和定义多样性的身份认同将难以维持。虽然存在一些政府规划策略可以避免这种不良后果，包括大棒（包容性分区制）与胡萝卜（密度补助 – density bonuses）政策，但这些都作用于社区外部且是自上而下的。解决方法是将所有可用且有效的政府策略和更加本地化的努力结合起来。需要将自我保护（self- preservation）融入社区的日常工作事项，而日常工作事项的制定需要强烈的身份认同、赋权意识以及将多样性视为集体事业来引起重视。社区身份认同的建立与利用需要成为一个有意识的城市规划策略。

实现上述目标缺少的是工具、语言、方法和经验。需要的是社区建设策略，这种策略是渐进式的，由居民控制，必要的时候需要得到规划师的实现。大多数“建设”社区的经验是各种各样的白板规划。邻里单元的支持者一直都不明白从现有的城市肌理中建设社区的技巧；相反，他们的想法开始于彻底的土地清理：如果目标是完全控制，那么这是可以理解的（获得地块的成本理所当然意味着在城市外围的无人居住且地价较低的区域，这里的邻里单元最有希望快速展开建设）。现在所需要建设的是各种环境脉络下的日常生活社区，就要从现有城市中分散甚至是废弃的景观开始。

两步走策略（A Two - Part Strategy）

第一步：社区的划定

首要任务是用一种新的方法来划定社区。规划师是理想社区的专业看护者，他们可以基于社区中心的位置和附近的空间范围，为社区提供物质基础和具体意义，以此作为开始（见彩图 20）。由社区中心的空间范围所定义的社区边界必然会重合（如下面的例子所示）。

划定的任务应该利用手头的所有资源：调查、历史描述、现有地图、边界要素（例如高速公路和河流）、街道模式、学校和中心、口述史、市场区域研究，即利用所有可用的情报来划定社区中心以及周围受其影响的区域。规划师应该对各种形式的划定有充分了解：邮局界定的社区、警局界定的社区、校董会界定的社区。在确定潜在的中心时，他们可以从芒福德的指南（playbook）中得到提示：“确定学校、图书馆、剧院和社群中心的位置和相互关系，是定义城市社区和描绘综合城市轮廓的首要任务”[16]。

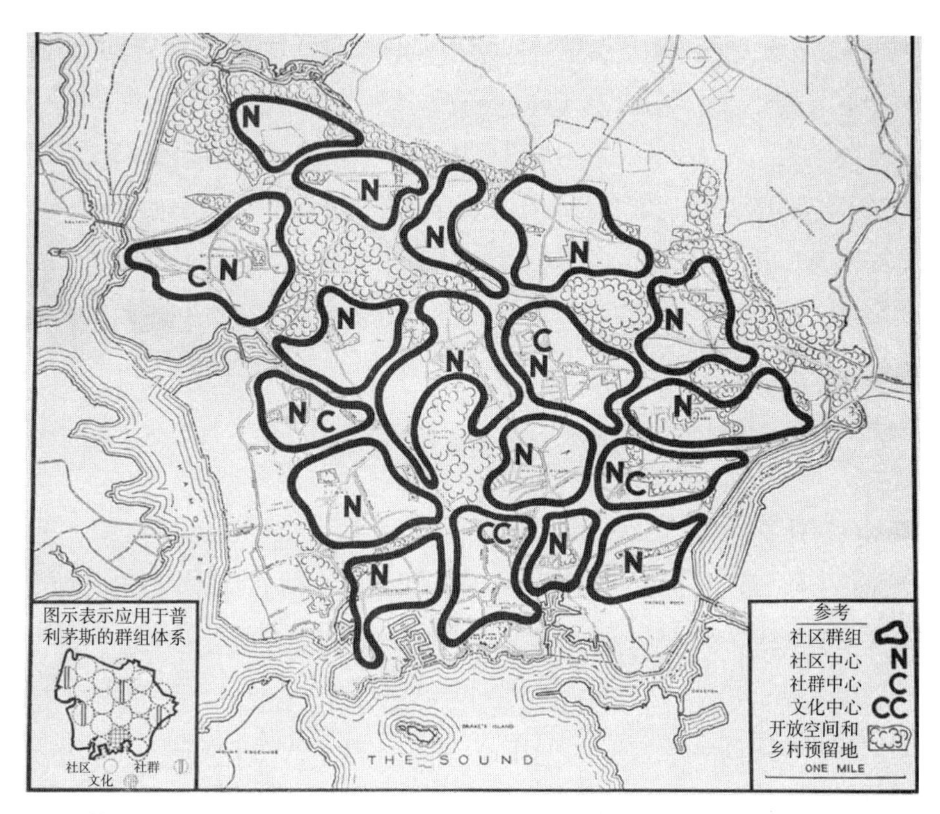

图 10.1 英国普利茅斯（Plymouth）的规划师在 1945 年的城市重建规划中提出了社区和社群“分组”的概念，这座城市在二战期间遭到严重轰炸。资料来源：Scotland，*A Handbook of the Plymouth Plan*

因为许多地方由于其物质形态而处于弱势的社区身份认同建设地位，这与门控或单元街区的完善社区定义不同，因此市政规划师将需要在社区没有被清楚界定的地方启动这一进程。他们需要提高所有可发现的潜在的社区意识，如果不存在清晰的定义，则帮助居民提升自己的中意之处并“找到”他们对社区的定义。

最重要的是，不同于大多数社会科学研究，也不同于 20 世纪 30 年代业主贷款公司绘制的拒绝贷款地图（redlining maps），规划师需要拒绝仅仅基于社会相似性来定义社区的做法。他们不应该反对基于多样化的模式来定义社区，比如在同一个社区内包含一条商业街的两侧。他们可能同样会设法在更大范围的异质化社区中，纳入具有社会相似性的小规模同质化区域。

一旦规划师提出了关于社区中心及其周边地区的方案，就应该广泛宣传并分享这一方案，从而引起自由讨论和批评。规划师应该吸收这些意见和批评，并对社区划分做出相应的改善。他们将不得不想出一个解决纠纷的方法。

从《毫不费力的都市主义》(Urbanism without Effort)中的DIY都市生活，到查尔斯·蒙哥马利(Charles Montgomery)的《快乐城市》(Happy City)中规划师的缺席，再到反复出现的哀叹:“在提到城市规划时，规划师究竟在哪里?”，弄清楚社区的划定并启动这一进程，在此过程中可能仍然会体现出规划师的专业知识和可信度[17]。一些人认为，所有城市规划师实际上做的都是为了“掩盖、管理或缓和”资本积累，如果在社区划定这项活动中做法正确，或许对规划师来说是一个反击这种说法的有效方式。[18]

第二步:激活

一旦在社区划分上达成一致意见，那么就需要居民来采取行动。这种激活必须是自下而上的，并且受到居民的控制，但是规划师应该提供帮助。城市不太可能建立社区管理体系，除非这样一个体系已经存在(这很罕见)。在美国，任何表面上的“社区”管理要么是业主协会的投资保护重点，要么是由选举委员会成员或市议员控制的更大的无特征地区(anonymous districts)。那么，规划师可以做些什么来为这些新划定的社区在社区层面上激发管理、行动主义和控制呢?

其中一个想法是采取“胡萝卜”策略，借此让那些自我组织并自告奋勇的居民得到他们需要的任何支持，帮助他们制定一个面向未来的社区规划(也许需要一些基本规则以避免形成某些具有排他性的规划;一个相关的方法已经在西雅图形成)。[19]需要鉴别出那些愿意投入时间和精力的个体[20世纪40年代的规划师明白，想要让社区参与迅速启动则需要找到能够成为社区“中坚分子”(spark plug)的居民][20]，也需要承认这些个体有能力和权力代表社区发言。

另一个想法是让居民承担一个特定的任务。当有具体问题需要应对时，居民对社区的控制就会受到激发。为了保证居民的主动性和积极性，而不会变得被动且具有防御性，“问题”或许会围绕着社区公共空间(即社区中心)的所有权和控制权展开。日常生活社区的公共空间是社区的基础，因为它们是维持身份认同的粘合剂，有助于成功实现社区多样性，这种多样性既包括土地利用多样性也包括居民多样性。在日常生活社区中，公共空间的共享是一种习惯。

作为一个实际问题，最初的费用或许被用来登记公共空间(土地和建筑)

的位置和状况，无论这些公共空间是否被定义为社区中心。一旦弄清楚后，居民可以评价社区对公共空间的需求是什么，以及这些需求是否被满足。是否理解了儿童玩耍的需求、老年人活动的需求以及家庭娱乐的需求？以及社区是否提供了这些需求？规划师应该准备好实施这项评价，这可能需要启动一个参与性预算编制过程。

在此基础上，社区居民也可以逐渐理解所有影响社区的公共行动。这包括分区制和其他法规、街道改善和封闭、基础设施投资以及增税区等政策。日常生活社区居民明白对其造成影响的规则的内容、效果和潜在假设是什么，以及相应的影响社区的投资和政策。只有了解这些才能让他们成功改变日常生活社区[21]。

日常生活社区既不能被作为终极蓝图来建设，也不能通过法令来建设。但是可以在建设初期鼓励它们的形成，在缺少管理能力的地方帮助它们实现自治。最重要的是，日常生活社区可以拥有掌握自己命运的手段和能力。如果在人们需要社区的地方，社区居民能够朝着身份认同和所有权意识而努力，这类社区将会成为活生生的证据，证明社区在其传统意义上的本地化生活中不仅是一个情人也不仅是一个隔离者，并且依然重要。

注释

1. “Defining Neighborhood，” 429.
2. Mutter and Westphal，“Perspectives on Neighborhoods as Park- Planning Units，” 152.
3. Allaire，“Neighborhood Boundaries，” 20.
4. Lees，“Gentrification and Social Mixing.”
5. Smith，“Residential Neighborhoods as Humane Environments.” On hidden forms of variety see *Clay*，*Close-Up*.
6. 例如相关的观点见 Permentier et al.，“Neighbourhood Reputation and the Intention to Leave the Neighbourhood.”
7. Sharkey，“Making Our Assumptions about Integration Explicit.” See also Turner，“Place Matters Even More Than We Thought.”

8. Wekerle, "From Refuge to Service Center." On location efficiency, see the website of the Center for Neighborhood Technology, http://www.cnt.org/ ; Webber, *Explorations into Urban Structure*.
9. Molotch, "Design Decency at the Urban Front."
10. Pew Research Center, "Table 3.1 Preferred Community."
11. 不愿意为了农村生活方式而放弃城市生活的便利，这就是城市无序扩张的定义。
12. 例如这个方法为 Mutter 和 Westphal 采用，见"Perspectives on Neighborhoods as Park-Planning Units."
13. 例如见 Tach, "More than Bricks and Mortar."
14. Molotch, "Design Decency at the Urban Front."
15. Fontenot, Anthony. "Notes toward a History of Non-Planning."
16. Mumford, "What Is a City?", 185.
17. Gleye, "City Planning versus Urban Planning," 11.
18. Brenner, "Open City or the Right to the City?," 45.
19. 如果社区愿意承担人口密度的增长，居民将获得资金来制定一项规划。
20. Howard, "Democracy in City Planning," 526, 527, 529.
21. 例如：桑迪·索林（Sandy Sorlien）的《社区保护工具集》是可以让居民直接参与为自己的社区提出新分区法规的方法。

致谢

首先，我要感谢安德雷斯·杜安尼（Andrés Duany），他很早就说这本书的出版是很有必要的。其次，我要感谢道格·法尔（Doug Farr），他是一位可靠的朋友和不知疲倦的拥护者，认为社区关系很重要。

在这五年的写作历程中，很多人给予我支持，我对此十分感激。有几个人需要特别提到：桑迪·索林（Sandy Sorlien），感谢她对社区保护法规的研究给我的启发；萨曼莎·辛格（Samantha Singer），感谢她在芝加哥大学帮助举办了一场关于社区的展览；感谢理查德·哈里斯（Richard Harris）分享的文献资源；感谢 Sungduck Lee 的绘画天赋；感谢芝加哥大学的卢卡斯·佩尼多（Lucas Penido）和奥利维亚·贾（Olivia Jia）惊人的研究能力；感谢伊万·本—约瑟夫（Eran Ben-Joseph）让我在麻省理工学院开设了一门关于社区的课程；感谢茱莉亚·科辛基斯基（Julia Koschinsky）在各个方面的支持；感谢牛津大学出版社的亚历山德拉·道勒（Alexandra Dauler）和海莉·辛格（Hayley Singer）帮助这本书跨过了终点。

我的孩子们 Emma、Lucie 和 Thomas，我的女婿 Ryan，我的兄弟姐妹、我的父母，最重要的是我的丈夫Luc. Zot van jou，我深深感激他们对我每天的支持。

参考文献

Abbot, Carl. “The Neighborhoods of New York, 1760-1775.” *New York History* 55, no. 1 (1974) : 35-54. doi:10.2307/23169562.

Abercrombie, Patrick, and J. H. Forshaw. *The County of London Plan*. London: Macmillan, 1943.

Abrahamson, Julia. A Neighborhood Finds Itself. New York: Harper, 1959.

Abrahamson, Mark. Urban Enclaves: Identity and Place in America. Contemporary Social Issues. New York: St. Martin’s Press, 1996.

Abu-Ghazzeh, Tawfiq M. “Built Form and Religion: Underlying Structures of Jeddah AlQademah.” Traditional Dwellings and Settlements Review 5, no. 2 (1994): 49-59. doi:10.2307/ 41757170, 55.

Abu-Lughod, Janet L. “The Islamic City—Historic Myth, Islamic Essence, and Contemporary Relevance.” International Journal of Middle East Studies 19, no. 2 (1987) : 155-76. doi:10.1017/ S0020743800031822.

Ackerman, Frederick L. “Houses and Ships.” American City 19 (1918) : 85-86.

Adams, Frederick J., Svend Riemer, Reginald Isaacs, Robert B. Mitchell, and Gerald Breese. “Panel I: The Neighborhood Concept in Theory and Application.” Land Economics 25, no. 1 (1949) : 67-88. doi:10.2307/ 3144878.

Adams, John S. “Residential Structure of Midwestern Cities.” Annals of the Association of American Geographers 60, no. 1 (1970) : 37-62. doi:10.2307/ 2569119.

Adams, Thomas. Outline of Town and City Planning: A Review of Past Efforts and Modern Aims. New York: Russell Sage Foundation, 1936.

Adams, Thomas. Recent Advances in Town Planning. New York: Macmillan, 1932.